标准化貂场

标准化貂舍

貂笼

貂笼摆设

貂场仓库

貂场冷库

防护网

貂舍防逃设施

毛皮加工、储藏室

貂场排污道

母貂

初生仔貂

饲料槽

饮水碗

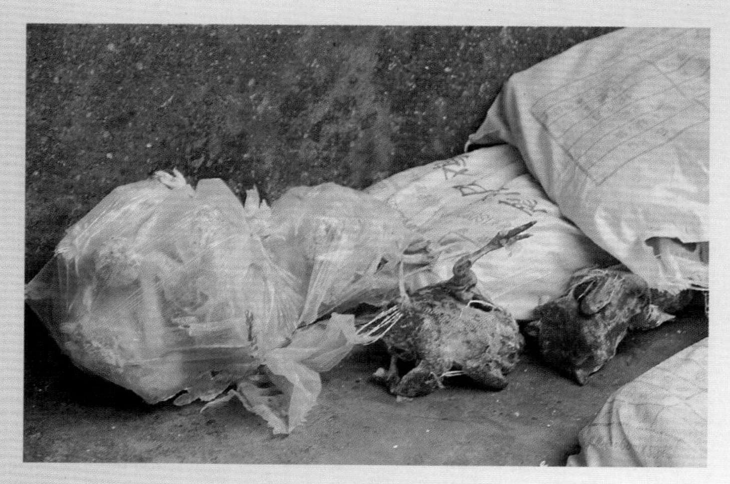

禽骨架

加注新鲜饮水

喂饲盆

饲料分装工具

饲料熟制

饲料加工设备

捕捉网

捉貂手套

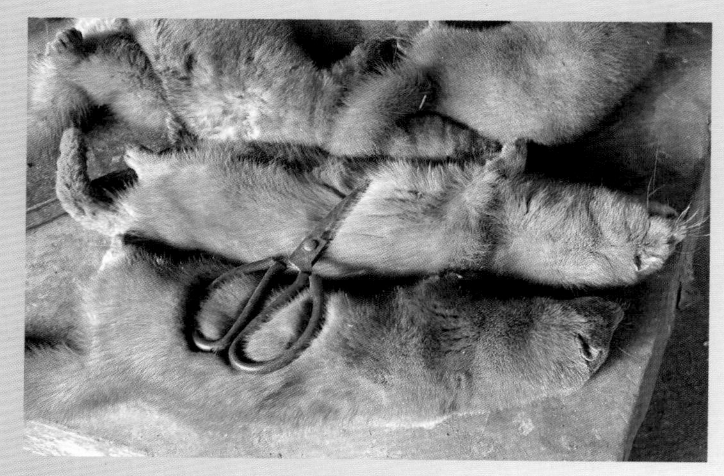

水貂剥皮一

水貂剥皮二

水貂剥皮三

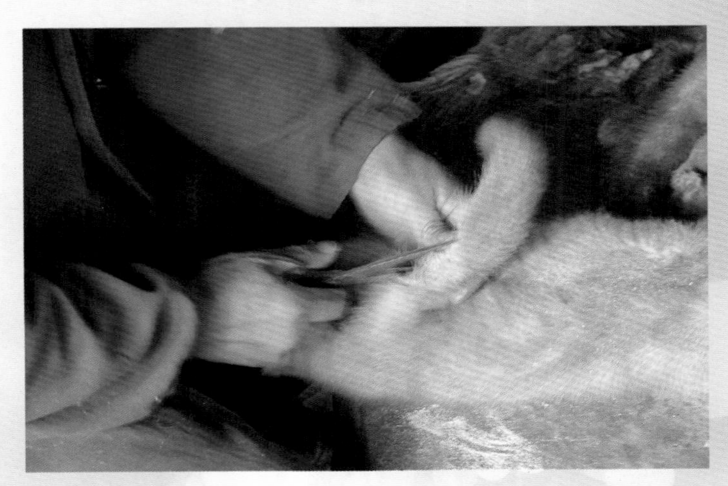

水貂剥皮四

水貂剥皮五

水貂剥皮六

水貂剥皮七

水貂剥皮八

貂皮制品

貂绒制品

强农惠农丛书·特种动物养殖系列

水貂养殖关键技术

向　前　主编

中原农民出版社
·郑州·

图书在版编目(CIP)数据

水貂养殖关键技术/向前主编. —郑州:中原出版传媒集团,中原农民出版社,2014.12
(强农惠农丛书·特种动物养殖系列)
ISBN 978-7-5542-1032-1

Ⅰ.①水… Ⅱ.①向… Ⅲ.①水貂-饲养管理 Ⅳ.①S865.2

中国版本图书馆 CIP 数据核字(2014)第 282188 号

水貂养殖关键技术
向前主编

出版:中原出版传媒集团　中原农民出版社
地址:河南省郑州市经五路 66 号　邮编:450002
网址:http://www.zynm.com　电话:0371-65788655
发行单位:全国新华书店　传真:0371-65751257
承印单位:郑州曼联印刷有限公司

投稿邮箱:1093999369@qq.com
交流 QQ:1093999369
邮购热线:0371-65724566

开本:890mm×1240mm　A5
印张:8.75
字数:241 千字　插页:16
版次:2015 年 2 月第 1 版　印次:2015 年 2 月第 1 次印刷

书号:ISBN 978-7-5542-1032-1　定价:22.00 元

本书作者

主　　编　向　前
副主编　张秀江　向凌云
参编人员　余　昌　李德金　李　航

前　言

随着改革开放和我国经济的发展，人民生活水平的提高，人们的物质文明程度大为提高。20 世纪 80 年代人们要求是吃得饱、穿得暖，现在要求吃出健康和穿得高档、时尚。于是，特种经济动物的人工驯化和人工饲养得以蓬勃发展，尤其是肉用、皮用和药用价值较高的特种经济动物的人工养殖，在一些地方已形成局部优势，成为当地农民致富奔小康的经济增长点，不仅给农民带来了稳定的收入，也成了当地的支柱产业。2012 年下半年笔者受中国农业科学院北京纽培因高新技术有限责任公司石太旺经理的邀请，去山东省、河北省珍贵毛皮动物养殖集中区对养殖场、户技术人员进行技术指导和培训，发现那里的生产场、户技术不全面，种兽生殖潜能没有充分发掘，手中技术资料缺乏。为了把成熟的生产技术送给养殖者，提高水貂繁殖率和育成率，增加效益，提高收入，笔者将掌握的技术和现有的资料汇集成册，以供学习参考。

编者

2014 年 12 月于郑州

目　录

第一章　认识水貂养殖业

第一节　养殖水貂的目的…………………………………………… 3
第二节　水貂人工养殖的兴起和发展………………………………… 6
第三节　做强、做大水貂产业的主要措施 ………………………… 7

第二章　水貂的生物学特性

第一节　水貂的生态特征 ………………………………………… 15
第二节　水貂的形态特征和解剖生理 …………………………… 16
第三节　光周期变化与水貂繁殖和换毛的关系 ………………… 46

第三章　水貂繁殖关键技术

第一节　水貂的配种 ……………………………………………… 53
第二节　母貂妊娠与人工控制关键技术 ………………………… 62
第三节　母貂的产子与仔貂的保活技术 ………………………… 65
第四节　提高母貂繁殖率的技术措施 …………………………… 72

第四章　水貂的营养需要和饲料

第一节　水貂的营养需要 …………………………………… 82
第二节　饲料种类及利用…………………………………… 100
第三节　水貂日粮的制定…………………………………… 112

第五章　水貂的饲养管理

第一节　水貂不同生理时期的划分…………………………… 127
第二节　种貂各生理时期的饲养管理………………………… 131
第三节　怎样提高饲养商品貂的经济效益…………………… 146

第六章　水貂的遗传与育种

第一节　遗传的基本知识…………………………………… 153
第二节　水貂主要性状的遗传力和育种指标………………… 162
第三节　水貂的育种措施…………………………………… 166

第七章　貂场建设

第一节　场址选择………………………………………… 175
第二节　水貂场的建设……………………………………… 177
第三节　附属设施………………………………………… 184

第八章　水貂皮质量鉴定及初加工

第一节　水貂皮的质量鉴定…………………………………… 191
第二节　水貂皮剥制………………………………………… 193
第三节　水貂皮的分级与包装………………………………… 202

第九章　水貂疾病防制

第一节　水貂场的卫生与防疫…………………………………… 207
第二节　水貂疾病的诊断方法…………………………………… 212
第三节　病毒性传染病…………………………………………… 214
第四节　细菌性传染病…………………………………………… 228
第五节　寄生虫病………………………………………………… 241
第六节　水貂皮肤病……………………………………………… 247
第七节　中毒性疾病……………………………………………… 250
第八节　营养代谢疾病…………………………………………… 252
第九节　其他杂症………………………………………………… 260

第一章　认识水貂养殖业

内容导读

养殖水貂的目的
水貂人工养殖的兴起和发展
做强、做大水貂产业的主要措施

第一节　养殖水貂的目的

一、向社会提供高档产品，满足人们日益增长的物质需求

我国自1956年引进水貂良种，在黑龙江省的密山县、杜尔伯特蒙古族自治县、横道河子建立国营野生动物饲养场以后，培育的貂推广到了内蒙古、河北、山东、辽宁、甘肃、陕西、青海和新疆，种貂存栏逐年增加。但是，20世纪80年代以前国内还没有水貂皮的鞣制技术，出口的产品全为生貂皮，大量的生貂皮出口换取了大量的外汇，购买了当时建设急需的物质，为国家建设做出了贡献。

20世纪80年代以后，随着改革开放，我国的科学、技术发展很快，各种经济形式并存，自主创新和引进技术并存，珍贵毛皮和高档裘皮服装的加工、销售市场由欧洲逐渐转移到我国。很快珍贵毛皮的鞣制、染色和加工的产业也在我国迅速发展起来，水貂皮裘皮服装加工应运而生，价格比以前大为下降。20世纪80年代当工薪阶层一般干部工资在48～61元/月的时候，一件女式貂皮长大衣售价在3万～4万元，真可以说是可望不可即，当时在内陆城市冬季看不到有妇女穿貂皮大衣的。随着我国工农业的发展，珍贵毛皮产业也迅速发展起来了，国内生产的貂皮女式长大衣目前售价仍然是3万～4万元/件。一般发达城市工薪人员月薪能在1万元左右，欠发达城市工薪人员月薪也能在3 000～5 000元，想买一件貂皮大衣（图1—1）已经是能办到的了。且不说北京、沈阳、哈尔滨等寒冷地区的大城市，就是在暖温带地区的郑州在冬季也能看到有销售高档裘皮服装的商场，在街上也能看到穿裘皮大衣的中青年妇女。

二、增加出口创汇

珍贵毛皮动物主要产品为珍贵毛皮，生产出的裘皮服装轻软柔韧、美观保暖，20世纪80年代以前销售、消费市场在欧洲。由于当时我国高档毛皮鞣制技术和服装加工技术水平低，生产的毛皮只作生皮出口，极少出口高档裘皮服装。当时我国劳务费极低，商品皮售

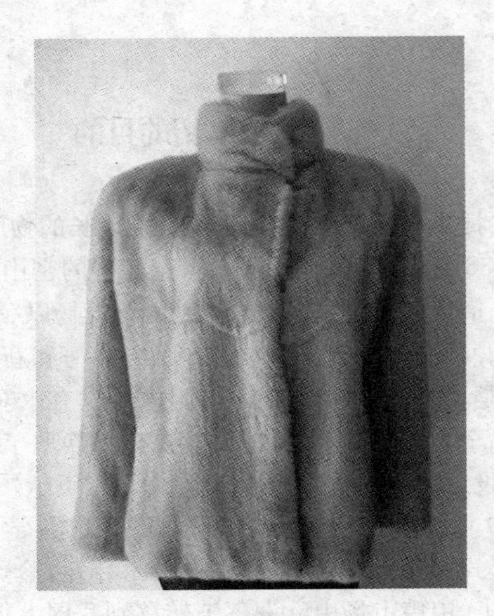

图 1—1　貂皮服饰

价相对低于欧洲和美洲的同类产品，在国际毛皮市场上极具竞争力，销售形势好，换汇率高。当时出口 100 张水貂皮可以换回来 8 吨钢材，或 11 吨小麦，或 18 吨化肥，相当于我们出口 26.7 吨大豆。1984 年中国土产畜产进出口总公司在黑龙江省选出 57 张优质水貂皮运往欧洲参加毛皮拍卖会，售价 12 万美元，每张皮平均售价 2 105 美元，被称为“软黄金”。国家重视珍贵毛皮动物人工养殖和出口，形成了畜产品出口的拳头商品。20 世纪 80 年代以后我国重视裘皮服装加工，开发了裘皮大衣、毛皮褥子和妇女的披肩等；1984 年在北京首次举办中国裘皮、皮革交易会，人工养殖的水貂、蓝狐皮制成的裘皮大衣深受青睐，仅成衣销售额就达到 1 100 万美元，开创了裘皮制品加工销售的好形势；到 2000 年前后全国仅水貂皮及其制品出口创汇就达 1 亿美元。

2001 年以后全国形成了 8 大毛皮市场，河北省内就 4 个，该项产业由农户自行生产、自由交易，毛皮商自找销路或自营出口，促进了毛皮产业的飞速发展，成为出口创汇的一个完整的产业链。

三、作为致富项目，促进地方经济发展

水貂经济价值很高，饲养水貂经济效益也很可观，利润率在50%～100%。2012 年貂皮销售价格以生皮为例，公皮售价 220～240 元/张，母貂皮售价在 150～160 元/张。饲料是以全价配合商品料为基础，繁殖期种貂和冬毛生产期商品貂适当加一些蛋白质饲料和促进冬毛生长的饲料，每头商品貂饲养成本都不会超过 100 元。以 1 000 只基础母貂的饲养场为例，平均每只母貂育成 4.5 只，1 年育成商品貂 4 500 只，公、母商品貂的比例为 1:1，平均每只商品貂售价达到 192.5 元，平均每只商品貂的饲养成本 100 元，每只商品貂平均利润为 92.5 元，饲养 1 000 只基础母貂年利润可以达到 41.6 万元，饲养 500 只基础母貂的养殖户年利润也可达 20.8 万元。

山东省近海，海杂鱼的资源丰富，从 20 世纪 60 年代就有个人养貂的先例。例如，山东省蓬莱县刘家旺大队自 1967 年开始养貂，到 1980 年 13 年内养貂纯收入达到 93.7 万元，同时养貂也促进了本大队渔业的发展；1982 年山东胶南县灵山乡王进志饲养 16 头母貂，年末育成商品皮貂 113 头，平均每头母貂育成 7 头，当年纯收入超万元，成为养貂致富的典型。20 世纪 80 年代初期河南省畜产品进出口公司推广养貂生产，种貂存栏达到 12 万头，每年生产貂皮近 50 万张，出口创汇 5 000 万元人民币，也出现了很多年纯收入上万元的养殖户，养貂成为当时农村很好的副业。

20 世纪 80 年代，一些研究单位和大型养貂场为了发展养貂业，联袂研究和开发了水貂的全价配合饲料，经过多年实验、推广和完善，根据有效氨基酸和理想蛋白质模型设计的每个生物学时期的日粮，都能充分满足该时期水貂对营养的需要。除了消化能、蛋白质、脂肪、粗纤维、钙、磷等按需配合外，还有维生素、微量元素、特定氨基酸、助消化产品、防病的功能性物质，都按不同生物学时期的需要合理配制，养貂场和养貂只需采购全价配合饲料，不用再去采购其有效成分，减少了很多麻烦。喂貂前只需要用温开水将全价配合饲料浸开、调成糊状就可以了，即使饲养 2 000～3 000 头基础母貂，也只需要几个工人，大大降低了劳动强度、节省了劳动力，为农户养貂创造

了便利条件。如一对中青年夫妇，可常年饲养500只基础母貂，年纯收入20万元左右。水貂养殖场见图1－2。

图1－2 水貂养殖场

第二节 水貂人工养殖的兴起和发展

一、水貂饲养业的兴起

我国水貂商品生产始于1956年，当年从苏联引进种貂，分别在黑龙江、山东和北京建立野生饲养场，并迅速发展，到1958年全国就建起了72个养貂场，黑龙江省的密山县国营野生动物饲养场、横道河子国营野生动物饲养场、杜尔伯特蒙古族自治县野生饲养场，辽宁省金州水貂场最具影响力。1957年国家对外贸易部在中国土产畜产进出口总公司设立全国毛皮兽饲养业领导机构，统一管理毛皮兽的生产、科研、教学，促进其健康、稳定发展。

1962年根据中央"调整、巩固、充实、提高"的八字方针对经济发展进行调整，野生动物饲养场根据"关、停、并、转"的方案也适当进行了调整，自此以后我国水貂饲养业在新精神的指导下有了新的发展。1965～1978年全国水貂饲养场(点)发展到2 000多个，种母貂存栏达到30余万头，年产水貂皮100万张左右。

二、水貂饲养业的发展

十一届三中全会以后，党的富民政策鼓励农民自主办场，独立生产经营，为水貂饲养业提供了发展的机遇，广大农村出现了很多水貂养殖专业户，形成了水貂养殖的一支新生力量。全国种貂数量成倍增长，上规模的大型国营养貂场上百个，集体养貂场数千个，农村养貂户数以万计，到 1988 年，据不完全统计，全国种貂存栏达 300 万头，年终取皮 500 多万张，出口换汇 1 亿～2 亿美元。

近几年随着水貂全价配合饲料市场化，养貂已没有了饲料条件限制了，北纬 30°以上的地区都可以养貂。加上养貂技术成熟、饲料加工简化，养貂生产已不再神秘，貂场规划建设规模趋向大型化。以河南省为例，济源市这两三年就上马了 3 个大型野生饲养场，以水貂饲养为主，配合饲养貉和狐。较小的一个野生饲养场水貂种母貂存栏 1 500 头，中间的一个水貂种貂存栏 2 000 头，最大的一个野生饲养场规划种母貂存栏 4 000 头。

第三节　做强、做大水貂产业的主要措施

一、加强良种选育，提高种貂生产潜能

20 世纪 80 年代，当水貂养殖业发展较快时，在种源紧张、种貂售价较高的情况下，很多不够种貂品质的个体，只要有引种的貂场也都作种貂出售了，再加上小养殖户饲料配制不标准，管理跟不上去，自繁自养，近亲繁殖，使不少貂群品质退化，繁殖降低，母貂空怀率高，仔貂死亡率高，饲养效益也就随之降低。2006～2008 年间水貂皮收购价有几年低谷期，水貂生产也走入低谷，规模较大的、技术力量比较强的饲养场，调整生产规模，把品质比较差的种貂淘汰，把好的个体留下继续生产，并在其后代中严格按照种貂的标准选留后备种貂，有的甚至引进优良种貂改良或充实自己的貂群，奠定现今水貂良种化的基础。如果从现在开始在现有品质的基础上继续重视每年的选留种貂工作，使自己的种貂群品质愈来愈好，养貂生产能有很好

的经济效益；如果满足现状，不重视每年的选留种貂工作，可能还会走回头路。

应该指出的是，新上马的养貂户最容易走进引种的误区。走进引种误区的主要原因有主观的，也有客观的。主观原因是为了省钱、省事，引种前不走出去找专家全面咨询、学习，引种时不愿意去大型养貂场高价引良种，而愿意就近在一些小型养貂场低价引种，自己感到种价低，运输又方便，结果引的是退化的种貂，生产性能低，导致养殖经济效益低。客观原因是不懂引种的秘诀，想着晚点引种少养两个月，可以省饲料钱，本应 9 月末引种的，拖到 12 月初，结果没能引到好个体，也未能按准备配种期的饲养标准饲养，误了第二年的繁殖。

水貂种貂利用期只有 3 年，养貂场每年都要淘汰相当于种貂数量 1/3 的老龄种貂，每年都要补上相当种貂数量 1/3 的青年母貂。所以，每年秋分(9 月 25 日前后)以前本场就要从当年的幼貂群中选择一批优良个体，秋分进入准备配种前期后，按准备配种前期的饲养标准进行饲养。本场是第一批从幼貂群中选种的。本场选了以后有先来引种的先选，后来引种的后选，有的人不懂引种技巧，认为水貂一年繁殖 1 胎，配种到下年 2 月了，晚一点引种可以少饲养两个多月，节省饲养费。实际上每年的 12 月上旬就到了商貂打皮的时期，比较好的个体都让先期引种的人选走了，只能从商品貂中选一些相对好一些的个体，这是第一个失策的地方。第二个失策的地方是，秋分后每天的日照时间明显的由长变短，幼貂生殖腺发育明显加快，这时种貂进入配种前期的饲养，养貂场当年繁殖的幼貂饲养管理分为两个方向，选留后备种貂的青年貂群，按准备配种前期的饲养标准进行饲养的，而不作后备种貂用的个体，按商品貂的饲养标准饲养的，商品貂的培育方向是毛被品质好、个体肥大，剥制的皮面积大。如果是从商品貂群中选择的个体，普遍较肥，初养者回去后如果调理不好，影响第一胎的受配率和受胎率、产子率，第二年的生产情况不会好。所以，如果初建场当年秋季引种，一定要到大型养貂场引种，即使本场已选留了后种貂，但是他们的幼貂群大、数量多，去得早还有

选择的余地，早联系、早去引种，在技术人员的帮助下，仍然能够选择好的个体。引种时要比计划的种貂数多 20% 左右，到 12 月初打皮期再进行最后一次选择，毛被品质不好的不留用，以免以后的貂皮卖不上价钱。

好的种貂体型大，毛被品质好，毛色纯正。母貂胎产子数量多、泌乳量大、母性强，会护仔，仔幼貂育成率高。

二、加强技术培训，做到科学饲养

水貂的饲养技术是养殖业中技术性最强的，饲养场要与大专院校和科研单位的毛皮动物专家加强联系，聘请既有理论，又有生产经验的专家作技术顾问，对本场的管理人员、技术人员和饲养员进行技术培训，使管理人懂技术、会管理；技术人员有理论，深入生产实际发现问题、及时解决问题；饲养员坚守岗位，不仅懂饲养管理，还要做好各方面的清洁卫生工作，使自己负责饲养的水貂健康无病。技术人员还能帮助貂场制定行政管理制度、防疫卫生制度、饲养管理制度、奖惩制度等，使饲养场饲养和管理秩序井然有条，生产效率很高。

做好科学饲养管理工作，每个饲养时期都有饲养标准，按饲养标准配制饲料和投料，使各饲养阶段的貂既能满足营养需要，又不浪费饲料，增产和节约并重，才能获得较高的经济效益。坚持“防重于治、养防结合”的卫生方针。生产过程中常年不懈地抓好饲料、饮水、饲料室、笼舍、环境的清洁卫生工作；制定水貂的防疫程序，严格按照防疫程序进行免疫注射，保持种貂群健康有活力，提高种貂的产子率、育成率，使群平均每头母貂育成商品貂达到 4.5 只。

三、广开饲料来源，降低饲养成本

水貂是动物性饲料为主的珍贵毛皮动物，饲养成本高，应广开饲料来源降低饲养成本。例如，畜禽屠宰场的下脚料、禽类孵化厂的无精蛋、毛蛋、公雏等都可以用作动物性饲料；缫丝厂的蚕蛹，沿海、沿湖的小杂鱼也可用作水貂的廉价饲料。河南安阳某养貂场每年捕鱼季要去海边采购小杂鱼，运回后租冷库存放，冷库存放后成本 2 元/千克左右，非常经济。

有的养貂场走多种养殖、循环利用的道路，降低饲养成本，在水

貂皮销售形势走低的情况下仍有利润。他们是把水貂的剩食加上谷物饲料混合后养鸡，鸡蛋作蛋白质饲料养貂；鸡粪、貂粪用益生菌发酵消灭了其中的病菌和寄生虫卵加入谷物性的饲料喂猪，猪粪堆积发酵后养蚯蚓，蚯蚓粉是优质蛋白质饲料，是水貂最好的动物性饲料。

另外，目前饲养黄粉虫技术成熟，饲养设施简单，也可以饲养黄粉虫作水貂的动物性饲料。黄粉虫主要饲料是麦麸，3 千克麦麸养 1 千克活虫，麦麸每千克 1.6 元，每千克活虫成本 4.8 元。可以把活虫打成浆，熟化后拌入貂饲料，也可以把黄粉虫用开水烫死烘干，打成粉拌入饲料中，也是优质蛋白质饲料。

四、加强水貂产业开发，提高养貂业的附加值

水貂全身是宝，只要开发利用都能产生好的经济效益，增加貂产业的附加值。

（一）水貂皮的开发利用

20 世纪 80 年代以前，我国高档皮张鞣制技术落后，生产的水貂皮、狐狸皮全部都是生皮出口，加工销售的利润都让外国人挣去了。那时一个行政 21 级的干部月薪只有 60.5 元，可一件貂皮女式大衣销回来售价 3 万多元，让平民百姓可望不可即。20 世 80 年代以后随着改革开放、搞活经济，水貂皮开发利用受到毛皮行业人士的重视，引进技术、引进人才、引进资金，很快加工企业创办起来，以加工女式大衣为主导产品，还开发了多种服饰，如披肩、围巾、男式的帽子等，由原来的单一出口生貂皮，变为貂皮、女式长大衣、女式短大衣及其他饰品一起出口，换汇率大为增加。

我国改革开放 30 多年来，经济得到了飞速发展，生活水平迅速提高，对裘皮服饰的需求量也急剧增加。目前我国不仅是毛皮生产大国，同时也是毛皮服饰消费大国。虽然前些年出现了人造皮代用品，但因品质差不能与天然毛皮相媲美，近几年已被冷落，品位高、经济条件好的消费者看好的仍然是天然毛皮服饰。水貂皮服饰因轻柔、保暖性好、穿在身上美观大方成为国际毛皮市场的支柱商品，销售量有增无减，出现了消费热的局面。展望未来，我国消费量会继续

增长，国际市场贸易量也会逐年增加。

(二)水貂肉的开发利用

水貂个体小，又是肉食性动物，其肌纤维很细，食用风味也很好。但是，由于水貂肛门处有臊腺，受到惊扰时为了防卫放出的物质有种特殊的臊味，20 世纪 80 年代以前无人食用水貂肉。实验发现，将水貂割去臊腺后加工成的熟制品没有异味，所以，大型养貂场可以在水貂剥皮时注意割臊腺，将其肉暂时冷冻储存，待皮张销售后再处理貂肉，自己加工成风味肉食出售，或卖给肉食加工的企业加工出售，增加自己的经济效益。

(三)水貂副产品的开发利用

对水貂的副产品在 20 世纪 80 年代已做过开发利用研究，已研发出了产品。如与医药部门联手用貂心研制的“貂心丸”，用公貂阴茎泡酒制成的“貂鞭酒”，在治疗心脏病和男性壮阳方面都取得了较好的疗效；水貂油细腻，用其生产的护肤膏效果特别好。大型养貂场可与有关行业联袂开发水貂副产品，进一步提高水貂的利用价值。

19

第二章　水貂的生物学特性

内容导读

水貂的生态特征
水貂的形态特征和解剖生理
光周期变化与水貂繁殖和换毛的关系

第一节 水貂的生态特征

水貂在野生状态下，多栖息在河床、湖岸、林中小溪旁的近水地带。利用天然岩洞作穴，穴洞铺有兽毛、鸟羽或干草，穴洞深或长 1.5 米左右，洞口在岸边或水下。在岸边的洞口都有杂草丛或小灌木遮掩，不易被发现。

野生水貂以鱼、鼠、小鸟、两栖动物、爬行动物、小型野兔及昆虫类动物为食。食物种类随着季节的变化而有所变化。冬春两季多以鱼、鼠及其他哺乳类小动物为主，夏秋两季多以鱼、蛙、蛇及昆虫类为主。水貂有储存食物的习惯，还特别喜欢水，不仅是饮水，更重要的是在水中嬉戏，夏季尤为喜爱戏水。在人工饲养条件下均为笼养，不给予戏水条件，只给予充足的饮水也不影响其正常生活。

水貂虽然已人工驯化 200 年左右了，野生性仍然很强，性情凶猛，攻击性极强。多在夜间活动，本身敌害不多，只有少数猛禽、猛兽为其敌害。在配种季节也常常被猎人所捕获。水貂的寿命为 12～15 年，8～10 年内有生殖能力，在人工饲养条件下种貂一般利用 3 年。头一年出生，到第二年春季参与配种，幼貂性成熟要 9～10 个月时间，头年 5 月中旬以后产的仔貂就不宜留种，这样的貂留种第二年发情配种都比较迟。第三年、第四年春季各繁殖 1 次，第四年秋季换完冬毛后即与皮貂群一起宰杀取皮，所以养貂场每年都要从自繁的幼貂中选择部分优良个体做后备种貂，每年秋后都淘汰 4 岁的种貂。

每年春季为水貂的繁殖季节，2～3 月为发情配种季，4～5 月为产子期。水貂春季换一次毛，为冬毛换夏毛；秋季换一次毛，为夏毛换冬毛，正常饲养管理条件下每年取皮时间在 12 月初。

第二节　水貂的形态特征和解剖生理

一、水貂的形态特征

美洲水貂全身被黑褐色毛（图 2－1），下颌有一小块白色斑；体型细长，与黄鼬相似，但比黄鼬体大。头小而粗短，耳壳小，四肢较短，前、后肢均有五趾，趾端具有锐爪，趾间有微蹼，后趾间蹼比前趾间的蹼明显。尾细长，尾毛长而蓬松，肛门两侧有 1 对肛口腺腺。成年公貂的体重通常为 1.6～2.2 千克，体长通常为 38～42 厘米；成年母貂体重通常为 0.7～1.1 千克，体长通常为 34～36.5 厘米。尾长为体长的 40％～57％。

图 2－1　水貂

在生产上习惯把黑褐色的水貂称为标准貂。近些年许多大型养貂场注意选种选育，标准貂体重有所增加，被毛品质有所提高。美洲水貂在人工饲养条件下由基因突变出现了其他毛色的个体，利用毛色突变又培育了白色水貂、浅褐色水貂、米黄色水貂、银蓝色水貂等彩色水貂，但是由于新育成的彩色水貂抗病力和繁殖力等都没有标准貂强，养貂主导群还是标准貂。

二、水貂的解剖生理

了解水貂身体各系统、器官的结构和机能，对于进行科学的饲养管理，提高种貂繁殖力和商品貂毛皮品质，以及对貂群疾病防治等都有重要的帮助。下面是水貂内脏腹面观图(图 2—2)。

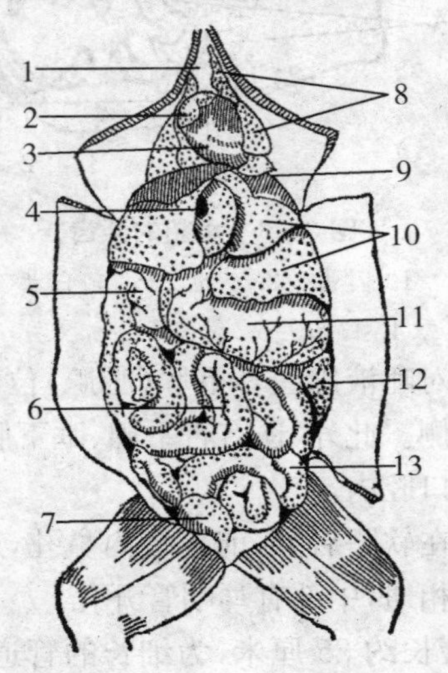

图 2—2　水貂内脏腹面观

1. 胸腺　2. 右心房　3. 右心室　4. 胆囊
5. 十二指肠　6. 小肠　7. 膀胱　8. 左肺
9. 膈　10. 肝左叶　11. 胃　12. 脾　13. 结肠

(一)消化系统

水貂的消化系统与其他哺乳动物相同，是由消化道和消化腺组成的。消化道分口腔、咽、食管、胃、小肠、大肠和肛门；消化腺除胃黏膜中的腺体外，在消化道附近还有唾液腺、胰腺和肝等。

1. 解剖结构

(1)水貂的口腔和咽　口腔内重要部分介绍如下：

水貂门齿短小，犬齿长而尖锐，上颌第三前臼齿及下颌第一臼齿大而尖，形成裂齿，臼齿的咀嚼面不发达(图 2—3)。

舌在口腔底部，狭长，舌下中线处有垂直的舌系带。舌表面的黏膜上分布有丝状乳头、轮廓乳头和菌状乳头。一些乳头上有味蕾。

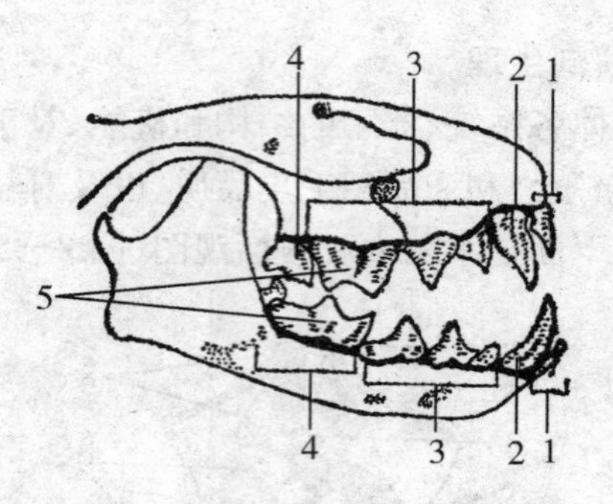

图 2—3　水貂的牙齿

1. 门齿　2. 犬齿　3. 前臼齿

4. 臼齿　5. 裂齿

口腔附近有 5 对唾液腺。耳下腺(腮腺)位于耳道前腹面；颌下腺位于下颌腹两面侧。此外，还有舌下腺、眶下腺和臼齿腺。这些腺体的导管都开口于口腔内。

咽狭窄，纵长，在软腭后方，前界接内鼻孔，后界与耳根相对，向上经内鼻孔与鼻腔相通，中部有耳咽管开孔。

(2)食管　食管长约 25 厘米，为细长的管道，在气管的背面，紧贴气管。通过胸腔向后经横膈膜与胃的贲门部连接。

(3)胃与肠　胃位于腹腔偏左侧，成横置的长袋形，胃室小，前端以贲门部与食管连接，后端为幽门部与十二指肠相连。贲门和幽门处均有括约肌。胃大弯向左，胃小弯向右。胃黏膜为腺体部，上有很多皱襞。

肠分大肠和小肠，小肠又可分为十二指肠、空肠和回肠 3 段，总长度是体长的 3.5～4 倍。前段为十二指肠，前面接胃的幽门部，向右后侧延伸，后接空肠。空肠长度为 13～26 厘米，其内黏膜层较厚。空肠下接回肠，两者之间无明显界限。

大肠也分为两段，即结肠和直肠，全长大约 20 厘米，因为是肉食动物，故无盲肠。大小肠连接处外观也无明显界限，只是结肠直径较大，肠黏膜有发达的纵行皱襞而无绒毛。直肠末端为肛门。

(4)消化腺　分两大部分，肝脏与胰脏。肝脏非常发达，结构外观如图 2—4 所示。前端紧接于横膈膜之后，后端遮盖于胃和前部小肠的腹面。肝呈暗红色，共分 6 叶，有左内叶、左外叶、右内叶、右外叶、方形叶及尾状叶。尾状叶又可分为尾状突和乳头突。胆囊呈倒置梨形，黄绿色，位于右内叶和方形叶之间，有胆管开口于十二指肠，距幽门约 25 毫米之处。

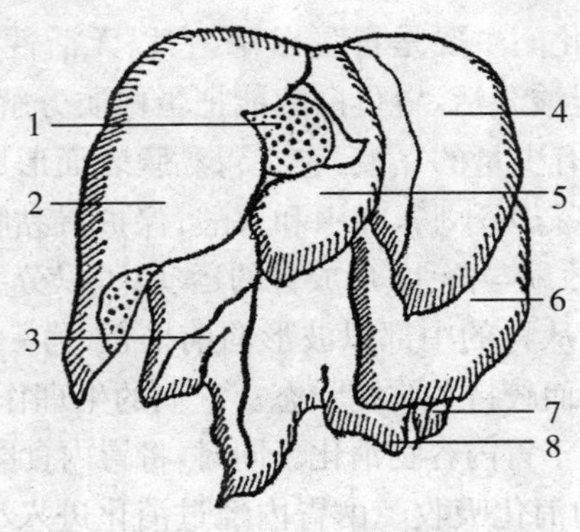

图 2—4　水貂的肝脏(膈面观)

1. 胆囊　2. 右内叶　3. 右外叶
4. 左内叶　5. 方形叶　6. 左外叶
7. 乳头叶　8. 尾状突

胰脏扁平细长呈半环形，由两叶组成。一叶在十二指肠弯内，为胰头；另一叶与胃大弯相对，为胰尾。两叶在胃幽门后方相会。胰管开口于十二指肠。胰液由此通入小肠。

2. 生理机能

(1)口腔内的消化　水貂的消化是从口腔开始的。依靠咀嚼肌和舌的运动，用牙齿咀嚼饲料。门齿适于咬切，犬齿适于撕碎，臼齿用于研磨。口腔唾液腺分泌的唾液，可以防止口腔干燥、润湿食物、开始最初的消化。饲料在口腔中停留的时间很短，然后经过吞咽反射动作，使食物从口腔经咽和食管进入胃内。

(2)胃内消化　胃是一个袋状膨大部分，容积 40～100 毫升。饲料在胃内停留时间较长。胃内表面覆一层黏膜，黏膜内有胃腺，分泌胃液。胃液是一种混合液，其中主要有盐酸、黏液和胃蛋白酶。一般说的胃酸其实就是盐酸。盐酸的作用是激活胃蛋白酶元，将其转化成胃蛋白酶。并且创造酸性环境，使胃蛋白酶在酸性环境中充分发

挥其消化作用，使饲料中的蛋白质容易消化。盐酸还具有一定的杀菌作用，是阻挡病原菌进入消化道的第一道屏障。盐酸进入十二指肠内，还能促进胰液与胆汁的分泌。

胃液中的消化酶主要是胃蛋白酶，它以无活性的酶原状态被分泌出来，然后被胃酸激活，胃蛋白酶能把蛋白质分解为脲和肽。

胃液中还含有少量的黏液，它在胃黏膜表面形成黏液层，可润滑食物，使之容易下行入小肠，并中和胃酸，保护胃黏膜。

胃壁肌肉的收缩与舒张，形成胃的运动，可以分为两种运动形式：一种形式是蠕动，从胃的中部以波形向前推行；另一种形式是紧张性收缩，是全胃性慢而较持久收缩状态。它们的生理作用是使饲料与胃液充分混合，以利于胃内容物消化。同时，将胃内食糜向小肠推进。

（3）小肠内的消化吸收　由胃内经过消化进入小肠的食糜，在小肠内再经过胰脏分泌的胰液、肝脏分泌的胆汁、小肠液的化学作用及小肠运动的机械作用，最后变为能被吸收的小分子物质。所有营养物质的消化产物以及水、无机盐、维生素等都在小肠中被吸收。食物经过小肠后消化和吸收过程基本结束。

（4）大肠的机能　大肠的主要生理机能是吸收水分、形成粪便并排出体外。大肠黏膜中有大肠腺而无绒毛。大肠腺可分泌碱性大肠液，主要作用是润湿粪便、保护黏膜。大肠蠕动较缓慢，还有一种进行很快，进程较远的集团蠕动。当粪便被推送到直肠时，对直肠产生扩张性刺激，反射性地引起排便反应和排便动作。

（二）呼吸系统

水貂与其他哺乳运动一样，在新陈代谢过程中不断消耗氧气，同时产生二氧化碳。氧气要由外界环境中获得，二氧化碳需要排出体外，这个过程需要呼吸。

1. 呼吸系统结构

水貂的呼吸系统包括呼吸道和肺两部分。呼吸道由鼻腔、喉、气管、支气管和细支气管组成。

鼻腔经内鼻孔与咽相通。鼻腔内有盘旋的鼻甲骨，其上覆以黏膜，黏膜上有丰富的血管、腺细胞及纤毛上皮，并有嗅神经末梢。

喉由环状软骨、甲状软骨、杓状软骨和会厌软骨组成，位于气管的最前端。喉侧室较大，喉腔两侧有两对黏膜皱褶，自杓状软骨连到甲状软骨的一对叫真声带，为发声器官。

气管是从喉向后延伸连接支气管的圆形直管，由半环形软骨支持。软骨环向背部开口，食管正嵌于此处。气管后端伸入胸腔后分为左右两支，往后又分出许多细支气管，再进一步分支与肺泡管相通。

水貂肺的结构如图 2－5。颜色呈粉红色，柔软海绵状气囊，富有弹性，位于胸腔内。左肺分为尖叶和膈叶，右肺分为尖叶、心叶、膈叶和中间叶。肺泡管末端扩大成囊状，称为肺泡，其四周为稠密的毛细血管网。

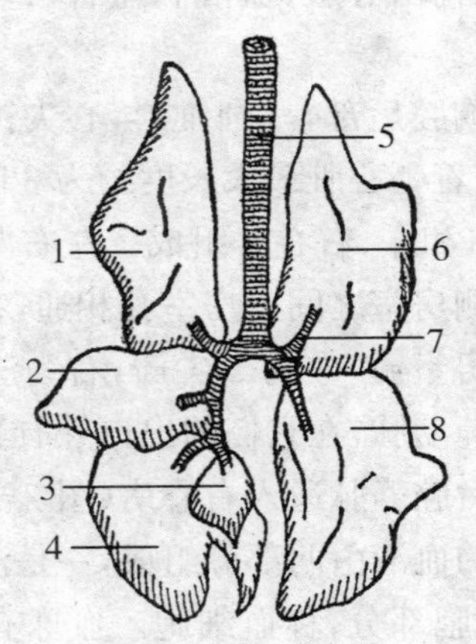

图 2－5　水貂的肺(腹面观)

1. 右肺尖叶　2. 心叶　3. 中间叶
4. 右肺膈叶　5. 气管　6. 左肺尖叶
7. 支气管　8. 左肺膈叶

2. 呼吸系统机能

鼻腔是呼吸器官的门户，具有使吸入的气体湿润、加温、清洁和保护的作用。

胸腔由胸骨、肋骨、脊柱和肋间肌、横膈膜等围成，肺就在其中。胸腔的节律性扩大与缩小，称为呼吸运动。胸腔扩大时，肺也随之扩大，肺容量增加，以致肺内压低于大气压，气体进入肺内，这是吸气动

作。胸腔缩小时，肺也回缩，压缩肺内空气，使肺内压高于大气压，一部分肺泡气被驱出体外，这是呼气动作。以肋内位置变动为主的呼吸运动称胸式呼吸；以膈肌运动为主的呼吸运动称腹式呼吸。

水貂的呼吸频率决定于新陈代谢的强度。春、夏季代谢水平高，呼吸频率也随之提高。幼貂比成年貂的代谢水平高，其呼吸频率也较成年貂高。睡眠时呼吸频率降低；活动时呼吸频率升高。幼貂的呼吸频率为每分钟38～49次；成年貂每分钟26～36次。

（三）血液循环系统

1. 血液循环系统的解剖结构

血液循环系统结构由心脏、血液和血管（包括动脉、毛细血管和静脉）组成。

（1）心脏　位于胸腔后部，呈圆锥形，心尖钝圆，偏向身体左侧。心脏周围有心包膜围着。心脏最大长度约为36毫米，最大宽度约为27毫米，由左、右心室和左、右心房组成。左右两半部由完整的纵隔分开，互不相通。每侧房室之间以房室孔相通，在房室孔处有开向心室方向的瓣膜，称为房室瓣，左为二尖瓣，右为三尖瓣。左心室通向主动脉，右心室通向肺动脉，在它们的出口处有半月瓣。肺静脉通入左心房，前腔静脉与后腔静脉通入右心房（图2—6）。

（2）血液　水貂的血液由两部分组成，一是液体部分，称血浆；二是悬浮在血浆中的细胞部分，称血细胞。血球有三种：红细胞、白细胞、血小板。

1）血浆　血浆大量的成分是水，也有一小部分固体物质。固体物质中绝大部分的物质是血浆蛋白，主要是白蛋白、球蛋白、凝血因子三大类。其他物质还有糖类、脂类、含氮代谢物和无机盐等。血浆的化学成分和理化性质、温度都是相对稳定的，从而保证了水貂身体各器官、组织的正常机能活动。

2）红细胞，是血细胞中数最多的一种，成年水貂每立方毫米血液中约有900万个红细胞。红细胞无细胞核，因含有血红蛋白而呈红色。其主要生理机能是通过血红蛋白运送氧和二氧化碳以及调节血液的酸碱度等。

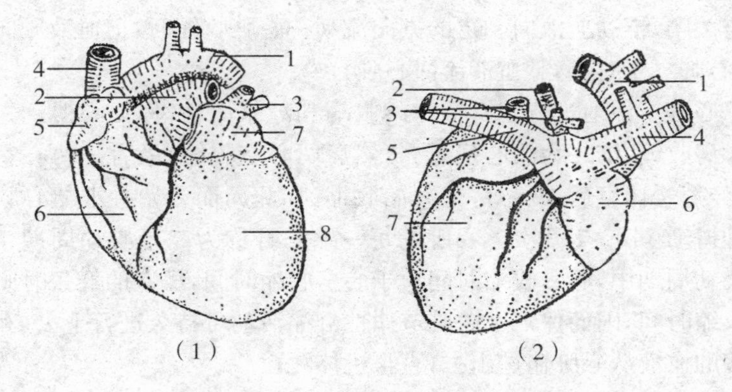

图 2—6 水貂心脏(腹面观)

(1)心脏左面观
1. 主动脉弓 2. 肺动脉 3. 肺静脉
4. 前腔静脉 5. 右心房 6. 右心室
7. 左心房 8. 左心室

(2)心脏右面观
1. 主动脉弓 2. 肺动脉 3. 肺静脉
4. 前腔静脉 5. 后腔静脉 6. 右心房
7. 右心室

3)白细胞　白细胞形状不规则,有细胞核,无色,比红细胞略大。健康成年水貂每立方毫米血液中含有 9 000～10 000 个白细胞。根据细胞核的形态和细胞质中有无染色颗粒,又可以把它们分为颗粒白细胞,包括中性粒细胞、嗜酸性粒细胞、嗜碱性粒细胞;无颗粒白细胞,包括淋巴细胞和单核细胞。中性粒细胞和单核细胞具有吞噬侵入水貂体内的微生物和水貂自身坏死细胞的作用;嗜酸性粒细胞有体内组织胺的作用;嗜碱性粒细胞能产生组织胺和肝素。淋巴细胞参与机体的免疫过程。可见白细胞是动物有机体防卫机制的重要组织成分。

4)血小板　血小板体积很小,无色,形状也不规则。主要的生理机能是参与水貂血液凝固过程。血液凝固是因为血浆中可溶性凝血因子由于破碎血小板的作用,转变为不溶解的纤维蛋白,使血液呈凝胶状。已凝的血块紧缩后出现的黄色清液,称为血清。

2. 血液循环系统的机能

(1)心脏的生理机能　心脏是推动血液流动的器官,是生命活动的动力中心,通过心肌的节律性收缩与舒张,以及心瓣膜有节律的开

启与关闭，推动血液向一定的方向流动。心脏收缩时，把血液压向动脉；心脏舒张时，静脉血液流回心脏。

心脏不停地进行着有节律的收缩和舒张活动，称为心搏。先是两心房收缩，继之为两心房舒张，然后两心室收缩，最后是两心室舒张，经短暂休息后，两心房又开始收缩，如此周而复始。水貂心脏每分钟搏动 140～150 次。心脏的每一缩一舒称为二个心动周期。每一心动周期中，心室收缩时间长于心房收缩时间，房室的舒张时间长于收缩时间，因而保证了心脏节律性舒缩活动可持久进行下去，和把足够的血液从心脏输送出去，直至机体死亡。

当整个心脏处于舒张状态时，静脉血不断进入心房和心室，此时房室瓣是开放的。心房收缩时，可进一步把心房血液挤向心室。当心室收缩时，心室内压急剧升高，把房室瓣推向心房而关闭，心室血液不能倒流回心房。心室内压进一步升高，血液就冲开主动脉和肺动脉的半月瓣而进入动脉内。心室舒张，心室内压低于动脉压时，半月瓣被关闭，防止血液从动脉流回心室。

（2）血管的生理机能　动脉、静脉和毛细血管因其结构特点的不同，而有着不同的生理机能。

动脉管壁含有弹性纤维，故有弹性。当心脏收缩时发生压力推动血液进入动脉，动脉内压随之升高，管壁因之扩张，以容纳较多的血液，同时缓冲动脉压力的升高。当心室舒张时，动脉内压力逐渐下降，管壁借弹性而回缩，挤压血液继续流动。此后，动脉内压继续下降，血流速也渐减慢；下次心室收缩而射血时，动脉内压又上升，血流速又增快，如此重复下去。因此，动脉中的血流速随心动周期而一快一慢，动脉内压也一高一低。血液对血管壁的侧压称为血压。心缩时，动脉内压的最高值为收缩压；心舒时，动脉内压的最低值为舒张压，两者之差为脉压。动脉管壁的弹性，使心缩时动脉压不能过高，心舒时动脉压不能过低。同时，使心脏的间断性射血变为动脉中持续流动。随着心室的收缩和舒张，各处的动脉管壁都相应的产生一次搏动，称为动脉脉搏。

动脉血管一再分支，最后管壁仅剩一层内膜细胞就成为毛细血

管。毛细血管数量多，直径小、管壁薄、血流速度慢，且管壁具有通透性，因此，血管在这里能与血管外组织进气体交换和物质交换。

3. 血液循环途径

(1)体循环　血液由左心室射出，经动脉流向全身器官和组织，在毛细血管中与组织细胞进行物质交换，再经静脉流向右心房，这一循环途径称为体循环。

(2)肺循环　血液从右心室射出，经肺动脉分布到肺，与肺泡中的气体进行交换，再由肺静脉流回左心房，这一循环途径称为肺循环。除肺动脉外，全身的动脉血因含氧较多，是鲜红色的；除肺静脉外，全身的静脉血因含二氧化碳较多，是呈暗红色的。肺动脉血是体静脉血，肺静脉血是体动脉血。

(3)淋巴循环　淋巴循环是水貂循环系统的一个组成部分，包括淋巴、淋巴结、淋巴管3个部分。在水貂体内组织间隙中，分布着丰富的毛细淋巴管网，血液的液体部分透出血管壁的称组织液。一部分组织液进入淋巴毛细管，称为淋巴液。体内淋巴液是单向流动的，从外周流向心内。身体后半部、左前肢、左胸部及左头颈部的淋巴液汇集于胸导管，最后注入左前腔静脉。右胸部、右前肢及右头颈部的淋巴液由右淋巴导管汇集，最后注入右前腔静脉。

在淋巴管的通道上有许多淋巴结，常聚集于身体的一定部位。淋巴液流经淋巴结时，其中的细菌、异物等被阻留，然后被吞噬细胞所吞噬，因而具有防卫机能。

4. 血液循环系统的生理意义

(1)供给机体营养，排出代谢废物　血液循环中，从肺部获得氧气，从消化器官获得营养物质，将这些物质带给动物有机体的各组织，供给各组织用以进行新陈代谢；同时，将各组织中的新陈代谢所产生的二氧化碳和废物带到肺、肾等处排出体外。

(2)稳定动物体的内环境　动物有机体各组织、器官正常活动都需要一个相对稳定的内环境，血液中各种成分的含量相对稳定，处于动态平衡，又不断地循环流动，因而对保证内环境稳定起着极为重要的作用。

(3)传递对机体活动发挥调节作用的物质　内分泌腺分泌的各种激素，组织代谢的产物，给身体注射的免疫物质、药物等，都是通过血液流动，传递到组织或靶器官而发挥作用的。

(4)自身免疫物质和免疫细胞的运送　血浆中的丙种球蛋白，几乎都是抗体，能和一些致病菌起反应，从而破坏病菌；同时还有白细胞的吞噬作用，都需要由血液运送到身体各组织器，参与防卫。

(四)泌尿系统

1. 泌尿系统主要器官解剖结构

水貂的泌尿器官由肾脏、输尿管、膀胱及尿道组成。

肾脏为一对表面光滑的豆形体，长 25～35 毫米，宽 10～15 毫米。

右肾偏前，左肾偏后。正常肾呈暗紫红色。肾主要由密集的肾小体和肾小管组成。肾脏可分为皮质和髓质两部分，皮质靠近表面，血管较丰富，故呈红褐色；髓质靠近肾盂，色较淡。水貂为单锥肾(图 2—7)。

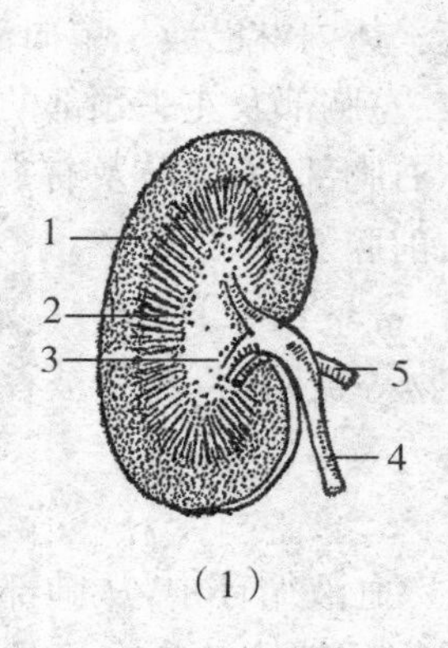

(1)

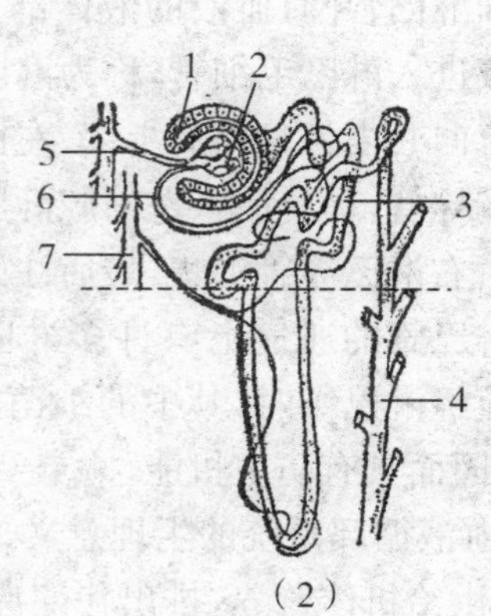

(2)

图 2—7　水貂的肾脏结构

(1)肾的纵剖面观
1. 皮质　2. 髓质　3. 肾盂
4. 输尿管　5. 肾动脉

(2)肾小体和肾小管示意图
1. 包囊　2. 肾小球　3. 肾小管
4. 收集管　5. 肾动脉输入支
6. 肾动脉输出支　7. 肾静脉

输尿管较细，由肾盂起，先沿肾内侧缘伸出，继沿腹膜褶后行，开口于膀胱颈的背壁。

膀胱呈梨形，位于腹腔后端，直肠腹侧的耻骨区。可分为膀胱顶、膀胱体及膀胱颈3部分。膀胱颈在耻骨前缘处。

公、母貂的尿道有显著区别。公貂尿道不仅是尿液排出的通道，也是交配射精时精液排出的通道，所以也称泌尿生殖道。母貂则尿道与生殖道是分开的，尿道开口于阴道前庭。

2. 泌尿系统的生理机能

肾脏是排出机体代谢最终产物的主要器官。肾皮质中充满微小的球体，称肾小体，是由叫作肾小球的毛细血管团及球外的包囊组成，包囊外层连接一条细长弯曲的肾小管。肾小体与肾小管构成一个机能单位，它是肾脏的基本结构，尿就是在这里不断地形成的。

肾小球好像一个超滤器，当血液流过肾小球时，血浆中除分子很大的蛋白质外，其他成分都可随水分无选择地滤出到包囊腔中，从而流入肾小管。在这里，全部葡萄糖、大部分水分与无机盐又被重新吸收到血液中，肾小管还能排泄某些代谢废物进入尿中。肾小管的尿液汇集于收集管，最后归到肾盂中，经输尿管进入膀胱中。

尿在肾脏中的生成是持续不断地进行着，生成后经输尿管暂时贮存于膀胱中。尿液贮积到一定程度时，就会反射性地引起膀胱收缩，膀胱括约肌开放，把尿经尿道排出体外。

水貂是肉食性动物，由于蛋白质分解后产生的硫酸盐、磷酸盐等随尿排出，所以尿呈酸性，pH值为5～6。正常的水貂尿为透明浅黄色，尿的成分95%～97%是水，3%～5%是固体物。固体物中有机物主要是尿素、尿酸等，无机盐主要是氯化钠、钾盐、硫酸盐、氨等。正常尿液中无蛋白质、血细胞及葡萄糖等。尿液的成分和特性是水貂身体代谢过程的反映，又是机体健康状况的一个指标，在疾病诊断方面有重要意义。

（五）神经系统

神经系统是水貂起主导作用的调节机构。水貂机体各系统、各器官机能活动、相互制约、相互配合、协调完成其生命活动，都是在神经系统协调和控制下完成的。

1. 水貂神经系统的解剖结构

高等动物的神经系统可以分为两大部分，即中枢神经和周围神经。中枢神经由颅腔内的脑（图 2－8）和脊椎管内的脊髓组成。周围神经由 12 对脑神经、31 对脊神经及自主神经系统组成。

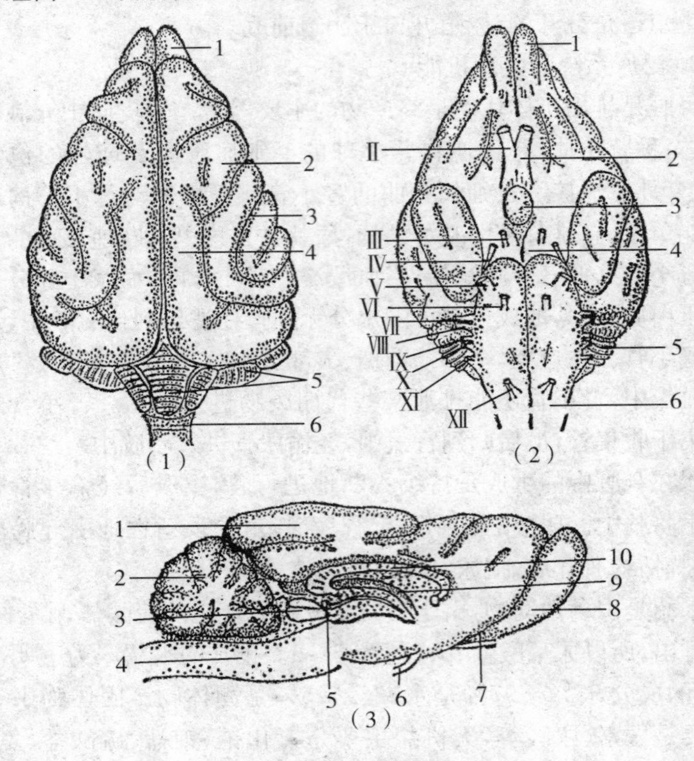

图 2—8　水貂的脑

(1)脑背面观

1. 嗅叶　2. 脑回　3. 脑沟　4. 大脑半球　5. 小脑　6. 延脑

(2)脑腹面观

1. 嗅叶　2. 视交叉　3. 脑下垂体　4. 大脑脚　5. 小脑

6. 延脑　Ⅱ～Ⅻ脑神经

(3)脑纵切面观

1. 大脑半球　2. 小脑　3. 四叠体　4. 延脑　5. 松果体

6. 垂体　7. 视神经　8. 嗅叶　9. 穹隆　10. 胼胝体

2. 水貂神经系统的生理机能

神经系统是由亿万个神经细胞(又称神经元)所组成。神经元分为细胞体及由细胞体发出的突起。突起有两种,一是多而短的树状突,一是往往很长并由若干层薄膜包围组成神经纤维的轴状突。神经受刺激产生神经冲动,它只能由一个神经元的轴状突向另一神经元的细胞体或树状突传导。这种神经元之间的连接,只是相互接触而非细胞质的沟通。接触部位称为突触。

水貂机体通过神经系统对内外环境的刺激所产生的有规律的反应叫做反射。反射活动在神经系统中的通路叫作反射弧。反射弧最基本的是由感受器→传入神经→神经中枢→传出神经→效应器等5个环节组成。

(六)内分泌系统

水貂与任何哺乳动物一样都有内分泌腺。内分泌腺与其他分泌器官不同的地方在于,内分泌腺没有导管,其分泌的物质由腺细胞直接透入血液或淋巴液,通过血液循环分布到全身。主要内分泌腺包括甲状腺、甲状旁腺、肾上腺、胰岛、垂体、性腺、胸腺及松果体。由内分泌腺分泌的化学物质称激素。从化学成分上可分为两大类:一是固醇类,另一是含氮物质。它对水貂的代谢、生长发育、生殖和换毛等生理机能都有重要的调节作用。所以,可以说内分泌系统是高等动物机体内的一个重要的机能调节系统。

1. 甲状腺

甲状腺位于气管前段腹面两侧,长约1.5厘米的扁平长椭圆形的腺体。分泌的激素是甲状腺素和三碘甲状原氨酸。其生理作用是加速各种物质的氧化过程,增加耗量和产热量,并对维持骨骼和神经系统的正常生长发育有重要作用。

甲状腺的机能直接受腺垂体调节。腺垂体分泌促甲状腺素(TSH),使甲状腺激素的合成与分泌增加;但血液中甲状腺激素的浓度增高一定的水平时,又反过来抑制腺垂体分泌促甲状腺素。一般情况下由于腺垂体对甲状腺的调节与甲状腺对腺垂体的负反馈作用保持动态平衡,所以甲状腺激素的基础分泌能在一定范围内保持

相对平衡。甲状腺的机能又接受中枢神经系统的调节。下丘脑可以分泌促甲状腺素释放因子(TRF),它经垂体门静脉运送到腺垂体,使 TSH 的分泌量增加。

2. 甲状旁腺

甲状旁腺就位于甲状腺区域,通常埋在甲状腺内。可分泌甲状旁腺素,具有调节钙、磷代谢的作用。它可以直接刺激破骨细胞的活动,促进无机磷由肾排出,使血钙升高、血磷下降。甲状旁腺对血钙水平的变动极为敏感,血钙水平降低时,甲状旁腺机能增强;血钙水平升高时,则抑制甲状旁腺的分泌机能。

3. 肾上腺

肾上腺位于腹腔背侧,肾内侧稍前方,左右各一个,淡黄色,卵圆形,左侧的肾上腺较右侧的位置靠前一些。肾上腺有内外两层,内层颜色较深为髓质,外层颜色淡白称皮质。

(1)肾上腺皮质　肾上腺皮质是维持生命活动必需的内分泌器官,分泌的激素分三类:①盐皮质激素,主要参与调节水貂体内的水、盐代谢。②糖皮质激素,对糖代谢的作用较强,可促进血糖升高。③性激素,有促进性活动的作用,但活性低,生理作用不大。另外,糖皮质激素可增强动物有机体对有害刺激的耐受性及抑制毛的生长。肾上腺皮质受损,可引起水貂水、盐代谢失调,循环力降低和肾衰竭,物质代谢也失调,抵抗力大减,对有害刺激敏感。

盐皮质激素的分泌,主要与循环血量及血钠、血钾水平有关。糖皮质激素的分泌主要受下丘脑—腺垂体系统调节。下丘脑分泌促肾上腺皮质激素释放因子(CRF),通过血液循环运送到腺垂体后,促进腺垂体分泌促肾上腺皮质激素(ACTH),它能促使肾上腺皮质合成和分泌糖皮质激素。糖皮质激素对下丘脑—腺垂体系统又有负反馈作用。这可使血液中糖皮质激素水平只在小范围内波动。

(2)肾上腺髓质　从胚胎发育上看,肾上腺髓质和交感神经节同一来源,机能上也很相似。它可以分泌肾上腺素和去甲肾上腺素,是与交感神经节后纤维末梢释放的化学介质一样的。可以称为神经激素。其生理机能主要是增强心脏活动,刺激小动脉收缩,使血压升高，可使内脏平滑肌松弛，瞳孔放大，血糖升高，竖毛肌收缩。

4. 胰岛

胰岛是在于胰腺中的内分泌组织，称胰岛，胰岛中的β细胞分泌胰岛素。它是一种含锌的蛋白激素，可促进肝糖原生成和葡萄糖的分解，以及由葡萄糖转化为脂肪，因而使血糖降低。此外，还可以加快氨基酸进入细胞中，促进细胞内蛋白质合成；促进脂肪贮存而抑制脂肪分解。另外，胰岛中还存在一些细胞，称α细胞，分泌的化学介质称高糖素，能促进血糖升高。高血糖素与胰岛素处于动态平衡时，血糖处于正常的稳定状态。

5. 性腺

种公貂的性腺是睾丸，母貂的性腺是卵巢，分别介绍如下：

(1)睾丸的内分泌机能　睾丸中曲细精管之间的间质细胞可分泌雄性激素，其生理作用主要是刺激公貂副性腺器官的发育并维持其正常活动，激发和维持副性征，产生性欲，并有促进生精作用。睾丸间质细胞分泌雄性激素受下丘脑—腺垂体的控制。首先由下丘脑分泌促雄性释放因子，经血液循环运送到腺垂，使腺垂体促雄性激素的分泌量增加，该激素通过血液循环运送至睾丸，使睾丸的间质细胞发育，并分泌雄性激素。雄性激素对下丘脑—腺垂体有负反馈作用。当血液中雄性激素浓度高时，可反馈性地抑制下丘脑促雄性激素释放因子分泌量降低，从而雄性激素分泌量也随之降低。

(2)卵巢的内分泌机能　卵巢能分泌两种激素，一种是由卵泡的上皮细胞分泌的雌性激素，也称动情素，主要是雌二醇；另一种是由黄体分泌的孕激素，主要是黄体酮，也称孕酮。

雌性激素主要作用，一是促进阴道上皮细胞增生和角质化，促进阴道动情，增强抵抗力；促进乳腺导管的生长；激发和维持副性征。二是促进子宫发育增长，子宫内膜增生变厚，内膜层中的腺体和血管增生。

黄体是卵泡排卵留下痕迹形成分泌组织，是妊娠必需内分泌组织，分泌的黄体酮主要作用在于保证胚泡在子宫内膜上附植，维持妊

娠，并促进乳腺发育。①在雌性激素作用的基础上，促进子宫内膜进一步增生，使其中的腺体增长和分泌，为胚泡着床做好准备，并在胚泡着床后形成蜕膜。②降低子宫角平滑肌的兴奋性，保证子宫安静，有安胎作用。③抑制未成熟卵泡的生成和排卵，阻止孕后再受孕。④受孕后促使乳腺腺泡发育成熟。

卵巢上卵泡的成熟、排卵和卵子受精、发育、着床等一系列繁殖过程都受下丘脑—腺垂体调节，连同卵巢形成一个生殖轴，其示意图如下：

下丘脑 —卵泡生成素释放因子(FRF) / 黄体生成素释放因子(LRF)→ 腺垂体 —卵泡刺激素(FSH) / 黄体生成素(LH)及催乳素→

卵巢 —雌二醇、黄体酮→ 子宫、阴道

首先是由下丘脑分泌 FRF 和 LRF，经血液循环进入腺垂体，刺激腺垂体分泌 FSH、LH 和催乳素。FSH 能刺激卵泡的生长发育；FSH 与 LH 协同作用下促进卵泡分泌雌性激素；LH 在 FSH 作用的基础上促使卵泡成熟、排卵及排卵后原卵泡处形成黄体；催乳素维持黄体并刺激黄体分泌孕激素。卵巢分泌的激素对下丘脑—腺垂体系统又有反馈作用，主要是作用于下丘脑。

6. 垂体

垂体也称脑下垂体，包括腺垂体和神经垂体两部分，位于脑的下面，由一垂体柄与脑底相连。垂体内有一特殊的门静脉系统，这些血管发自下丘脑，沿垂体柄下行而终止于腺垂体，两端都分成毛细血管丛。

垂体是最重要的内分泌器官，对水貂机体的新陈代谢、生长发育、季节性生殖、季节性换毛等起着极其重要的作用，切除垂体后；水貂生长停滞，代谢减慢，性腺和副性腺器官萎缩，换毛无周期性，对有害刺激抵抗力降低，极易出现早死现象。

(1) 腺垂体　腺垂体能分泌 7 种激素。FSH、LH、TSH、ACTH，总称为促激素，它们都是调节其他内分泌腺机能的激素。这些激素都有针对的靶器官，如 TSH 的靶器官是甲状腺，ACTH 的靶器官是肾上腺皮质。促激素不仅调节靶器官分泌的相应激素的合成和分泌，也维持靶器官正常生长发育。缺乏哪种促激素，相应的靶器官便萎缩。靶器官分泌的激素对促激素的分泌也有负反馈作用。

另外的三种激素是生长素（GH）、催乳素和黑色细胞刺激素（MSH）。GH 能进蛋白质的合成、促进骨骼的生长，因而能促进水貂的生长。MSH 能促使皮肤黑色素细胞合成黑色素，使皮肤颜色加深。

腺垂体的机能活动是受下丘脑调节与控制的。下丘脑的神经细胞能分泌多种化学物质，经垂体门静脉到达腺垂体，有特异性地作用于腺垂体的某种细胞，能促进或抑制这种靶细胞分泌激素。

（2）神经垂体　神经垂体是神经组织，没有分泌机能。神经垂体释放的激素是由下丘脑分泌，然后沿下丘脑—垂体束运送到神经垂体贮存，需要时则释放进入血液。神经垂体可释放催产素与抗利尿素。催产素有强烈刺激子宫收缩的功能，并可以刺激乳腺平滑收缩，使乳汁排出。抗利尿素有刺激血管收缩使血压升高的作用，并可促进肾小管内水分的重吸收，从而维持机体内水分平衡。

7. 松果体

松果体也称脑上腺，小而椭圆，位于间脑背面，被大脑半球所覆盖。松果体可合成和分泌黑色素紧张素，它能抑制腺垂体分泌 FSH、LH，因而间接地抑制性腺活动。松果体对幼貂似有抑制性成熟作用，有利于生长。水貂生殖周期和换毛周期是与光周期的变化规律有密切的关系。切除水貂的松果体，水貂对光周期的改变不发生反应。

8. 胸腺

胸腺位于胸腔内两侧肺叶之间，心脏的前部，形状不规则，呈粉白色。它与水貂身体的免疫机能有密切关系。胸腺能分泌胸腺素，胸腺素有刺激水貂机体产生淋巴细胞的作用，来自其他淋组织的淋巴原始细胞，经胸腺素的作用后才能成熟为具有免疫作用的淋巴细胞。胸腺还为其他淋巴组织输送淋巴原始细胞，它们再分裂、成熟而成为淋巴细胞。

（七）生殖系统

1. 生殖系统解剖结构

(1)雄性生殖器　雄性生殖器官由睾丸和副性腺器官组成。副性腺器官包括副睾、输精管(包括壶腹部)、前列腺和阴茎。输精管壶腹和前列腺发达，阴茎内有阴茎骨(图 2—9)。

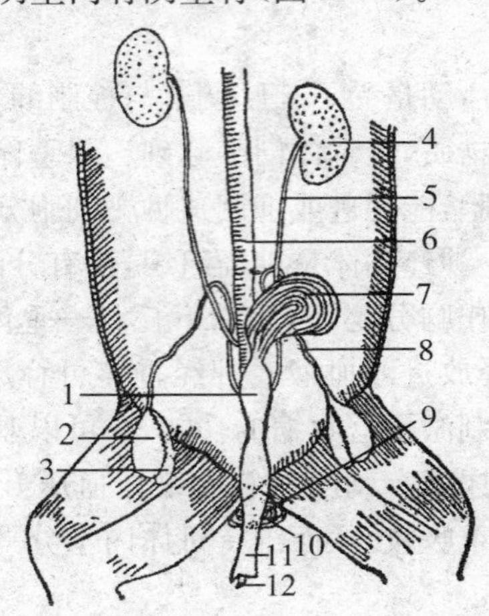

图 2—9　水貂雄性生殖系统

1. 前列腺　2. 睾丸　3. 附睾　4. 肾脏
5. 输尿管　6. 直肠　7. 膀胱　8. 输精管
9. 肛门　10. 肛腺　11. 阴茎包皮　12. 阴茎骨钩

睾丸呈长卵圆形。其重量、体积和机能有明显的季节性变化。配种季节睾丸重约 2.5 克，长约 20 毫米，宽 10 毫米。表面被一层膜包裹着。睾丸的生理作用是产生精子和分泌雄性激素。睾丸内部主要由曲细精管组成，其生精上皮是产生精子的地方。精子生成后脱落到曲细精腔中，再移行至附睾中储存。曲细精管之间的间质细胞可分泌雄性激素。

附睾发达，位于睾丸上端外缘，分为附睾头和附睾尾。附睾头与曲细精管相连，附睾尾和输精管相连。附睾是精子储存的部位，精子在附睾中继续发育成熟，是不活动的。

输精管沿精索内侧上行，于腹股沟管腹环处离开精索向内翻转，末端在膀胱颈部膨大，称输精管壶腹，后接尿生殖道的前部。输精管是输送精子的管道，其壶腹部是精子的第二个储藏所，可分泌液体，构成精液的一部分。

前列腺位于尿生殖道的骨盆部，围绕输精管的末端，可分泌液体，与输精管壶腹分泌的液体一起构成精液。精子在精液中得到稀释和获能，还可润滑尿道，中和尿道中的酸性物质以便保护精子，输出精液。

阴茎分为海绵体和阴茎骨两部分。海绵体基部分两支附着于坐骨弓前部，在耻骨弓后面两支组合构成海绵体部，每支被坐骨海绵肌包着，前端包围着阴茎骨的基部。海绵体在交配时充血膨胀而勃起。阴茎骨长 45～55 毫米，基部略粗，前端有向背侧弯曲的钩，称为阴茎骨钩。阴茎骨腹侧有一凹沟，尿道位于其中，开口于阴茎的正前方。

(2)雌性生殖器官　由卵巢和副性腺器官组成。副性腺器官包括输卵管、子宫和阴道(图 2—10)。

卵巢位于腰的下部，两侧 位置近似，完全被包于卵巢囊中。其形状、大小、重量及机能有明显的季节性变化。卵巢的生理作用是产生卵子并分泌雌性激素和孕激素。

一般，从日照时间为 9 小时左右的冬至起，卵巢中原始卵泡的数量及其中卵子的体积开始明显增加，色泽渐红。随着日照时间延长到 11 小时(一般在 2 月后半月)，一些卵泡停止生长，卵子成熟，渐移至卵巢表面并渐凸出，卵泡上皮细胞分泌雌性激素。配种季节，卵巢充血色泽鲜红，表面凸凹不平，有许多深红色粒状隆起。交配后，卵泡排卵，形成黄体，并在春分后，随着日照时间的延长，黄体开始活动并分泌孕激素。分娩后，妊娠黄体消失，卵巢又处于相对静止阶段，体积减小，机能退化。

输卵管紧接卵巢上方，呈襻曲状包在卵巢周围，前端稍膨大成喇叭口，也称漏斗，被包于卵巢囊中；向后与子宫角相接。输卵管是卵子排出后移行至子宫角的通道，也是精子与卵子相遇发生受精作用而形成受精卵的部位。

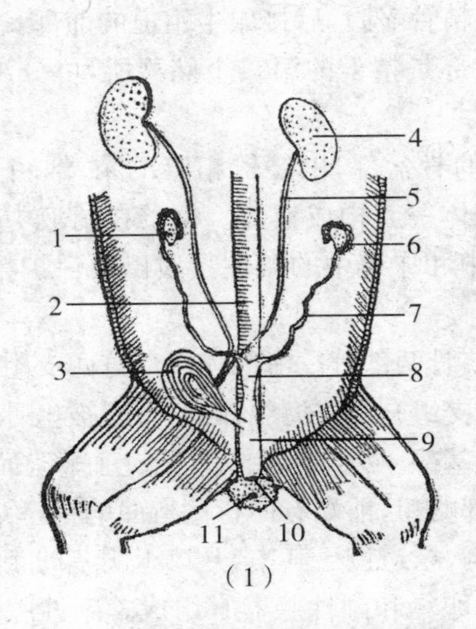

(1)

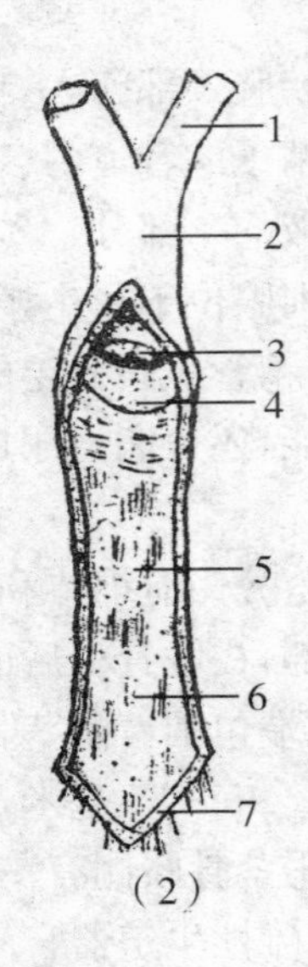

(2)

图 2—10　水貂雌性生殖系统

(1)生殖器官
1. 卵巢　2. 直肠　3. 膀胱
4. 肾脏　5. 输尿管　6. 输卵管
7. 子宫角　8. 子宫体　9. 阴道
10. 阴门　11. 肛门

(2)阴道剖面示宫颈和袋状皱褶
1. 子宫角　2. 子宫体　3. 子宫颈
4. 袋状皱褶　5. 阴道　6. 尿道前庭
7. 阴唇

水貂的子宫是双角子宫，位于腹腔内，在直肠前部下方，分为子宫角、子宫体、子宫颈三个部分。子宫角前端与输卵管相连，后行在膀胱上方，与对侧子宫相遇，两子宫角末端有一小段彼此粘连。子宫体短，为两子宫角会合后延长部分，位于膀胱上方。子宫颈的长度与子宫体相似，后部与耻骨前缘相对。子宫颈管细而壁厚，肌层发达，有许多皱褶，后端与阴道相连。分娩后直到冬至，子宫呈生理性贫血，体积小，子宫壁薄。从冬至到春分，子宫在雌性激素作用下，逐渐体积增大，血管扩张、充血，内膜增厚并分泌黏液，为胚泡着床(附植)做准备。

阴道前端伸入腹腔，环绕子宫颈口而固定在子宫颈口部，后端伸展到坐骨弓处。阴道外口有阴唇。尿生殖前庭较短，位于坐骨弓的

后方。阴道长 30～40 毫米。动情期黏膜充血、增厚，表层的角质化上皮细胞大量脱落。在阴道的背侧壁上距子宫颈口 2～3 毫米处，有一肥厚的袋黏膜皱褶，与子宫颈口相对。

2. 水貂的生殖生理

(1)睾丸的季节性变化　公貂睾丸在秋分前后开始发育，但发育较为缓慢。一般在 11 月下旬睾丸下垂到阴囊内，其体积和重量开始日渐增大和加重，随着冬毛的成熟，睾丸发育大大加速，机能也逐渐恢复和加强。冬毛成熟时，睾丸平均重量为 1.14 克，在配种开始前可达到 2.0～2.5 克，已完全发育成熟，开始形成精子，并分泌雄性激素，出现性欲。春分后，随着配种季节的结束，睾丸开始萎缩，体积缩小，重量减轻，机能减退。到夏季睾丸的重量只有 0.3～0.5 克，体积仅为配种季的 1/5～1/4。

(2)卵巢的季节性变化　母貂卵巢在非配种季节平均重约 0.30 克，长约 4.17 毫米，宽约 2.57 毫米；在配种季节平均重约 0.65 克，长约 4.31 毫米，宽约 2.77 毫米。体积的增长主要是由于卵泡的生长。非配种季节卵泡直径约 0.65 毫米，动情前期约为 0.90 毫米并产生成熟的卵子，动情期卵泡直径可达 1.0～1.2 毫米。一般认为，卵泡直径达到 1.0 毫米时，母貂就开始出现发情征兆。从原始卵泡到排卵前卵泡的发育阶级里，卵的生长，前期较快后期减慢乃至完全停止；相反，卵泡在前期生长缓慢后期加快。当卵泡直径达到 0.5 毫米时，卵似乎完成了它的生长，直径近于 0.1 毫米。卵呈球形，属均黄卵，周围有一层透明带，外有卵泡细胞形成的放射冠(图 2—11)。

(3)发情周期　一个发情周期是由一个动情期和紧随着的一个间情期所组成。公貂在整个配种季节始终处于发情状态。一般认为，母貂在整个配种季节可出现 2～4 个发情周期。每个发情周期通常为 6～9 天，其中，动情期持续 1～3 天，此时母貂易接受交配和受精；间情期一般为 5～6 天。母貂在交配排卵后有 6～9 天的不应期，即使交配也不能诱发排卵。不应期之后再复配才能诱发排卵。因此，在生产中基本上实行分阶段配种。

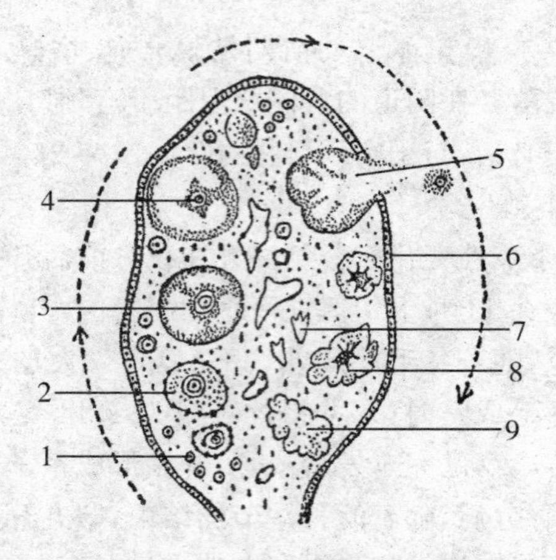

图 2—11　卵泡发育示意图

1. 初级卵泡　2. 生长中的卵泡　3. 成熟中的卵泡
4. 卵细胞　5. 排卵　6. 生殖上皮　7. 血管
8. 黄体(已发育完全)　9. 萎缩的黄体

(4)交配　水貂交配时,公貂叼住母貂颈部并爬跨到母貂背上,阴茎勃起并插入母貂阴道内,阴茎骨钩钩住母貂阴道内的袋状皱褶,快速地耸动臀部而有射精动作,才算达成交配。水貂交配时间较长,每只公貂交配时变化较大,平均每次交配时间达 60 分。一般配种期的后阶段交配时间长。

阴茎骨钩钩住母貂阴道黏膜袋状皱褶,对于保证达成交配起着重要作用。因为一旦钩住,只要没有射精,阴茎处于膨胀状态,就不易脱钩,即使母貂挣扎,也会由拉扯袋状黏膜皱褶产生痛感,而母貂停止挣扎。此外,阴茎骨钩钩住袋状皱褶时,公貂的尿生殖道外口正对住母貂由于性兴奋而开放的子宫颈口,这样公貂在射精时就可直接射入子宫颈内。交配结束后,袋状皱褶正好包围住子宫口,因而可防止精液外溢,减少了精子的损失。同时,也免除了阴道内环境对精子的不良影响。

公貂的精子呈蝌蚪状,全长 70 微米。在显微镜下观察头呈椭圆形,尾细长,中段连接尾部,其间无明显界限,头的前部有发亮的顶体。精子有独立运动能力,运动时除尾部摆动外,还沿中轴方向做旋转式运动。所以，精子运动时呈直线式前进。

(5)母貂排卵　水貂是刺激性排卵的动物，交配动作刺激是诱发排卵的最主要因素。交配动作的刺激通过神经反射作用，把神经冲动传到下丘脑，下丘脑分泌促性腺素释放因子，经脑下垂体门静脉到达腺垂体，使腺垂体分泌促性腺激素，促进卵泡迅速发育，在交配后36～42小时当卵泡直径达到1.5～1.75毫米时卵泡破裂排卵。

一个动情期里交配诱发排卵后，有6～9天不应期。在此期内无论是交配刺激或注射孕血清、绒毛膜促性腺激素，都不能引起再次排卵。在不应期内黄体是不活动的，这段不应期也是新的一批卵泡发育到排卵前的阶段所需要的时间。此期结束后，进入下一个动情期，无论前次排出的卵是否受精，都可通过交配刺激再次排卵。

母貂在一个发情周期里，卵巢上有较多的卵泡发育，但能成熟排卵的一般为8个左右。其他卵泡在发育的不同阶段自行萎缩，停止发育，所以每次排卵的数量是相对稳定的，即使切除一侧卵巢，仍然排卵8个左右。这被推断是由于从腺垂体释放的FSH只能持续到血液中雌激素达到一定水平，此时FSH的释放被雌性激素的反馈作用所抑制而停止。所以，只有有限的卵泡能得到充分发育。

交配不是引起排卵的唯一刺激。一些母貂被公貂追逐爬跨，甚至人为地抓握或刺激外阴部也能引起排卵，在生产实践中应予以注意。

(6)受精　受精是精子和卵子结合的过程。水貂精子与卵受精的部位是在母貂输卵管的上段。受精过程完成必须是在受精部位。同时，存在着有受精能力的卵和有足够数量的活力强的精子。一般排卵后12个小时左右卵就失去了受精能力。

卵泡破裂时卵随卵泡液被冲出，卵泡内的液体提供了运送卵的介质。此外，输卵管上端的内壁生有许多纤毛，纤毛摆动形成流动波，也有助于卵的运送。卵排出后达到输卵管受精部位的时间不到12小时。精子在附睾内贮存时已开始成熟，但尚需要在母貂生殖道内获能。公貂射精后精子靠自身的运动，并借助于子宫、输卵管肌肉的收缩及上皮纤毛的摆动，需数小时方可到达受精部位。精子在母貂生殖道内有受精能力的时间为48小时左右，最长不超过60小时，精子和卵在受精部位相遇、结合，发生受精作用，形成受精卵。

水貂在周期复配时，所产的仔貂几乎都来自后一次交配的受精卵。前一次交配的受精卵很难发育到出生。这可能是由于不同龄胚胎间的竞争，子宫环境对来自前次交配的受精卵较为不利。但也有人推测是由于复配的交配动作使子宫肌肉频繁收缩，致使处于游离状态的前次交配产生的胚泡发生不易察觉的早期流产所致。

(7)妊娠与分娩

1)妊娠　自受精卵形成到分娩的整个妊娠期平均为 47 天±3 天，母貂妊娠期个体之间差异很大。整个妊娠期根据胚胎发育的情况可分为 3 个阶段：①胚胎的早期发育。卵在输卵管上段受精后，便开始进行均等分裂，称卵裂。经多次卵裂形成桑椹胚。细胞继续分裂形成一个实心的实囊胚，表面有一层上皮细胞，称滋养层，里面的细胞称内细胞团。以后，在内细胞团的一边发生一个腔，渐渐变大，内细胞团形成腔壁，这时的胚胎称有腔囊胚，也称胚泡。水貂胚胎一般在胚泡期进入子宫角。受精卵经输卵管到达子宫角的时间为 6～7 天。②胚胎滞育期，胚泡进入子宫角后，往往由于子宫内膜尚未为胚泡着床(或称附植)做好准备而不能着床，需经过 1～4 天的在子宫中游离阶段，称为延迟着床期。此时胚泡的发育极为缓慢，处于相对静止阶段，故称为胚胎静滞期。水貂妊娠期个体之间差异比较大，就是由于有一个时间长短不定的延迟着床期。此期的长短决定于妊娠黄体的发育和孕激素的分泌。妊娠黄体的发育与孕激素的分泌又与光周期变化有关。即在春分以前每天的光照时间不足以激发黄体快速发育。以春分为时间界限，每天的日照时间逐渐延长，通过神经反射作用，作用于下丘脑—腺垂体，腺垂体分泌的促黄体生成素作用于卵巢，促进黄体快速发育，并分泌 LH，使其在血液浓度迅速增加，LH 可促进子宫黏膜进一步发育增厚，为胚泡着床做好准备。因此，配种结束早的母貂一般比配种结束晚的母貂有更长的延迟着床期，妊娠期也就相应地增长了。处于延迟着床的胚泡可自由地从一侧子宫角转移到另一侧子宫角，最终导致两个子宫角中胚胎数量相近。③胚泡着床后的发育：胚泡在子宫黏膜上着床以后，母貂子宫内膜与

胚胎的绒毛膜形成胎盘，它是胚胎呼吸与营养的主要器官，胚胎与母体的物质交换通过胎盘来实现。这时胚胎迅速发育直到分娩。这一段时间是胚胎发育的主要阶段，一般较为恒定，为 30 天±1 天。早期以奠定胎儿各器官系统为主，后期以生长为主。

2)分娩　发育成熟的胎儿通过阴道产出母貂体外的生理过程称分娩。临产时母貂机体发生一系列的生理变化，如骨盆韧带松弛、子宫颈扩张、排出初乳等。胎儿从子宫娩出的动力主要是在催产素的作用下，子宫肌肉发生的阵发性强烈收缩。分娩过程分为 3 个阶段：子宫颈口开大、娩出胎儿和娩出胎盘。

(8)泌乳　乳腺分泌乳汁，是仔貂的食物。乳腺的基本构造是腺泡和导管。乳腺的发育分两期：一是在动情期里，由于雌性激素的作用，主要是导管系统的增长和分支；二是妊娠期里，在孕激素的作用下，主要是每一小管末梢形成腺泡，并逐渐膨大，形成有分泌乳汁能力的腺泡。分娩后雌激素和孕激素的分泌很快下降，此时腺垂体分泌催乳素，使已发育完全的并具备泌乳条件的乳腺开始分泌乳汁，并维持泌乳机能。仔貂吸吮乳头也是引起乳腺活动的强烈刺激，这种刺激能引起腺垂体分泌催乳素，促进乳汁生成；同时又引起神经垂体分泌催产素，促进乳腺平滑肌收缩，使乳汁由腺泡和导管排出。

母貂分娩后最初几天分泌的乳汁称初乳，它含有常乳所没有的蛋白质、各种免疫抗体和无机盐。能增强仔貂的抗病力，并促进仔貂快速生长。水貂乳汁里所含固体物质含量高、水分相对较少，营养丰富。仔貂生长发育很迅速；初生重只有 8～11 克，40 日龄时体重可达到 218～300 克，增重 20～30 倍。这与母貂乳汁中含有丰富的营养物质有密切的关系。

(9)假孕　母貂也有假孕现象，即发情交配后，虽然没有怀上胎，确有一系列类似妊娠的征兆，这些征兆没有到产子期，也没有发现流产现象自然消失了。这种现象称假孕。这是因为母貂交配后也排卵了，或是卵子没有受精；或是卵子受精了，也形成了胚泡，到达了子宫角，种种原因使其没有着床，空怀了。但是黄体经过休眠期不仅没萎缩退化，反而增长并分泌黄体酮。假孕母貂在交配后 15 天黄体缓慢

增加，并在30～40天黄体酮在血液中的含量达到30～45微克/毫升的水平，然后缓慢下降。当下降到较低的水平时假孕症状消失。

从组织学的角度进行研究证明，假孕母貂卵巢中有小黄体存在，腺垂体中分泌FSH的细胞明显增加并有高度活性，因而刺激和促进了卵泡的成熟，所以卵巢中还有成熟的卵泡，因此可出现"持续发情"。而母貂的腺垂体中没有或很少发现有FSH分泌细胞，卵巢中也没有相当于动情期的成熟卵泡。假孕母貂子宫膜的变化完全与正常妊娠母貂相同，只是没有胚泡存在，不形成胎盘。

(八)毛与皮肤

水貂的皮肤由表皮和真皮构成，真皮下面有皮下结缔组织。皮肤的衍生物是毛。毛皮是毛和皮的总称。皮肤覆盖了整个动物的体表，有保护内部组织、分泌汗液、调节体温、防御外界刺激等机能，对水貂的正常活动有重要的意义。

1. 皮肤结构及生理特点

皮肤可分为下列几部分(图2—12)。

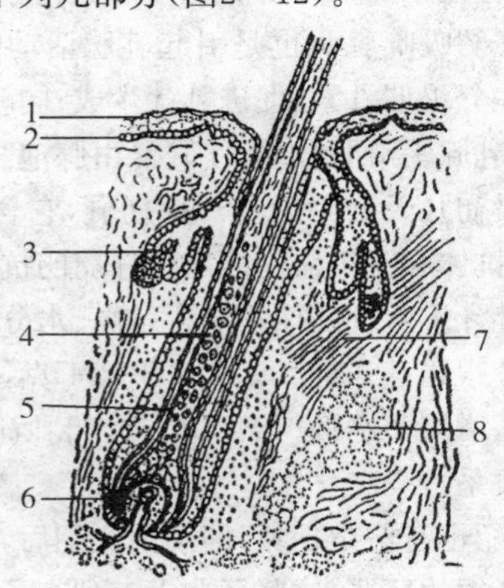

图2—12 皮肤构造模式图

1. 角质层 2. 马氏层 3. 皮脂腺
4. 毛的髓质 5. 毛的皮质 6. 有血的毛乳突
7. 竖毛肌 8. 脂肪组织

（1）表皮　是皮肤最外面最薄的一层，占皮肤厚度的1%～2%。又可分为角质层和生发层。角质层是最外的一层，由多层扁平上皮细胞构成，是透明角化的死细胞，表面常有鳞片状皮屑逐渐脱落。生发层由数层活细胞构成，有分裂增生能力，产生新细胞并逐渐向角质层推移，最后成为角化的鳞片状死细胞。表皮的发育，不同个体或不同部位都不相同。

（2）真皮　在表皮下面，由结缔组织构成，占皮肤厚度的88%～92%。皮肤的韧性和弹性决定于真皮中的胶原纤维和弹性纤维。

真皮可分为乳头层和网状层。乳头层与表皮生发层相连，内有毛囊。毛囊是由表皮凹入乳头层深处而成，周围有弹性纤维缠绕，使毛根有一定的强度与弹性。网状层与皮下组织相连，由胶原纤维构成并按一定方向排列着。夏冬季毛绒成熟时，乳头层薄，真皮紧密；春秋季换毛时，乳头层厚，真皮松弛。真皮中有丰富的毛细血管、淋巴管和神经末梢，因此保证了皮肤的强烈的代谢活动和感受外界的刺激。

（3）皮下组织　皮肤的最里层，占皮肤厚度的6%～10%。它具有缓冲的作用，可保护皮下各器官免受外力损伤。它常含有相当多的脂肪组织，是调节体温的重要组织。皮下组织可分为脂肪层与肌肉层。脂肪层厚度与水貂的肥瘦与季节有关。肌肉层在皮肤的最深处，由横纹肌组成的薄肌肉膜，其作用是使皮肤收缩震动，对驱除停留在皮肤上蚊蝇和异物及促进皮肤的血液循环和淋巴循环有重要作用。

（4）皮肤的附属物　皮肤附属物有两类，即皮肤腺和毛。皮肤腺是表皮的衍生物。例如，皮脂腺是葡萄状的腺体，遍布全身，位于真皮内毛囊旁边，有短的排泄管，大多开口于毛囊内，其分泌物为蜡状皮脂，有润滑毛皮的作用。皮质腺的分泌随季节而变化，夏季增强、冬季减弱。肛腺为水貂特有的腺体，能放出具有恶臭味的分泌物，有刺激敌害，保护自身的作用。遇到危险时迅速放出恶臭分泌物，使敌害却步不再追击。

2. 毛的构造和生理机能

（1）毛的形态和种类　毛被覆盖全身，有保护和感觉及调节体温等作用。毛是皮肤的角质衍生物，按其形态可分为4种：①圆锥形

的:从基部到末端逐渐变细。②圆柱形的:直径几乎相等,只有在最末端变细。③纺锤形的:基部为圆柱形,至上半段变粗呈纺锤状。④披针形的:下部是圆柱形,上部变弯、变宽,成披针样。

根据毛的长度、粗细度和坚实性,又可以分为3类:①触毛:特别敏感的长而粗硬的圆锥形的毛,多生在头部。②针毛:覆盖全身,弹性较强,有保护作用。可再分为纺锤形的定向针毛和披针形的纯粹针毛两种。③绒毛:绒毛多,细而短,主要起保温作用。又可以分为圆柱形的纯粹绒毛和介于针、绒毛之间的中间型毛,下部2/3像绒毛,上部1/3像针毛。

(2)毛的结构与机能　每根毛可分为两部分,露在皮肤外面的部分称毛干,在皮肤内的部分称毛根。毛根常伸到真皮层内,周围有鞘和毛囊。毛根底部末端膨大称毛球。真皮的乳头层突入毛球中称毛乳头。毛通常倾斜地位于毛囊中。近毛根的上端有皮脂腺,下有一束平滑肌称竖毛肌,当它收缩时毛囊可稍稍改变位置,使毛直立。

毛由死细胞组成,有3个同心层,由外向内分别为鳞片层、皮质层和髓质层。

1)鳞片层　由鳞片状角质化细胞排列构成,占毛的粗细度的1%~1.5%。鳞片的大小、形状和结构是不规则的,但同类毛同一位置的鳞片,其结构是相同的。鳞片层能防止水分将毛浸湿、使毛不缠结、有光泽和保护毛的内部结构。

2)皮质层　由纺锤状的细胞构成。它决定着毛的拉力、坚韧性和弹性,占毛粗细度的65%~68%。皮质层愈厚的毛,其强度、弹性和耐磨性愈强。皮质层细胞内充满颗粒状的色素、色素的多少决定着毛色的深浅,白色水貂皮质层细胞中无色素。

3)髓质层　由含有气泡与色素的疏松组织构成的中心管,占毛粗细度的30%~34%。水貂的毛髓质层不发达,因此针毛细而有弹性,隔热性好,传热性差。绒毛无髓质层,不传热、柔软,易缠结。

根据髓质层的有无,毛根可分为有髓毛根和无髓毛根。有髓毛根的生长是有规律的。毛根的髓质层与毛乳头的上部相连,毛乳头从周围的毛细血管中吸取营养和形成色素,使细胞增殖,产生上述3

个毛层的细胞，使毛生长和供给色素。当毛接近成熟时，毛根逐渐硬化，毛囊收缩，毛根与毛乳头向皮肤表面移动。毛成熟时，毛球完全硬化，失去供给色素和增殖细胞的能力，毛根逐渐上移而脱落。

3. 毛皮的季节性变化

毛生长到一定时期就从皮肤上脱落下来，被新毛所代替，这称为换毛。在旧毛将要脱落前，毛乳头附近的细胞又重新开始活动，产生新毛并在老毛囊的附近打开新途径，到达皮肤表面。水貂一年换两次毛，春季脱掉冬毛换成夏毛，秋季脱掉夏毛换成冬毛，叫作周期性季节换毛。当年出生的幼貂，一出生全身就有胎毛，2～3 周龄时有初期毛绒，50～60 日龄时换成了夏毛，8 月末冬毛开始生长发育。

(1)春季换毛　随着配种季节的到来，夏毛的“胚胎毛”在真皮层开始形成。春分后随着配种季节结束，冬毛开始脱落，夏毛长出。换毛顺序是:先从头部和足开始，逐渐由前到后扩展，臂部和尾部最后脱换。新生的夏毛也按此顺序先后长出。

皮肤随着换毛顺序也相应地发生变化。在新毛的“胚胎毛”形成部位，皮肤随着增厚，有粉红色出现，并逐渐变成暗黑色，皮肤松弛，脂肪量增大。随着新毛的成熟，皮肤逐渐变薄，皮肤中的色素也随之减少。夏毛成熟后皮肤呈灰白色，干枯而变薄。白度与柔软度比冬皮差，针毛少而短，绒毛稀。

(2)秋季换毛　秋天随着日照时间的缩短，即 8 月下旬，日照时间由 13.5 小时缩短到 12.5 小时期间，皮肤中冬毛的“胚胎毛”开始生长发育。秋分后夏毛开始脱落，冬毛长出。秋季换毛比春季换毛快。换毛顺序与春季换毛的顺序正好相反，先从尾部开始，经臀部、躯干向头部扩展。由于前部毛相对短，生长期也短;臀、尾部毛长，生长期也长，因此毛皮还是前部先成熟，臀、尾部后成熟。毛被生长接近成熟的部位，其皮板上的色素就少。当皮肤中的色素全部供给毛以后，毛皮完全成熟，皮肤紧密而洁白。上述毛皮色素变化情况，均指的是黑褐色标准貂。病貂、体质弱的貂一般换毛较晚。

受外伤破坏了的皮肤，在伤口恢复痊愈过程中，生理上是先补充生长皮肤，皮肤愈合的同时，就形成“胚胎毛”并开始生长。

第三节　光周期变化与水貂繁殖和换毛的关系

水貂是季节性繁殖的小型珍贵毛皮动物，又是一年两次季节性换毛的哺乳动物。这种季节性繁殖和换毛，是由于水貂祖先生活在北纬45°以上地区，长期适应这种高纬度地区的环境条件，经过自然选择并通过遗传固定下来的一种适应性，而形成了水貂的一个突出的种群特征。

一、光周期变化规律

在环境条件的诸多因素中，每年周期性变化最明显、最恒定、最有规律的是日照时间的变化。昼夜时间长短的光周期变化，决定于地球绕太阳的公转和地球本身的自转，这就决定了地球上每一地区的光周期变化规律。任何地区每年的光周期变化，从日照时间的长短和昼夜时差这两个方面，都规律性的呈正弦曲线（图2—12）。以一年的12个月为横坐标，以日照时间或昼夜时差为纵坐标，即可画出任何地区光周期变化的正弦曲线图形。在春分和秋分时，昼夜时间相等，都是12小时，昼夜时差为零。正弦曲线的正波峰是夏至，白昼最长，黑夜最短，正的昼夜时差最大；负波峰是冬至，白昼最短，黑夜最长，负的昼夜时差最大。春分到秋分是昼长于夜，其间，春分到夏至，日照时间逐渐延长，昼夜时差逐渐增加；夏至到秋分，日照时间逐渐缩短，昼夜时差逐渐减小。秋分到春分是夜长于昼，其间，秋分到冬至，日照时间继续缩短，昼夜时差的绝对值逐渐增加；冬至到春分，日照时间又逐渐增加，昼夜时差的绝对值逐渐减小。但不同纬度的地区，日照时间或昼夜时差的变化幅度不同，也即光周期变化的正弦曲线的振幅不同。高纬度地区日照时间或昼夜时差的变化幅度大而急剧，因而光周期变化的正弦曲线振幅大，斜度也大；而低纬度地区日照时间或昼夜时差的变化幅度小而缓和，因此光周期变化的正弦曲线振幅小，斜度也小。这就表明，除春分和秋分外，不同纬度的地区在同一天不仅有不同的昼夜时差，而且有日照时间的纬度时差。

以夏至为例，北纬 45°地区的日照时间约为 15 小时 36 分，昼夜时差为 7 小时 12 分；北纬 20°地区的日照时间为 13 小时 20 分，昼夜时差为 2 小时 40 分；两地的昼夜时差相差为 4 小时 32 分（图 2—13 和图 2—14）。

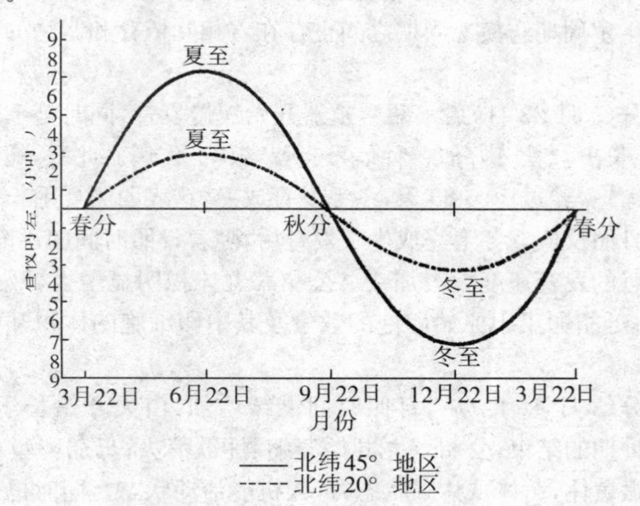

图 2—13 **光周期的时差曲线**

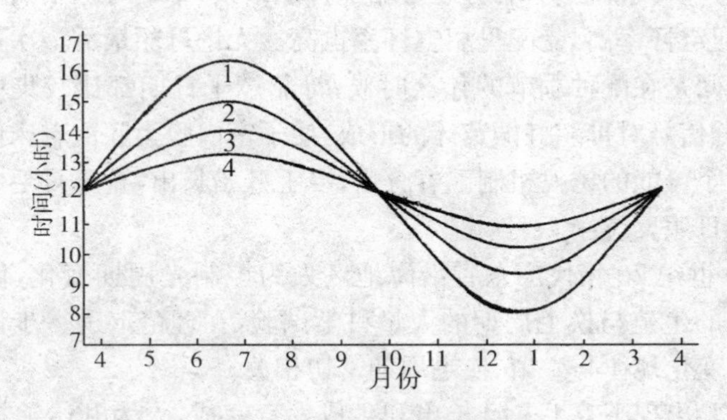

图 2—14 **不同北纬度的日照曲线**

1. 北纬 50°日照曲线 2. 北纬 40°日照曲线 3. 北纬 30°日照曲线 4. 北纬 20°日照曲线

二、光周期变化与水貂生殖周期、换毛周期的关系

由于水貂祖先长期生活在高纬度地区，它的新陈代谢、生长发育、生殖和换毛等生理活动与高纬度地区光周期变化规律建立了密切的联系，尤其成为实现水貂生殖与换毛周期的触发信号和必要条件。在生殖周期与换毛周期之间也存在着相互依存和制约的密切联系。

秋分(9 月 23 日)后水貂生殖器开始缓慢发育，同时夏毛开始脱落，冬毛长出。秋分好似一种信号起着“扳机”作用。此后，随着日照时间的缩短，经过 70～80 天，冬毛发育成熟，这表明脱夏毛长冬毛是一个短日照反应。冬毛完成生长发育后，随着日照时间的逐渐延长，生殖器官的发育速度大大加快。公貂睾丸体积明显增大，开始有精子生成；母貂卵巢中原始卵泡的数量及其中卵细胞的体积开始明显增加。

春分(3 月 21 日)后，日照时间继续增加，白天开始长于晚上。随着配种期的结束，公貂睾丸开始萎缩、性欲消失；母貂卵巢中开始形成妊娠黄体，黄体从休眠状态，进入机能活动状态。同时也开始了冬毛脱落、夏毛长出的时期。春分信号又起着“扳机”作用。科学实践和生产实践都证明，春分后母貂配种期结束，个别母貂虽然能达成交配，但空怀率高，受配母貂空怀率也高。无论母貂最后一次达成交配的时间是在配种季节的什么时候，母貂产子日期都比较集中。因此，春分信号对母貂妊娠黄体的形成，使子宫内膜为胚泡着床做好准备是一个可能的诱发机制。春分后，夏毛开始长出，直至夏毛成熟是一个长日照反应。

20 世纪 70 年代广东省沿海地区人为控制光周期变化，做了改变水貂的生殖与换毛周期的大量科学试验，在理论上进一步证实了光周期变化规律与生殖、换毛周期密切相关。

试验出现了夏毛一旦长出和生成发育完成，人为开始缩短每天的光照时间，就加速夏毛的脱落，开始冬毛的生长发育，但冬毛生长发育的速度是恒定的，而与开始缩短光照时间的日期无关。给予秋分信号后，随着每日光照时间的缩短，夏毛开始脱落，冬毛开始长出，

性腺也在开始逐渐缓慢的发育。从给予秋分信号到冬毛生长发育完成，需经 80～90 天。此后，逐渐增加每天的光照时间，可加速生殖器官发育，经过 60～70 天，即可进入正常的发情配种状态。虽然一些母貂不到 60～70 天就提前发情并接受交配，但受配率低、空怀率高。所以，应在冬毛成熟后再过 60～70 天开始放对配种，才不会出现繁殖失败。但是，如果在冬毛生长发育完成之前就增加光照时间，能使冬毛生长发育受阻，并且性腺发育也会受到明显的抑制。

水貂脱冬毛、长夏毛的换毛过程，存在着一个明显的不应期，也即在完成冬毛生长发育后，增加光照时间，虽然可以加速生殖器官的发育，但却并不随之引起夏毛的生长发育，只有春分信号诱发公貂睾丸开始萎缩、母貂进入妊娠期，才能开始夏毛的生长发育。配种基本结束后，给予春分信号、长夏毛。同时，也可以缩短延迟着床期。促进胚泡着床，缩短妊娠期，促进性腺发育，也就可以降低在滞育期的死亡率，从而降低空怀率，提高产子率，也利于母貂泌乳量提高。

三、光周期变化影响水貂生殖和换毛周期的生理机制

光周期的进行性变化，是控制水貂生殖和换毛生理反应的时钟，其生理机制到目前为止还没有人彻底阐明。通过人工控光改变水貂的生殖和换毛周期并进一步探讨和揭示其生理机制的研究工作也开展得不多，也不够细致深入，许多问题有待于进一步的深入研究。

眼睛是水貂的光感受器，剜去母貂的双眼，损坏其视网膜或切断视神经，造成母貂视觉缺失，这样处理的母貂也存在着换毛周期，能发情、配种、妊娠，甚至产子。但胚泡在子宫里的滞育期长，生殖失败率也高，并且对人工改变光周期完全不发生反应。长期饲养在完全黑暗的水貂和持续接受光照的水貂，虽然繁殖失败率高，换毛也不规律，但是个别个体也能产子和换毛。这些事实表明，水貂体内存在着控制正常生殖和换毛的遗传基因。

在水貂生殖和换毛周期的光周期性变化的控制中，腺垂体是极为重要的组织。腺垂体在下丘脑分泌的促性腺激素释放因子的作用下，分泌卵泡刺激素和黄体生成素，二者以不同的量和严格的比例关系密切配合，调节着性腺的生殖内分泌活动，从而控制生殖器官的周

期性活动。切除腺垂体则性腺萎缩，从而丧失其生殖周期。在11～12月里，经过2周每天延长光照2小时，母貂垂体中LH的浓度大为增加；春分信号后，随着日照时间的增加，母貂血浆黄体酮水平增加；视觉缺失的母貂，其胚泡着床前血浆黄体酮水平的增加受到抑制。这些都表明，光照通过眼睛视网膜和视神经，把神经冲动传到下丘脑，再通过下丘脑—腺垂体—卵巢（睾丸）生殖轴系统，来控制水貂的生殖机能活动。

腺垂体在控制水貂的换毛周期中也起着重要作用。腺垂体可能是通过肾上腺皮质抑制毛的生长发育。切除腺垂体，水貂就失去正常的换毛周期，出现一系列的不同脱毛，无论是有夏毛的还是有冬毛的水貂，都在脱毛后立即出现典型的冬毛再生。切除垂体后，如果注射ACTH或MSH，可激发水貂夏毛发育。切除肾上腺的水貂，脱毛和毛的再生以更快的速度进行。而正常完整水貂用ACTH处理，则正常的春季换毛及拔毛后毛的再生均受到抑制。因此，光照可通过下丘脑—腺垂体—肾上腺皮质的作用来控制毛的生长发育和换毛。缩短光照时间，可能抑制下丘脑CRF的释放，从而使腺垂体ACTH的分泌下降，通过抑制肾上腺皮质，就能促水貂冬毛的生长发育；反之，延长光照则刺激下丘脑释放CRF，使腺垂体分泌ACTH，从而通过肾上腺皮质激发夏毛的生长发育。在腺垂体中，促性腺激与ACTH的分泌之间又存在着相互依存和制约的密切关系。

松果体可能参与光周期变化对生殖和换毛周期的影响。松果体对光照变化特别敏感。切除松果体后，虽然仍能生殖和换毛，但对人工改变光周期的反应消失了。松果体中含有一种特有的酶，即羟基吲哚—O—甲基转移酶（HIOMT），它能把5—羟色胺转化为黑色素紧张素。一般认为，黑色素紧张素能抑制腺垂体分泌FSH与LH，因而间接抑制性腺的活动。延长光照时间，使黑色素紧张素的产生和分泌增加；缩短光照时间，则使黑色素紧张素分泌减少。

从以上资料来看，目前对水貂各生理机能研究还不够深入，比较肤浅，很多问题尚有待解决，以后有必要进一步深入研究。

第三章　水貂繁殖关键技术

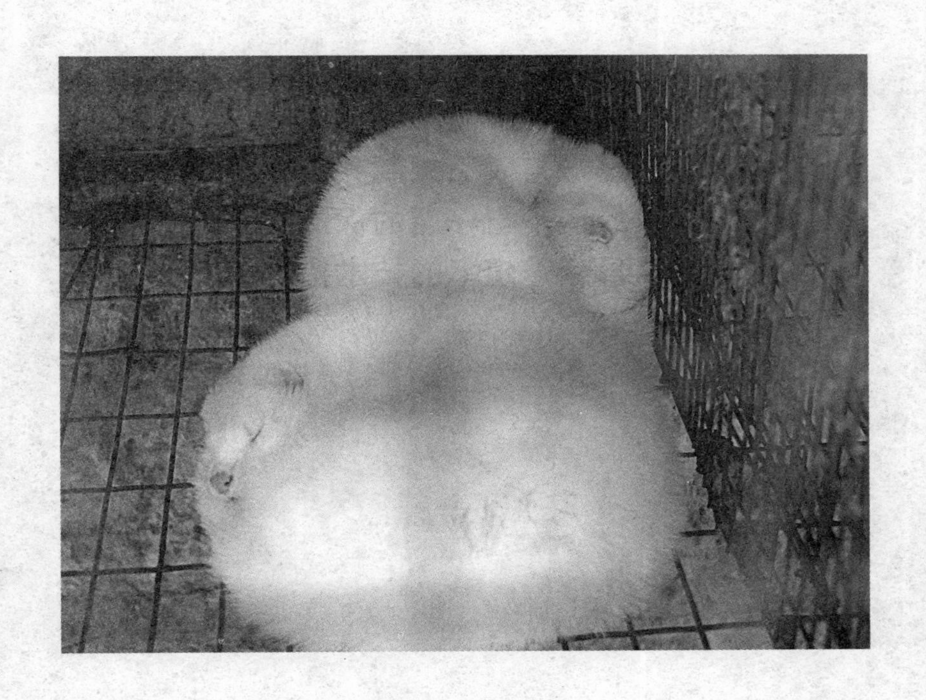

内容导读

水貂的配种
母貂妊娠与人工控制关键技术
母貂的产子与仔貂的保活技术
提高母貂繁殖率的技术措施

第一节 水貂的配种

一、水貂的配种时间与配种技术

(一)种貂繁殖期各阶段的划分

水貂是季节性繁殖的动物,其生殖器官季节性变化和季节的光照时间规律性变化有密切关系。根据一年四季的光照周期性变化,可把水貂繁殖划分为几个时期:

1.准备配种期

以每年的秋分为起点,随着日照时间的缩短,与生殖和换毛有密切关系的内分泌活动增强,这时夏毛开始脱落,冬毛开始生长,生殖腺开始缓慢发育;冬至后日照时数开始缓慢增加,内分泌开始进一步增强,生殖器官迅速发育。至第二年1月中、下旬,当日照时数每天达到11小时时,性腺发育完成,开始产生生殖细胞(精子和卵细胞)。公貂表现出有求偶的欲望和行为,母貂出现发情征兆,公、母貂先后进入繁殖季节,这一时期称准备配种期。准备配种期根据日照变化的不同又分为准备配种前期和准备配种后期:①准备配种前期。自秋分(9月21日)到冬至(12月20日)日照时间由长变短,冬毛开始生长,生殖腺开始缓慢发育,这一段时间称为准备配种前期。②准备配种后期。从冬至到第二年的2月下旬(12月21日至第二年2月28日),日照时间由短变长,生殖腺快速发育,直到发育完善称准备配种后期。

2.配种期

3月1～24日为水貂的配种期。生产实践证明,不同纬度地区饲养的水貂,配种期不相同。低纬度地区(40°以下)比北纬45°地区配种时间提前3～5天。北纬45°～50°地区一般在3月5日至3月20日,历时15天。3月下旬以后公貂配种力开始下降,这时发情配种的母貂受配妊娠率低,即便是受配后妊娠,胎产子数也少。配种结束后,公貂睾丸开始萎缩,转入静止期(3月25日至9月20日)。

3. 母貂妊娠期

配种结束后，母貂进入妊娠期。以春分为“扳机”，排出卵子后的滤泡发育形成妊娠黄体，开始出现分泌黄体酮的能力，这时胚泡才开始在子宫角着床，并转入正常的胚胎发育。经 30～31 天，胚胎发育完善，胎儿顺利娩出。不论配种结束早还是配种结束晚的母貂，产子期一般都在 4 月下旬至 5 月中旬。这一时期称母貂的妊娠期。

4. 产子哺乳期

每年的 4 月下旬至 5 月上旬，是水貂大量产子的时期，大多数母貂都在一时期产子，这时期的母貂胎产子数多，仔貂健壮。但是，提前产子和延迟产子的母貂也不少见。产子愈拖后的母貂产子数少，仔貂体质不太好。

产子后的母貂进入哺乳期，这一时期是每年的 4 月 20 至 6 月 20 日。

5. 生殖静止期

仔貂断奶后，母貂进入生殖静止期。这一时期母貂生殖腺萎缩，没有任何性行为，直到 9 月 21 日以秋分为信号，性腺又开始缓慢发育。

种貂一年内生理时期划分如表 3－1。

表 3－1　种貂 1 年内生理时期划分

种貂＼月份	9	10	11	12	1	2	3	4	5	6	7	8
种公貂		准备配种前期			准备配种后期		配种期	静止期				
种母貂		准备配种前期			准备配种后期		配种期	妊娠期		产子哺乳期	静止期	

(二)母貂发情周期与配种

2 月中旬公貂便开始出现求偶行为，在整个配种期里，始终处于发情状态。母貂则有所不同。一般认为母貂在配种期里，出现 2～4 个发情周期。每个发情周期为 6～9 天，动情期持续 1～3 天，间情期为 5～6 天。

水貂是刺激排卵的动物，在动情期内，成熟的卵泡不经过交媾刺

激或类似的神经刺激不会排出卵子，只有经过交媾刺激或类似的神经刺激才能排出卵子。卵子排出数小时内，滤泡发生封锁现象，不随即形成有分泌黄体酮功能的妊娠黄体，处于静止状态。在此期内无论是交媾刺激或注射孕马血清（PMS）、绒毛膜促性腺激素（HCG），都不能引起再次排卵。在卵巢的黄体静止期内，卵巢内又有一批接近成熟的滤泡继续发育成熟，并分泌雌性激素，无论前次排出的卵是否受精，仍可通过交媾刺激再次排卵。母貂排卵时间在交配后 36～42 小时。

水貂卵子的受精部位在输卵管的上段。排卵后 12 小时左右，卵细胞就失去受精力。卵子排出后到达受精部位的时间不超过 12 小时，而精子在母貂生殖道内有受精能力的时间一般为 48 小时，所以配种时机是提高水貂产子率的关键环节。

1.配种日期

水貂的配种期虽然依地区差异、个体不同、饲养条件不同有所不同，但多在 2 月末到 3 月下旬历时 20～25 天。配种旺期大都集中在 3 月中旬。各种色型的水貂配种期有所差异，彩貂比标准貂配种期晚 5～7 天。经产母貂比未产母貂发情早，因此配种初期尽量选配经产母貂，争取在配种旺期达到全部配种结束。

2.配种方案

水貂的配种分同期复配和异期复配两种方案。在一个发情周期里，连续 2 天或隔 1 天进行 2 次配种，即 1＋1 或 1＋2，称同期复配。也有个别母貂接受第一次交配后不再接受第二次交配，因而只达成 1 次交配。

在 2 个以上发情周期里进行 2 次以上的交配，称为异期复配。异期复配可分为：2 个发情周期里 2 次交配，即在前一个发情周期里交配 1 次，间隔 6～9 天后复配 1 次[1＋1(7 天)]；2 个发情周期里 3 次交配[1＋1(7 天)＋1(8 天)]。实践证明，采用 1＋1 或 1＋2 及1＋1(7 天)、1＋1(7 天)＋1(8 天)的配种方案效果较好。对每只母貂采用什么配种方案，要根据初配日期而定。配种开始后 1 周之内(3 月 12 之前)进行初配的母貂，多采用 2 个发情周期 3 次配种的方案；而

在3月15日以后进行初配的母貂，多采用1个发情周期2次配种或1个发情周期3次配种的方案，使配种结束日期落在3月12～20日。

大的饲养场普遍采用分阶段异期复配的配种方案。一般3个阶段，即初配、复配和查空补配。以北纬45°的饲养场为例，3月5～11日为初配阶段，要求大部分母貂在此期进行初配，公貂1天只配1只母貂。3月12～20日为复配阶段，要求大部分母貂在此期内完成复配任务，即1＋1(7天)、1＋1(7天)＋1(8天)。3月20日以后，为查空补配阶段，重点解决尚未初配的母貂。3月20日以后初配的母貂，也一律采取复配2次(1＋1或1＋2)的方案。如果有的公貂完不成所担负的配种任务，可采用异公双重配种的办法，但后代不能作种貂留用。

(三)配种技术

1.发情鉴定

母貂发情时，常在笼内来回走动，动作频繁，尿液呈绿色，捕捉时比较温驯。当检查外阴部时，未发情母貂的外阴部紧闭，阴毛成束呈毛笔状；发情母貂依其阴部肿胀程度、色泽、阴毛的形状以及黏液变化情况，通常分为3期。也有些母貂虽然发情，但外阴部变化不明显，生产上称为隐蔽性发情。发情分期情况如下：

第一期：阴毛略分开，阴唇微开，阴道黏膜呈淡粉红色。

第二期：阴毛明显分开，倒向外周，阴唇肿胀、突出或外翻，有时有皱纹将其分成几瓣，呈乳白色，有黏液。

第三期：阴部状态基本上同第一期、第二期，但有皱纹，比较干燥，呈苍白色。

2.放对配种

水貂放对配种的方法是，把发情母貂放在公貂笼中进行交配(图3—1)。放对时待公貂叼着母貂颈部时方可撒手，并观察一段时间。发情好的母貂，多半在被公貂叼着颈部时，便举臀翘尾，以迎合公貂交配。对个别不会抬尾的母貂，可采取人工辅助抬尾的办法，以便顺利交配。当公貂爬跨发情不好或未发情的母貂，母貂往往挣扎或逃

避，有时还会发出刺耳的尖叫声，甚至咬公貂。因此，放对时要观察公母貂的交配行为，对表现敌意的要立即分开，以防咬伤。

图 3—1 水貂放对配种

水貂交配时，公貂叼着母貂后颈部皮肤，以前肢紧抱母貂腰部，腹部紧贴母貂臀部，腰荐部与笼底成直角。当公貂射精时，两眼眯着，臀部用力向前推进，睾丸向上抖动，后肢微微颤动。母貂则时而发出低微的“咕、咕……”叫声。

水貂假配时，公貂的腰荐部和笼底成锐角，身体的弯度不大，经不起母貂的移动，并无射精动作。误配时，公貂阴茎插进母貂的肛门内，母貂发出尖叫声，应立即分开。

交配时间，初配阶段一般为 20～30 分，愈往后期交配时间愈长，配种后期的交媾时间长达 4 小时是常有的。公貂是继续射精，母貂是刺激性排卵，交媾时间长不仅给母貂以充足的刺激，而且增加射精量，对提高产子率是有一定好处的。在母貂拒配的情况下，交媾时间在 10 分以上者都有效。

3. 公貂精液品质检查

种公貂精液品质的好坏，直接影响着配种效果和母貂产子率。据报道的资料表明，水貂的 1 次射精量为 0.102 毫升±0.066 毫升，每毫升精液中精子的数量为 5 465 万±2 359 万个。精子的长度为 32.8 微米±15.7 微米。

在生产中对公貂的精液品质进行检查，淘汰精液品质差的种公貂，而充分利用精液品质优良的种公貂，以提高种母貂的繁殖率。

精液品质检查的简易方法为：用小吸管插进刚配完种的母貂阴道内 2～3 厘米，吸入公貂射入的少量精液，滴在载玻片上，在 400 倍视野的显微镜下检查精子的形态、密度和活力。优质精液的精子数量较多，头椭圆形，尾部长而稍有弯曲；劣质精液的精子数量少，头圆大，尾短而粗直，甚至畸形。还可以根据精子的运动情况判断精子的活力。正常精子做直线前进式运动，活力不强的精子往往做圆周式运动，不活动的精子是没有活力的或死亡的精子。

第一次交媾射出的精子死精或活力低的精子较多，检查精液不能以此次射精为依据。经过几次检查，无精子或精液品质不良的公貂，就不能再参与配种，已让精液品质差的公貂配过种的母貂，要用精液品质好的公貂重配。

4. 公貂的利用

公貂利用方法是否得当，利用率的高低，不仅直接影响当年配种工作进度和配种质量，而且影响受孕率和产子率；如果利用过度，还会影响下一年度这些公貂利用。因此，必须合理地利用公貂。

对公貂的使用，要以全面培养、合理利用、照顾休息、防止过度疲劳为原则。对于初次配种的幼龄公貂，配种初期要给予发情好、温驯的成年母貂。对于初配又不配种的胖公貂，要经常给予发情好的母貂耐心培养，使之学会配种。对于偏瘦的公貂，要适当减少其配种次数。为了防止公貂过度疲劳，初配阶段每只公貂每天只能配种 1 次；复配阶段每天配种不能超过 2 次，2 次配种的间隔时间不能少于 6 小时；连续 2 天使用 3～4 次的公貂，应让它休息 1 天；整个配种期里 1 头公貂交配总次数不应超过 20 次。

对于性欲旺盛、交配能力很强的公貂，要予以足够的注意，防止其在母貂非发情期交配成功而造成空怀。

二、水貂配种的注意事项

（一）水貂的配种方法

水貂在配种期由于多次发情，加之具有强制性交配的特点，为了确保母貂受孕，就不能采用一次性配种的方法，而应在初配后再复配1～2次。目前配种方法常采用的有两种；周期复配和连续复配。

1. 周期复配

初配以后，间隔7～10天，在下一次发情周期里复配1～2次。

2. 连续复配

在一个发情期里，连续进行复配。有时间隔1天进行复配，叫作隔日连续复配。

这两种配种方法应根据配种阶段的具体任务灵活运用，结合进行。初配阶段（3月上旬）主要任务是训练公貂早期参与配种。因此，此期发情的母貂初配后不必急于复配，应采取周期复配的方法，即在2个发情周期里进行3次交配。3月中旬发情的母貂就必须采用初复配并进的方法，目的是使大多数母貂在发情旺期结束配种。复配有助于提高母貂繁殖力。

另外，母貂交配后出现排卵不应期，所以复配应在初配后的2天内或7～8天进行，不应在初配后3～6天复配，如果无规律地乱配，容易使母貂空怀。实验表明，初配后1～2天复配的母貂繁殖率高；初配后3～6天复配者繁殖力低，空怀率高；超过7天复配时，能提高繁殖力，空怀率明显下降，这种情况能持续11～12天。如果复配时拖延到12天以后，又出现繁殖力下降的趋势。在配种期，有的母貂被公貂爬跨后没有射精反应，有可能刺激母貂诱发排卵，应抓紧在2天内复配。如果复配仍未受孕，待下一个发情周期到来时再放对交配。

（二）种公貂的训练

水貂交配具有强制性的特点，所以种公貂必须强势，才能提高公貂交配率。因此在配种前必须对公貂进行训练。

1. 训练种公貂早期参与配种

训练种公貂配种应在3月初初配阶段进行，这一阶段种公貂配种率高低，将直接影响配种进度。初配阶段种公貂交配率应达到80%以上。

当年初次利用的小公貂，第一次交配比较困难，但一经交配成功，就能顺利地交配其他母貂。训练当年小公貂配种，必须选择发情

好、性情温驯的经产母貂与其交配；发情不好的、性情暴躁的初配母貂，不能用来训练小公貂。训练过程中要注意爱护小公貂，防止粗暴地恐吓和扑打，并注意不使公貂被咬伤，否则种公貂一旦丧失性欲，以后就没法利用了。

训练公貂是耐心、细致的工作，必须善于观察和分析，持之以恒。因为，往往在配种期里，后期才开始参与交配的公貂，恰恰能起到突击配种或收尾作用。在训练过程中，应尽量让公貂在笼网上交配，以便观察和看管。个别公貂一定要在小室交配时，也不要强行赶出，影响情绪。

2. 提高放对效率

主要是掌握每只公貂的配种特点，合理制订放对计划。性欲旺盛和性情急躁的公貂应先放对，每天放给公貂的第一只母貂尽量是容易达成交配的。公貂的性欲与气温有很大关系，气温升高会引起公貂性欲降低，因此配种开始时应把公貂转到貂棚的阴面，放对应安排在早、晚温度偏低的时间里。阴雨（或雪）天气或气温突然下降的有风天气，公貂性欲旺盛，如果是配种旺期，则应抓紧有利时机，争取多配。

（三）双重交配和强制交配

双重交配和强制交配，是为了提高受配率和受胎率及胎产子数而采取有效措施。

1. 双重交配

是在一个发情周期里，1 只母貂的配种任务由两只公貂交替共同完成。这种交配方法对生产皮貂影响不大，但对留种的母貂不能采用这种方法，否则谱系不清，给育种工作带来困难。

2. 强制配种

对于拒绝配种的母貂或难配的母貂，一放对就与公貂撕咬，使之难以达成交配。饲养员可以用结实的布料给母貂做一个嘴罩，或用细尼龙绳给母貂编一嘴套，使其固定不能张开，放对后母貂有一定挣扎但不能咬公貂，挣扎一会儿就能达成交配。这种方法多半是在配种后期不得已采取的措施。配种初期或中期，尽量不用这种方法，因

对公貂体力消耗大,影响配种计划顺利进行。

(四)水貂配种期观察与护理

水貂在配种的过程中,饲养员要对种貂认真观察和护理,这是保证配种质量的重要环节,应注意观察如下几项:

1. 观察母貂是真受配,假受配或误配

在配种时,公貂出现两眼半闭或直视,后躯背部与笼底呈直角或锐角,公貂后肢趾部能提起离开笼底网,而公、母貂后躯不离开,进一步出现射精动作,交配后母貂外生殖器湿润,充血,可确定为真配。

如果公貂两眼发贼,后躯背面不能长期与笼底网呈直角或锐角,两后肢趾部都抬起离开笼底网,走动时公、母貂后臀部能脱离,见不到公貂射精动作,从笼底下观察,可见公貂阴茎露到母貂体外,可以确定为假配。

放对过程中公貂紧抱母貂,母貂突然尖叫,拼命挣扎,多数是误配。检查母貂肛门,误配母貂肛门黏膜红肿或出血,严重的能出现直肠穿孔而死亡。误配母貂再放对时,应更换公貂或用胶布暂时封着肛门。

2. 防止公貂、母貂互相咬伤

要区分公、母貂的咬斗是求偶还是敌对,若是敌对,应立即将公、母貂分开。当母貂上蹿下跳,爬上笼网顶、尖叫,躲在笼角或向公貂进攻,表现强烈对抗时,应马上分开。公貂咬住母貂颈背部后,经较长时母貂仍然强力挣扎拒配者,要马上分开。当公貂求偶叫声停止,出现前足拍打笼网,尾巴乱甩或用臀部去靠母貂,并有咬母貂的敌对表现时,要迅速分开。交配结束后,母貂尖叫挣扎,也要立即分开。如果观察护理不及时,将出现严重咬伤事故,及时发现便于及时治疗。

3. 采取辅助交配措施

在水貂配种过程中,因某种原因出现少数母貂难配,必须采取相应措施,辅助达成交配。例如,母貂后肢不站立的,饲养员戴上防护手套,左手抓住母貂颈背部领皮,左手背贴近笼底托起腹部,使臀部迎合公貂;对母貂不抬尾巴的,可用细绳将尾巴吊起,让其顺利交配;对母貂咬公貂拒绝交配的,可给母貂做个嘴套,使嘴不能张开,但不

影响其呼吸，辅助公貂达成交配；对害怕被公貂咬伤惧怕公貂的母貂，如发情期还没过，可停止几天待伤势好转，情绪稳定后再放对。

4. 对难配母貂的交配处理办法

难配母貂多是因为发情鉴定不准，在放对交配过程中，受过咬伤或高度惊吓而造成的。解决难配母貂的配种问题，必须准确掌握发情表现，发情的抓紧配种，不发情的等待。发情表现不易掌握的母貂，可先用性情温驯的公貂试情，确认母貂发情、接受交配时，再用配种能力强的公貂进行交配。对于已到3月下旬，发情表现仍不理想的母貂，应注射HCG，促进其发情，发情旺期能接受交配。

第二节　母貂妊娠与人工控制关键技术

一、母貂的妊娠期

母貂妊娠期长短差异很大，最短时37天，最长的91天，一般为47天±2天。配种结束早的母貂和配种结束晚的母貂妊娠期差异很大，在生产实践中统计表明，3月31日以前结束配种的要比3月1日前结束配种的母貂妊娠期平均缩短12.4天，结束配种日期每差1天，妊娠期平均缩短0.4天。3月1日前交配的标准母貂妊娠期平均为58.5天，3月31日前交配的母貂妊娠期平均为46.1天。不同色型的母貂妊娠期有所不同，不同年龄的母貂妊娠期也有所不同，经产母貂妊娠期比初产母貂的妊娠期短。

由于水貂具有异期复配的特点，所以计算预产期和妊娠天数应以最后1次交配日期为准。母貂的妊娠期个体之间差异很大，在同样的条件下，同一天结束交配的母貂，其妊娠期长短变动范围有19天，即44～63天。

二、妊娠期长短变化幅度大的原因

导致个体间妊娠期变化幅度大的原因，是由于水貂胚胎发育阶段有1个胚泡滞育期。个体不同、交配日期不同，滞育期长短有差异，滞育期的长短又造成了妊娠期的差异。卵细胞在输卵管上段受精后，经过 5～6 次均等分裂形成桑葚胚，再继续分裂形成囊胚、腔囊胚(胚泡)，受精卵经输卵管到达子宫角的时间需 6～8 天。胚泡进入子宫角后，由于子宫内膜尚未为胚泡植入做好准备，故此时的胚泡处于滞育状态。这一时期的胚泡发育非常缓慢，处于相对静止阶段。

水貂具有胚泡滞育期，卵巢上的滤泡排卵后，不能很快形成具有分泌黄体酮能力的妊娠黄体。以春分为“信号”，随着日照时间的延长，黄体被“激活”，逐渐具有分泌能力。当血浆中的黄体酮含量增加后 7～10 天，胚泡开始在子宫角着床，时间在 4 月 1～10 日。因此，交配时间早的母貂通常比交配结束晚的母貂胚泡滞育期长，所以妊娠期也就长。

无论配种结束得早或晚，在自然条件下，孕貂血浆中黄体酮的浓度，在 3 月 25～30 日开始升高，适当增加光照，可诱发黄体酮提前分泌而缩短胚泡滞育期和妊娠期；对春分前结束配种的母貂，加喂黄体酮，使其体内黄体酮浓度达到足以使胚泡着床的浓度，也能缩短胚泡滞育期和妊娠期，提高产子率。在胚泡滞育期里，胚泡从子宫腺体分泌的子宫乳中，获得维持它自身所需要的全部营养。可是，这一时期由于种种原因，胚泡容易被子宫吸收。所以，滞育期越长，胚泡着床率愈低，产子率也就随之降低。所以，应想尽一切办法缩短胚泡滞育期，以提高母貂的产子率。

胚泡植入子宫内膜后，母貂子宫内膜与胚体绒毛膜形成胎盘，这时开始迅速发育。所有个体的发育速度大体相同，着床后经过 30 天±2 天，就可以产子。而母貂妊娠期的差异，主要是胚泡滞育期长短的差异。春分前配种愈早的个体，妊娠期愈长。

三、如何缩短母貂妊娠期

关于任何缩短母貂妊娠期、降低胚泡吸收率、增加胎产子数这一关键技术问题，笔者做过试验。试验研究方法是选择 3 月 15 日以前结束配种的健康标准母貂 74 只，将其分为两组，每组 37 只，一组做试验组，一组对照组。试验组从 3 月 15 日在饲料中添加黄体酮，对照组不添加，饲料营养标准相同，每只试验母貂和对照母貂供给量相同。

投药是 3 月 15 日早晨开始。投药的前 3 天每只每日投 8 毫克，

等分早、晚两次混入饲料喂服，每顿 4 毫克。投药后的第 4～11 天，每只每日降为 4 毫克，早、晚 1 次，每顿 2 毫克。全程 11 天，用药总量每只 56 毫克。

投药方法是用注射器将黄体酮油剂滴在油剂上部，用玻璃棒在一定范围内搅拌均匀。水貂吃食多半先从上部叼食，所投黄体酮油剂一般都能全部吃掉。黄体酮油剂无异味，试验母貂食欲旺盛，排便正常，精神和运动良好。试验母貂在妊娠期和产子期换毛正常，产子正常，产子后泌乳、护子均正常。

试验结果为试验组 37 只全妊娠，妊娠率 100%，胎平均产子 6.46只、平均妊娠数为 46.0 天；对照组 37 只母貂试验期间死亡 1 只，实际只有 36 只，产子母貂 34 只，妊娠率 94.4%，胎平均产子 5.76只，妊娠期平均 49.7 天。试验组与对照组比妊娠率提高5.6%；胎产子平均每胎提高 0.7 只，提高 12%；妊娠期平均缩短 3.7 天。试验证对春分前结束配种的母貂，使用黄体酮处理，可以缩短胚泡滞育期，降低胚泡被吸收的比率，增加胎产子数，提高养貂的经济效益。

母貂在胚泡滞育期使用黄体酮的理论基础是，母貂在 2 月中旬就陆续发情，2 月下旬就有结束配种的。但是每年的 3 月 21 日前后春分时日照长度才能启动母貂妊娠黄体分泌黄体酮，春分后 8～10 天黄体分泌的黄体酮才足以促进胚泡附植。那么 2 月下旬完成交配的母貂胚泡就要在子宫角游离 1 月左右。生产实践证明，配种愈早空怀的愈高，或配种愈早胎产子数愈少。为了避免母貂空怀或胎产子数降低，就应该及早地给母貂提供外源黄体酮。母貂结束配种后的 2～3 天就应该在饲料中添加，每日每只 6～8 毫克，一直添加到 3 月末。配种结束早的母貂添加的时间长，配种结束晚的母貂添加时间短，中间不能停止。春分前后结束配种的母貂，可以不添加。凡是饲料中添加黄体酮的母貂，不到 3 月 25 日以后就不能停止，以防止胚泡在子宫黏膜上附植后因黄体酮的缺失而终止妊娠。

第三节　母貂的产子与仔貂的保活技术

一、母貂产子、哺乳和仔貂生长发育特点

（一）母貂产子

1.产子期

水貂的产子期虽然依个体、地区的不同而有所差异，但是一般都在4月下旬和5月上旬。即"五一"前后5～6天是产子旺期，有个别母貂可能会延迟到5月下旬。

2.产子数与产子时间

母貂胎产子数的差异比较大，少则1只，最高18只，一般情况下为5～7只，胎平均产子6只左右的比较普遍。彩貂比标准貂稍低一些。胎产子数与产子期是负相关的关系：随着产子期延长，产子数也相对减少，一般5月5日以前产子的母貂，平均产子数高于5月5日以后产子的母貂。

母貂产子一般在夜间或清晨，顺产时需3～5时。出现难产的母貂会食欲突然下降，精神紧张，急躁不安，不断取蹲坐位排便姿势或舔外阴部。经催产仍无效时，可以根据情况采取剖腹取胎手术，抢救母貂和胎儿。

判断母貂是否已经产子的主要依据是，听产子箱内仔貂的叫声和检查母貂的粪便，产子时因母貂吃掉胎盘，拉的粪便有未消化彻底的血。一般在产子后6～8小时进行初次检查，之后每隔2～3天检查1次，以便随时发现仔貂的异常情况。检查是在母貂走出产子箱吃食时进行，要保持安静，动作迅速，窝箱内尽量保持原样。为了避免将异味带到仔貂身上，造成母貂伤害仔貂，检查人员在检查前应用清水洗手，检查时先用产子箱中的垫草搓手，然后再检查仔貂。

3.仔貂健康检查

健康仔貂全身是干的，同窝仔貂发育均匀，体躯温暖，成堆地卧在窝内，拿在手中挣扎有力，全身紧凑，圆胖红润，见图3－2；不正常

的仔貂胎毛潮湿，体躯较凉，在窝内乱爬四散，握在手中挣扎无力，同窝仔貂大小不均。

图 3—2　仔貂

在一般情况下，只要母貂情绪正常，仔貂叫声正常，就不打开产子箱检查。即使打开产子箱也不要轻易用手去扒仔貂，以免母貂搬弄仔貂或伤害仔貂。在母貂情绪不正常或产子数量多的情况下，需要其他母貂代养时，才可以动手搬弄仔貂。

(二)仔貂的哺乳

乳汁是初生仔貂的唯一食物，据资料介绍，1～10 日龄仔貂日平

图 3—2　哺乳

均吸食乳汁 4.1 克，10～20 日龄的仔貂日平均吸食乳汁 5.3 克。母貂产子后 1～10 天内，日平均泌乳量为 28.8 克，10～20 天之间日平均泌乳量为 32.2 克，显然 1 只母貂平均能哺育 5～7 只仔貂，见图 3—3。

（三）仔貂生长发育特点

初生仔貂体重 8～12 克，体长 6～8 厘米，只能缓慢滚动爬行。此期抵抗力低，容易死亡。仔貂初生时未睁眼，无齿，鼻镜干燥。一旦吃上初乳，鼻镜发黑。脐带 2～3 天脱落，爪不尖不硬，粪便呈小条状，黑黄色或黄绿色，拉出后立即被母貂吃掉。仔貂吃料前拉的粪便被母貂吃掉，吃料以后拉的粪母貂就不再吃了。

二、影响仔貂成活率的主要因素

据生产中的统计，仔貂哺乳期死亡率能达到 10%～20%，而其中 5 日龄前的死亡数能占整个哺乳期死亡率的 70%。

仔貂哺乳期死亡率高的原因有以下几个方面：

1. 仔貂体质弱

母貂妊娠期饲料营养水平低，母貂营养跟不上，胎儿生长发育不好；母貂有慢性消化道疾病，造成营养不良，胎儿发育不良。凡是初生仔貂体重低于 6 克的，初生后死亡率极高。

2. 环境温度低

妊娠母貂 4 月下旬至 5 月陆续产子，5 月 1 日前后是产子旺期。在北方 4 月下旬气温还比较低，且大风降温天气比较多，这期间刚出生的仔貂胎毛短而稀疏，几乎起不到保温效果，如果母貂母性不强，喂完奶不会把仔貂盖好，大风降温天来临，仔貂体质弱的会被冻死。

3. 母貂泌乳能力弱

母貂产后出现泌乳力弱，仔貂经常处于饥饿或半饥饿状态，瘦弱、多病，造成死亡。

5 日龄时，毛色变深，爪略变硬，耳孔未显露。

10 日龄，体色更深，下颌及后腹可见白斑，颈上部皱纹增多，被毛长约 2 毫米，触须长约 2.5 毫米，爪变硬。雌性仔貂腹部可见乳头，雄性仔貂睾丸不明显。

15 日龄时，被毛长约 4 毫米，触须长 7 毫米，鼻镜有黑痂，齿龈微突。雄性仔貂可以摸到阴茎。

20 日龄时，被毛长 6～7 毫米，少数个体长出牙，多数还没出牙，雌性仔貂外阴部明显外突 4～5 毫米。

25 日龄时，长出犬齿和臼齿，有的个体门齿已长出，个别仔貂已睁眼，爪尖而硬。

30 日龄时，部分睁眼，靠近犬齿的 1 对门齿显露。

35 日龄时，全部睁眼，但不会眨眼，雄性仔貂睾丸呈椭圆形，明显可见，大多开始吃食。

40 日龄时，针毛开始长出，下门齿已开始生长。

表 3－1　标准貂仔貂体重、体长增长情况

日龄 体重、体长	初生	5	10	15	20	25	30	35	40
体重（克）	9.6	25.0	46.0	73.0	100.7	138.7	174.2	217.6	295.3
体长（厘米）	6.7	9.1	11.5	13.6	15.7	17.7	19.2	20.0	22.9

仔貂体温调节机能发育不完善，恒温调节机制在 45 日龄才能初步完成，故对环境温度变化的适应能力弱，必须依靠环境和母貂才能使其体温恒定。仔貂生长发育的最初，窝温需 30～35℃。受环境温度影响，仔貂体温降到 12℃时，即失去活力，处于僵直状态，低于 12℃会引起死亡。

三、母貂产子保活的技术措施

（一）做好母貂产子的准备工作

首先是加强对妊娠母貂的饲养管理，这一部分的内容将在饲养管理部分详细介绍。母貂健康所生仔貂也健壮，有较强的生命力，成活率高。

其次是在 4 月中旬就开始做好产子箱的清理、消毒及垫草工作。产子箱消毒可用 2％的热碱水洗刷，也可以用喷灯火焰消毒。保温用的垫草要清洁、干燥、柔软，不易碎，以软杂草为好，稻草也可以，用前晒干消灭其上的病原体。晒干后再用叉子拍一拍，除去灰尘，并使

稻草更软一些(图 3—4)。垫草的多少可根据当地气温高低灵活掌握,北方寒冷地区可多絮一些,中原地区相对暖和可以少絮一些。垫草除具有保温作用外,还有利于初生仔貂往一起依偎。絮草时要把草料抖落散成纵横交错的草铺,然后絮在小室内,以防被母貂拽出。小室底和四角的草要压实,中间留空隙,以便母貂进一步整理做窝。垫草应在产子前一次絮足,否则产子后补加会惊扰母貂。

图 3—4 产子箱垫草

(二)产子后的检查与护理

1. 昼夜有人值班

产子期貂场应昼夜有人值班,目的是及时发现母貂产子,对落地、受冻、挨饿的仔貂和难产母貂及时处理或护理。对产在产子箱外冻僵的仔貂及时捡回,放 30℃恒温箱内或饲养人员的怀内温暖,待其恢复活力发出尖叫声后,送回母貂窝内。产子母貂产后口渴,要及时供应温红糖水,母貂解除干渴后不会咬死仔貂。

2. 产子检查

产子后检查是产子保活的重要措施。检查仔貂应采取听、看、检

相结合的方法进行。听是听仔貂的叫声，看是看母貂采食、泌乳及活动情况。若仔貂很少嘶叫，叫时声音短促洪亮，母貂食欲愈来愈好，乳头红润、饱满、母性强则说明仔貂健康。检是直接打开小室盖进行检查。检查前先将母貂赶出小室，关闭小室门后检查。健康的仔貂在窝内抱成一团，身体圆胖、温暖，拿在手中挣扎有力；不健康的仔貂皮肤发皱、无光泽，腹部凹陷，一有动静就抬头嘶叫，嘶叫声沙哑，叫声拖得很长。检查仔貂时饲养员手上不要有香脂味、香皂味、烟味等，并戴上手套，不使仔貂身上沾染异味，否则它会被母貂遗弃。

第一次检查应在母貂排出食胎衣的油黑色粪便后及时进行，检查的主要目的是看仔貂是否健康和是否吃上初乳。吃上初乳的仔貂鼻镜发亮，周围的毛上有灰尘，嘴巴里有母貂腹部的绒毛，腹部饱满。浅色型的水貂的仔貂，隔着皮肤可以看到胃、肠内充满黄色乳块。如果仔貂没有吃上初乳，要检查母貂是否缺乳或无乳。如果母貂乳头周围的毛未被拔掉，可以人工辅助拔毛；如母貂无乳或缺乳，可将仔貂交给其他产子母貂代养。初产仔貂 3～5 日内要密切注视母貂和仔貂个体情况，发现母貂不护理仔貂或仔貂嘶叫不停，并且叫声愈来愈弱时，要及时检查，以便及时采取抢救措施。仔貂叫声正常，母貂母性也好的，可不必频频检查。产子 3～5 日以后应减少检查次数，但也要密切注视母貂泌乳情况，遇到奶水不足或奶汁不佳者，也要采取代养措施。

3. 仔貂代养

母貂产子过多，母乳不足或母貂母性不强，不护理仔貂时，可将这些母貂所产的仔貂另找泌乳多、母性强的母貂代养。代养时可将被代养的仔貂直接放入代养母貂窝内，也可以放在代养母貂小室门口，让代养母貂将其自行衔进窝内。对此饲养员必须注意被代养仔貂与代养母貂产子的产期应相近，两窝仔貂个体大小也应相近。为避免被代养仔貂与代养母貂所产仔貂身上的气味差异，在放入代养窝以前，用代养窝内的垫草在被代养仔貂身上擦一擦，让其沾上本窝的气息。

4. 促进母貂泌乳

对产后缺乳的母貂，可注射甲状腺素释放激素（LTH）催乳，剂量按产品说明书规定的量进行。在产子母貂饲料中增加奶、蛋等优质蛋白质饲料，也可以适当增加豆浆，把饲料调得相对稀一些。

5. 仔貂补饲

仔貂 20 日龄前后就会采食，这时它们还没睁眼，是母貂叼着食物送进小室的。如母貂不往小室叼送饲料或叼送饲料少，可人工向小室投送饲料。尤以胎产子数多的窝内，母乳不足的情况下，补充饲料有助于仔貂生长发育。

6. 保持环境安静和卫生

产子母貂喜安静，怕惊吓，过度惊恐会引发母貂弃子、咬死仔貂或食子，产子哺乳期貂场内必须保持安静，避免有刺激性的声音，谢绝参观。另外，仔貂采食饲料后所排泄的粪便母貂已不再舔食，这时应注意搞好小室内的卫生，以防疾病发生。

7. 及时分窝

仔貂 30 日龄以后，母貂与仔貂的关系就有些疏远，仔貂之间也开始争食和咬斗，但此时母貂除回避和拒绝仔貂吮乳外，对仔貂还很关怀，遇到仔貂间争斗时，母貂还能"调解"。仔貂 40 日龄以后，仔貂间、母仔貂间关系更加疏远，有时会出现仔貂间以强欺弱等现象。严重的甚至出现仔貂间强者残食弱者，或强的仔貂也咬母貂。故 45 日龄时就应断奶分窝了（图 3—5）。

图 3—5　仔貂分窝

第四节　提高母貂繁殖率的技术措施

水貂是肉食性动物，以动物性饲料为主，饲养成本较高，而且由于生活习性和饲养管理都不同于一般家畜，所以饲养管理要比一般家畜细致、严格、科学得多。在耗费了1年心血之后，希望得到好的生产效果和取得较高的经济效益，如果繁殖率不高，就直接影响着这1年的经济收入。所以，如何挖掘种貂的繁殖潜力，提高母貂繁殖率，是一项重要的工作。

一、调整种貂体况

调整体况，是提高水貂繁殖率的重要措施之一。水貂原产在北纬45°的寒冷地区，同化脂肪的能力很强，在人工饲养的条件下，种貂的身体很容易肥胖。过肥的种貂由于体内脂肪积累过多，性腺常被脂肪包埋、挤压，而且脂肪也常渗透到输卵管、输精管壁内，造成卵泡、睾丸发育受阻，输卵管、输精管堵塞不通。同时，过肥的种貂表现性情懒惰，除采食外，常卧在小室睡觉，接受光照的时数减少，故性腺发育不良。

实践证明，公貂体况过肥时，配种能力低，性欲不旺盛，精液品质不好，开始配种时间推迟；母貂体况过肥时，则出现发情紊乱，难配，容易空怀，难产，以及常出现产后无奶的恶果。如果貂体况过瘦，性腺发育得不到足够的营养，将造成发育不良，直接影响发情、配种、妊娠率和产子率，对生产是无益的。由此可见，种貂调整体况是一项十分重要的工作。

9月至第二年2月，为水貂生殖腺生长发育阶段，为促进种貂性器官发育，这一时期内在饲料方面必须充分注意。北方地区的冬季，由于气候寒冷，从9月开始，可在饲料中适当增加含脂肪较多的动物性饲料，让水貂个体在冬季有较好的体况，以利越冬。从12月到第二年2月，饲料中要适当减少脂肪的含量，并注意补加麦芽、鱼肝油、酵母及其他含维生素丰富的饲料，以促进性器官的发育。在此期内

要特别注意对种貂体况进行调整，使其既不肥又不瘦，即达到中等体况，以利于性腺发育。

中等体况的种貂，目测时匀称壮实、肌肉丰满、腹不下坠、行动灵活、折转自如。逗引直立时腹部平展，无明显外凸或内凹。手摸脊背时，能摸到脊柱骨，但不觉得挡手。过肥的种貂，目测臀部肥大、身躯溜圆、行动笨拙、喜欢卧睡。逗引直立时腹部外凸。手摸脊背时，摸不到脊柱骨。如果种貂过瘦，目测时被毛粗糙无光泽、身躯消瘦细长，背部呈弓形。逗引直立时后腹凹陷呈沟状。手摸脊背时，脊柱骨凸出挡手。对于过瘦或过肥的种貂，调整体况宜早不宜迟。冬至前后就要把过肥、过瘦体况的种貂调整工作完成。

对体况过肥的，可采取减肥措施，其办法是：减少脂肪和糖的用量，增加蛋白质和蔬菜用量，适当降低日粮的营养标准，酌情减少喂饲量；人工逗引，增加运动量，亦可延缓饲喂时间，利用水貂求食心切来达到增加运动的目的；撤除窝草或将水貂堵在窝室外的笼内过夜，让寒冷刺激，增强代谢，消耗机体能量。

对体况过瘦的个体，要及时追肥，办法是供给适口性强、易消化吸收的全价饲料，适当增加喂食量与脂肪供给量；注意防寒保暖，添加垫草或把水貂放在向阳避风处，以减少机体能量消耗。

二、增加维生素用量

维生素是促进生育、维持动物有机体生命活动不可缺少的物质，也是有机体各器官发育进行生理活动的保证。在水貂繁殖期内除了必要的动植物饲料以外，及时补给足量的维生素 A、维生素 D、维生素 E、维生素 B_1 和维生素 C 是必要的。同时，还要补加蛋、奶、肝、脑等营养价值较高的滋补饲料，以保证性腺发育的需要。

1. 维生素 A

是维持机体内一切上皮组织正常功能所需要的物质。缺乏时，生殖器官上皮细胞角质化严重，性机能减退。公貂表现为睾丸和附睾萎缩，精子生成减少或停止；母貂表现为卵巢机能减退，卵泡不成熟、不排卵，不容易受胎；已妊娠的母貂则会出现胎儿发育不良，易被吸收、流产、死胎。水貂每千克体重对维生素 A 的日需要量为 450～

500 国际单位。维生素 A 在动物肝脏、肾脏、乳、蛋、血、鱼肝油中含量较高，如果这些饲料喂量不多，可考虑在饲料中添加维生素 A。

2. 维生素 D

维生素 D 主要有 2 种，维生素 D_2 和维生素 D_3。维生素 D_2 存在于植物体中，是由麦角固醇经紫外线照射后转化而成的；维生素 D_3 存在于动物皮肤和羽毛中，是由 7－脱氢固醇经紫外线照射后转化而成的。肝脏是维生素 D 的主要储存场所。维生素 D 的主要功能是参与体内钙、磷吸收和代谢过程。钙、磷在骨骼中沉积需要维生素 D 的协助，从而保证骨组织生成。维生素 D 还间接作用于甲状旁腺，调节体内钙、磷的排出，以维持体内钙、磷的平衡。幼貂缺乏维生素 D 将发生佝偻病，表现为生长发育受阻，骨骼畸形发育，背与四肢曲如弓，膝关节与后踝关节肿大，行走僵硬，后肢拖拽，胸肋骨接连处特别长大，肋软骨呈念珠状。成年貂维生素 D 缺乏时，体重下降，骨质松软，繁殖机能受阻。母貂在妊娠、哺乳期需要大量的钙、磷供给胎儿和泌乳，这时补充维生素 D，能保证母貂机体钙、磷的需要。如果缺乏维生素 D，则引起胎儿发育畸形、弱小，产子后出现泌乳量少，甚至出现干乳。

维生素 D 性质较稳定，不易受热、酸、碱所破坏。维生素 D 在肝脏、鱼肝油、乳和蛋中含量丰富。水貂每千克体重需要维生素 D 的日用量为 45～50 国际单位。在日照充足的季节和环境下，对维生素 D 的需要量减少；其他的季节需求量多一些。繁殖季节和幼貂的生长期，需求量增加，可酌情加大添加量。

3. 维生素 E

也称生育酚，它可防止不饱和脂肪酸氧化。当有机体缺乏维生素 E 时，不饱和脂肪酸过多氧化，产生对身体有害的过氧化物，使性器官的形态和机能发生病变，破坏生殖细胞和胚胎，引起不育症。对公貂则发生生殖上皮细胞受破坏，影响精子生成，同时输精管发育不良，睾丸萎缩退化，性欲丧失。母貂虽有性欲，能排卵受精，但胚胎失去发育能力，往往发生胚泡被吸收、流产、死胎等现象。维生素 E 是维持正常繁殖机能必需的维生素，也是性腺发育不可缺少的“营养”

物质。水貂对维生素E的需求量为2～5毫克/千克。动物肝、肾、蛋黄、鲜奶、麦芽、豆油、棉籽油等维生素E含量都比较丰富，水貂繁殖期可适当增加上述饲料的配比，如缺乏这些饲料时，必须补加维生素E。

4.维生素B_1（图3—6）

也称抗神经炎维生素，在水貂物质代谢过程中有重要生理作用。维生素B_1缺乏时，母貂卵巢萎缩，卵泡发育停止，繁殖力下降；公貂表现睾丸发育不良，精子成熟不好，甚至失去性欲。水貂对维生素B_1的日需要量为2～5毫克/千克。酵母、动物心脏、肝脏、肾脏、谷物胚芽、糠麸及豆类含量都很丰富。

图3—6　维生素B_1片

5.维生素C

也叫抗坏血酸，是具有抗坏血功能的酸性物质，它在动物体内是使某些酶具有活性所必需的物质，对酶有保护作用；并参与物质代谢过程及细胞呼吸过程。维生素C在肠内可使三价铁还原为二价铁，以利于铁的吸收。维生素C能与进入机体内的重金属毒性物质结合，起解毒作用；它还是胶原蛋白和黏多糖合成的必需物质，也是细胞间质的黏合剂。维生素C缺乏，使上述物质的合成发生障碍，血管通透性和脆性增加，引起牙龈、皮下、肌肉和内脏出血，称为坏血病。同时，蛋白质和糖的代谢发生障碍，有机体抵抗力降低，易发生并发症。妊娠期的母貂需大量维生素 C，如果维生素 C 供给不足，所产仔貂萎靡不振，四肢无力，呼吸困难，吸乳力不强，容易得红爪病。维生素 C 有极强的还原性，极不稳定，易为热、碱、日光、氧化剂所破坏，但在酸性环境中较为稳定。维生素 C 广泛存在于新鲜的水果、蔬菜中，如白菜、油菜、球甘蓝、菠菜、番茄、浆果及瓜类中。乳汁中也含有维生素 C。水貂日需要维生素 C 每只 5～10 毫克。

另外，肉、蛋类是营养丰富的全价饲料(图 3—7)；在水貂繁殖期应作滋补饲料补充。牛奶、羊奶及奶粉含有丰富的蛋白质、脂肪及多种维生素、乳糖等，且容易被消化吸收。乳类的蛋白质中含有全部动物体必需的氨基酸和磷脂类，营养特别丰富。蛋类有鸡蛋、鸭蛋、毛蛋、无精蛋，氨基酸比例适中，维生素 A、维生素 B_1、维生素 D、维生素 E 含量丰富，容易被消化吸收，是优良的滋补饲料，农村又容易办

图 3—7　肉蛋类混合饲料

到，在水貂繁殖期必须加喂。但是，由于蛋清中有卵白素和抗胰蛋白酶，能破坏 B 族维生素，影响动物机体对蛋白质的消化吸收。所以，

蛋类必须熟喂，以蒸成蛋糕的形式喂貂更容易被消化吸收。

三、提高公貂配种力

水貂配种季节历时20～25天，配种旺期大都集中在3月中旬，在复配阶段每只公貂每天要完成2次配种任务，体力消耗很大，提高公貂配种力有以下几种措施：

1. 对公貂进行异性刺激

公貂在临近配种期的前7～10天，对它进行异性刺激，是促进早期参与配种并提高利用率的一项有效措施。具体的办法是：①手抓着发情母貂隔笼逗引公貂。②把发情母貂放入一笼内，将装有母貂的笼放在公貂笼上。③将公母貂交换笼舍或将公母貂笼舍间隔放置。

实践证明，采用上述措施不仅可以锻炼公貂体质，使其肌肉发达，更重要的是可以提高公貂的性欲和性反射能力。特别是初配公貂，采用此种方法，可使其提早发情，增强性欲，尽早参加配种。

2. 中药壮阳

用淫羊藿饲喂公貂可以收到良好的效果，其方法是每天每只公貂用5克淫羊藿叶放入瓷盆中加入适量水煮2～3小时，煮出的药水似浓茶色，无异味。将药液拌在公貂饲料中，分早晚2次投喂。实验证明，淫羊藿药液从配种前15天开始喂，到配种时公貂精液密度平均比对照公貂每毫升多精子1 400多万个，而且配种能力增强，交媾时间延长，利用次数增加。

以后的几年中笔者每年用淫羊藿15%，阳起石15%，肉苁蓉10%，巴戟天10%，狗脊10%，白术10%，当归10%，党参10%，炙甘草10%，焙干碾碎成末，每只公貂每天5克，分2次投喂。每年配种期到来之前的15～20天开始投药，配种公貂配种能力普遍较强。

3. 在饲养中添加带刺激性的饲料成分

在生产实践中不少例子证明，在公貂参与配种前7～10天和配种期间，在饲料中添加一些洋葱、大葱、大蒜和生姜等含辛辣的东西，不仅增强抗病力，而且能提高种公貂的性欲。

四、提高母貂受配率、妊娠率和产子率

提高母貂受配率、妊娠率和产子率，是实现养貂高产高效的关键性技术措施。现将有关技术介绍如下：

（一）添加与生殖有关的维生素

秋分后，与生殖和换毛有密切关系的内分泌活动增强，这时生殖腺开始缓慢发育。这时候与生殖有密切关系的维生素 A、维生素 D、维生素 E、维生素 B_1 和维生素 C 一定要按上述介绍的量添加，特别是维生素 A 和维生素 E 更为重要。以内蒙古为例，全区 52 各养貂场，1981 年绝大部分场家取得满意的生产效果，最好场家群平均育成率达 4.5 只，而有一场家群平均育成率只有 1.1 只。究其原因是场长不懂养貂技术，原本是家畜屠宰厂附设的养貂场，场长不让喂维生素丰富的心、肝、肾等动物性饲料，也不让添加维生素，目的是降低成本，结果生产失败，养貂场核算亏损，这一例子给不重视科学饲养的场家以很大的教训。

（二）中药壮阳提高母貂发情率

目前市售的母猪催情散、促孕 1 剂灵等散剂，都有活血化瘀、壮阳等功效，对提高种母貂的体质、促进性腺发育、消除生殖系统潜在疾患有良好的作用，对母貂也适用。在进入 2 月，水貂准备配种后期，给母貂饲料中添加 5 克/(只·日)，能提高发情率、受配率和妊娠率。

（三）激素催情

通过在饲料中添加维生素和中草药壮阳药物，绝大部分母貂发情、交配情况都会很好，但仍会有少数母貂发情交配情况不理想。对于发情不好的要注射孕 PMSG，每只母貂每次注射 150～200 国际单位，隔 3 天再注射 1 次同样剂量的绒毛膜促性腺激素（HCG）。对于已发情不接受交配的母貂，注射 HCG，每只母貂每次 170 国际单位，3 天左右试配，如果仍然拒配，可以再注射 1 次，剂量与上一次相同。

（四）提高母貂妊娠率和胎产子数的措施

第一，据报道，母貂交配后，立即往阴道里注入 1,4—二—重氮乙酰丁烷，剂量为 0.5 毫升，注入深度为 2.5～3 厘米。结果试验组

母貂胎平均产子高达 7.0 只，对照组胎平均产子为 5.9 只。

第二，用黄体酮缩短胚泡滞育期、降低空怀率和提高产子率。水貂胚泡有延迟着床的生理特点，其原因是黄体激活并出现分泌黄体酮的能力，是以春分时光照时数为信号的。春分前结束配种早的母貂，受精卵由输卵管上段经过 5～6 天到达子宫角时，还没有到春分信号，黄体尚未被激活，还未出现分泌黄体酮的能力。因而子宫内膜毫无接受胚泡植入的生理状态，所以胚泡不能正常着床而在子宫角处于游离状态。春分前母貂结束配种愈早，胚泡游离时间愈长，被吸收的可能性愈大，空怀率愈高，产子率愈低。近期国内外科学工作者研究在春分前结束配种的母貂，黄体尚未激活时，对其加入外源黄体酮，刺激子宫内膜及早做胚泡植入的准备，可以减少胚泡被吸收的比例和增加胎产子数。其方法有 2 种：

1. 用片剂或黄体酮油剂饲喂母貂

以捣碎的片剂或油剂加入加工好的母貂饲料中，用筷子或玻璃棒搅拌均匀。在母貂结束配种后 3 天，每天每只母貂用量 7～8 毫克，分早、晚 2 次投喂。以后几天里每只每天用量 3～4 克，分 2 次投喂，一直喂到春分后 5～10 天，投药量42～60毫克。

2. 用促黄体释放激素注射母貂

在母貂最后 1 次复配结束后的 5 天和 7 天，每只母貂各注射 10 微克 LRH，由于刺激母貂脑下垂体，使其分泌促黄体生成素，促黄体生成素激发黄体分泌黄体酮。所以，能使胚泡及早着床，降低了母貂空怀率，提高母貂胎产子数。

第四章　水貂的营养需要和饲料

内容导读

水貂的营养需要
饲料种类及利用
水貂日粮的制定

第一节　水貂的营养需要

蛋白质、脂肪、糖类、维生素、矿物质和水这六大营养素，虽然对水貂的正常生命活动都是不可缺少的物质，但是它们的化学成分及生理功能却是各不相同的，分别介绍如下：

一、蛋白质

（一）蛋白质的成分

构成蛋白质的元素主要是碳(C)、氢(H)、氧(O)、氮(N)和少量的硫(S)，它们各自所占的比例分别是：碳 50.6%～54.5%，氢 6.5%～7.3%，氧21.5%～23.5%，氮15.0%～17.6%，硫0.3%～2.5%。由于各种蛋白质平均含氮量为 16%，所以测定饲料中蛋白质的含量时常采用定氮法，将测得的氮值乘以 6.25(蛋白质换算系数)，即得该饲料中粗蛋白质含量。

蛋白质是一种复杂的高分子有机化合物，其组成的基本单位是氨基酸。蛋白质由于所含氨基酸的种类、数量及组成的不同，而种类很多，性质不一，但其通性是，都可以经酶的作用分解产生多种氨基酸。在酶的作用下水解时只产生氨基酸的，称单纯蛋白质；水解时除产生氨基酸外，还产生核酸、磷酸或糖类的，称结合蛋白质。

构成蛋白质的氨基酸已知有 20 种，其中又可以分为必需氨基酸和非必需氨基酸。非必需氨基酸在动物体内可以通过其他氨基酸的氨基转移或由无氮物质和氨化合物合成。这样的氨基酸虽然对动物体也有很重要的作用，由于动物体可以转化合成，因此不是饲料蛋白质中所不可缺少的。饲料缺少非必需氨基酸，不会引起营养失调造成生长停滞。必需氨基酸不能由动物体自身合成，也不能由其他氨基酸代替，它们又是动物生命活动所必不可缺少的，必须由饲料中所含蛋白质供给。饲料中如果蛋白质品质不佳，缺少必需氨基酸，即使蛋白质含量较高也会造成水貂蛋白质代谢紊乱，营养失调、生长发育受阻、体重减轻、生产性能下降等不良后果。必需氨基酸有 10 种，它

们是:苏氨酸、缬氨酸、亮氨酸、异亮氨酸、色氨酸、精氨酸、赖氨酸、蛋氨酸、苯丙氨酸、组氨酸。

(二)蛋白质的营养价值

蛋白质因含必需氨基酸的多少不同,其营养价值也不相同。所含氨基酸包含全部必需氨基酸的蛋白质,称全价蛋白质,它的营养价值就高,可满足水貂生长发育等方面的需要。不含或只含部分必需氨基酸的蛋白质,称不全价蛋白质,它的营养价值低,不能保证水貂正常生长发育和繁殖的需要。饲料中蛋白质营养价值的高低,也不完全决定蛋白质是否全价,主要是根据蛋白质的净蛋白价来决定。净蛋白价是指蛋白质能被动物利用的程度,它是由蛋白质的消化率和生物价决定的,其计算方法为:

$$净蛋白价(\%)=\frac{消化率\times 生物价}{100}$$

蛋白质的消化率是指可消化蛋白质占饲料中总蛋白质的百分比。蛋白质的消化率愈高,可利用性就愈好;反之,不易被消化吸收的蛋白质,则可利用性就差。

蛋白质的生物价是指,可消化蛋白质中主要氨基酸被动物体利用的程度。如果蛋白质中含有各种主要氨基酸,而且比例合理,能被动物全部吸收利用,则生物效价为100%;如果蛋白质中某些主要氨基酸比例不合理,则生物效价就低。当某种主要氨基酸在蛋白质中含量仅能满足动物的部分需要,其他氨基酸也只能按相应的数量比例予以利用,多余的部分不能被利用而被排出体外。蛋白质的生物效价可按下列公式计算:

$$\begin{matrix}蛋白质\\生物效价\end{matrix}=\frac{饲料氮-(粪中氮-代谢氮)-(尿中氮-内源氮)}{饲料氮-(粪中氮-代谢氮)}\times 100$$

粪中氮包括不能被消化吸收而随粪便排出的饲料中蛋白质和代谢氮。代谢氮是指动物在不吃含氮饲料的情况下,由粪便中排出的氮,它包括消化道中剩余的消化酶、脱落的细胞、失活的微生物体及微生物的代谢产物。尿中氮包括被吸收的氨基酸中未被动物体利用的部分,经一系列转化而由尿中排出的氮和内源氮。内源氮是指动

物在不吃含氮饲料的情况下，体内组织代谢产生的随尿排出的氮。

各种饲料中蛋白质的必需氨基酸的含量是不相同的。如甲种饲料中含某几种必需氨基酸较多，而另外几种必需氨基酸的含量较少。乙种饲料中所含必需氨基酸的比值恰好与甲种饲料相反，将这两种饲料混合使用，就可以提高它们的利用率，这种现象称为氨基酸互补作用。人们可以充分利用这一作用提高蛋白质的生物学价值。根据这一原则采用多种饲料配合喂水貂，可以使饲料中蛋白质互补，提高其利用率。在生产实践中这种组合例子也很多。例如，牛奶中的色氨酸、赖氨酸可能补充玉米中的这两种氨基酸的不足；肝中的苯丙氨酸可以补充鱼类中这一种氨基酸的不足；玉米中的亮氨酸可以弥补鱼粉中亮氨酸的不足。水貂常用蛋白质饲料见图 4－1。

图 4－1 蛋白质饲料

（三）蛋白质与水貂生产效果

蛋白质是水貂的极为重要的营养素，尤其在母貂的妊娠哺乳期和幼貂的育成期，貂体内进行着很强的蛋白质代谢过程，同化作用大于异化作用。因此，在日粮中必须给予充足的营养价值高的蛋白质饲料。由于蛋白质在水貂体内的动态平衡的方式储存，所以蛋白质供给过量不仅造成浪费，也会增加肝、肾的负担，产生不良后果。如果蛋白质供给不足，将会给水貂生产带来极为严重的不良后果。这一点在生产实践中尤其应引起足够的重视。一般情况下，每头水貂每日需蛋白质20～40克，各生物学时期供给量有差异。若供给不足产生的不良影响如下：

1.使水貂蛋白质代谢处负平衡状态

水貂非繁殖期日需蛋白质不能低于20克，种貂繁殖期、幼貂生长期和冬毛换毛期蛋白质日需求量在30～40克，且蛋白质要全价。否则会出现蛋白质代谢负平衡。表现个体消瘦，体重下降、生长停滞，甚至危及生命。

2.免疫力降低

长期蛋白质供应不足，可破坏肝脏等组织器官合成某些酶的作用，影响血浆蛋白和血红蛋白的形成，使水貂体各组织的蛋白质相应减少。血红蛋白的减少可导致贫血；球蛋白减少可影响抗体产生，从而降低水貂对疾病的抵抗力。

3.仔幼貂生长发育受影响

仔貂生长发育，毛绒的季节性脱换，都需要大量蛋白质，因此蛋白质供给不足必然影响 水貂的生长发育与正常毛绒脱换，使生长发育受阻，毛绒品质低劣。

4.影响种貂繁殖

水貂出现蛋白质代谢负平衡时，公貂精子生成受阻、品质下降，母貂性周期紊乱、空怀。在妊娠期可使胎儿发育不良，甚至死胎、流产以及分娩后母貂缺奶，造成仔貂死亡。

二、脂肪

(一)脂肪的成分及其分类

脂肪是由碳、氢、氧、三种元素组成的有机化合物，广泛分布在动物体内，是构成动物体的重要成分。脂肪包括油脂与类脂两大类。油脂是由甘油和脂肪酸构成。一般情况下显液态的为油，如豆油、芝

麻油、花生油、菜籽油等；显固态的为脂，如猪油、牛油、羊油和其他动物油等。类脂包括磷脂、糖脂、胆固醇等。

水貂饲料中，脂肪含量的变动范围很大。肉类饲料中同一畜体内不同部位含脂量也有所不同，如牛肉的含脂率在20%以上，牛肺则为1.4%。鱼类饲料中，不同种类的鱼含脂率差异很大，如带鱼含脂率为3.4%，鳎目鱼仅为0.66%。不同种类的饲料，含脂率也不相同，如蚕蛹含脂率为15%～24%，大白菜含脂率仅为0.1%。

(二)脂肪的营养功能

脂肪是水貂饲料中必不可缺少的营养物质，在水貂体内有重要的生理功能：

1.促进生长，修补组织

脂肪是水貂细胞的重要组成成分。细胞核、细胞质都是由蛋白质和脂肪结合而成复杂的脂蛋白组成的。一切动物组织均含有脂肪。因此，水貂体的生长发育及修补组织都必须有脂肪参与，所以水貂饲料中必须保证脂肪供给，占饲料的比例达到9%左右。

2.是体内贮能的主要形式

脂肪含有大量的化学潜能。1克脂肪在水貂体内完全氧化，可释放出38.9千焦热量，比同等重量的蛋白质或糖高1倍以上，所以脂肪是动物体内供给热能的重要物质。体内多余的脂肪贮存在皮下、肠系膜、大网膜等脂肪组织中。一旦身体其他活动需要能量，储存的脂肪可被“调运”出来进行氧化分解，释放出能量，满足动物体的需要。

3.是内分泌及消化液的原料

高等动物体内的胆固醇是构成维生素D及固醇类激素，如睾酮、黄体酮、雌二醇和肾上腺皮质激素等的原料。胆汁中的牛磺酸也是由胆固醇合成的。

4.是脂溶性维生素的溶剂

脂肪是维生素A、维生素D、维生素E、维生素K的有机溶剂，它们的吸收、输送，及被动物体利用，都是靠溶于脂肪的形式来完成的。

5. 有保温与保护的功能

脂肪是热的不良导体，皮下组织中储存的脂肪，形成柔软而富有弹性的脂肪层，既能缓冲外界的机械性碰撞，以保持体温和御寒，并能增强毛绒光泽。

（三）脂肪用量不足或过多对水貂的影响

水貂对脂肪的利用率高，通常达到95%，随脂肪类型的不同而有所不同。含饱和脂肪酸多的脂肪不易消化吸收，因而利用率低；含不饱和脂肪酸多的脂肪易消化吸收，因而利用率高。水貂日粮中脂肪含量为8～10克为宜，但不同地区和不同季节应有适宜的变动。一般来讲在冬毛生长期脂肪供给量宜多些，在繁殖季节和较热的地区脂肪供给量宜少一些。

水貂日粮中脂肪供应不足时，不仅增加蛋白质的消耗，而且水貂易患脂溶性维生素缺乏症，以及引起体内不能转化合成的三种必需脂肪酸（亚油酸、次亚油酸、花生油酸）的缺乏等，造成繁殖力下降，表现母貂产死胎、产后缺乳、毛绒品质下降等。体内脂肪储存不足，则冬季御寒力差，易导致死亡。

日粮中脂肪含量过高，可使食欲减退，造成营养不良，生长迟缓，毛绒品质低劣。在繁殖季节水貂体内脂肪储存过多，造成体况过肥，可导致公貂性欲减退、配种能力减退；母貂发情延迟，甚至不发情、空怀，已妊娠的母貂出现难产、产后缺乳等不良后果。脂肪过多还可以引起代谢机能障碍。脂肪代谢障碍是引起尿湿症的主要原因之一。脂肪在水貂体内不能完全氧化，则其酸性代谢物随尿排出，尿呈酸性，能腐蚀尿道引起发炎。尿液腐蚀毛皮，使毛皮品质下降。

饲料中的不饱和脂肪酸可因长期储存或受外界光、热、水、金属等的作用，发生氧化酸败。酸败的脂肪对维生素A、维生素D、维生素E和B族维生素有破坏作用。给水貂喂脂肪酸败的饲料可引起多种维生素缺乏症，严重影响水貂生长发育和繁殖，甚至导致发生脂肪组织炎等疾病。

因此，必须根据不同地区、不同季节的具体情况，经常注意调节水貂日粮中的脂肪含量，同时严禁使用酸败脂肪喂貂。

三、糖

(一)糖的成分及分类

糖是由碳、氢、氧三种元素构成的有机化合物,也是构成动物有机体的重要组成成分。糖类物质分为可溶性的无氮浸出物和粗纤维两大类。无氮浸出物包括单糖、双糖、多糖三种。单糖是构成各种糖的基本单位,如葡萄糖、果糖等;双糖是两个分子的单糖缩合而成,如蔗糖、麦芽糖等;多糖是由若干相同的单糖缩合而成,如淀粉,或由若干不同的单糖和糖的衍生物缩合而成,如果胶。无氮浸出物在水貂消化道内均可转化为单糖被吸收;纤维素则不能被水貂消化吸收。

动物性饲料中一般含糖量低,植物性饲料中糖的含量则很高,通常作为水貂机体糖类的主要来源。水貂对糖类的消化率比蛋白质和脂肪消化率低,而且缺乏消化纤维素的能力。但是纤维素可使食团松散,有刺激胃肠蠕动和分泌消化液的作用,从而有助饲料消化吸收。

(二)糖的营养功能

1. 供给水貂能量

水貂有机体各组织器官的机能活动都需要消耗能量,能量的供给主要来自糖在体内的氧化所释放的能量。1 克糖在体内完全氧化可产生 17.2 千焦热量,水貂日粮中应含糖 10～20 克。如果糖供应不足,将增加蛋白质和脂肪的消耗,造成生长发育迟缓、体重减轻,同时也易造成脂肪氧化不全,导致患尿湿症。

2. 是构成动物组织的重要成分

糖是构成动物机体组织的原料,如五碳糖是核酸的组成成分,而核糖核酸是细胞核的不可缺少的成分。一些糖可与蛋白质结合而成糖蛋白、核蛋白等,也是组织的重要成分。糖在动物体内能转化为脂肪储存于体内,也能以肝糖原、肌糖原的形式存在于肝、肌肉组织内,在必要时又可以转化为葡萄糖供动物体利用。

3. 辅助肝脏解毒

葡萄糖有辅助肝脏解毒的功能。肝中储存的肝糖原较多时,肝脏对病菌产生的毒素及代谢产物中的有毒物质解毒功能强;当肝糖原的储存量由于糖供应不足而下降时,肝脏的解毒功能显著下降。

四、维生素

(一)维生素的功能

维生素是维持水貂正常生命活动必需的一类有机物质。维生素不是构成机体的主要成分,也不是供给能量的物质,但是它们广泛存在于各组织、器官的细胞中,除少数维生素可储存在某些器官外,大多数维生素是构成辅酶的重要成分。维生素的主要营养功能是调节物质代谢和生理机能。动物体内缺乏维生素时,可引起新陈代谢失调、生长发育停滞、生理机能减退、繁殖力下降,毛皮动物毛绒品质低劣、抵抗力减弱,并导致维生素缺乏症的发生。

多数维生素在水貂体内不能合成或是合成的量极少,尤其在笼养条件下,水貂所需要的维生素必须从饲料中获得。水貂的不同生理时期,对维生素的需要量也不同,如母貂的妊娠期、产子哺乳期需要量就比非繁殖期多一些。

目前已知的维生素有 20 多种,按其溶解性可分为脂溶性的和水溶性的两大类。脂溶性维生素主要有维生素 A、维生素 D、维生素 E 和维生素 K,它们能蓄积于体内,供动物体较长久的应用;水溶性维生素主要有 B 族维生素和维生素 C,它们不能在动物体内长期储存,必须经常不断地从饲料中摄取。

(二)脂溶性维生素

1. 维生素 A

维生素 A 对水貂的生长发育,繁殖及抗病力都有重要的作用,也是维持水貂体内一切上皮组织正常健全所必需的物质。

水貂维生素 A 供给不足时,生长停止,骨骼和牙齿发育不好、抗病力下降,易患传染性疾病。维生素 A 缺乏时引起水貂上皮组织干燥、退化、增生和角质化,尤其对视觉、消化、呼吸、泌尿系统和生殖器官的影响最为严重。消化道上皮细胞角质化,可使消化机能紊乱,胃液减少,肠道发生急性炎症、溃疡、蠕动加强,造成腹泻、下痢等。

呼吸道上皮细胞角质化,可降低动物有机体对感染疾病的抵抗力,易患感冒、气管炎、肺炎等呼吸道疾病。

泌尿生殖系统上皮细胞角质化,易引起肾、膀胱及尿道结石;性机能减退，公貂睾丸和附睾萎缩，精子生成减少或停止；母貂发情不正常，卵泡不成熟、不排卵，虽然交配但不易受孕或受精卵发育的胚泡着床；妊娠的母貂则胎儿发育不良或胚泡被吸收、流产、产死胎等；初生仔貂体质极差，死亡率高。

皮肤上皮细胞角质化，可使皮脂腺萎缩，皮肤干燥易裂，毛绒丧失光泽；毛囊角质化则使换毛推迟，毛皮品质低劣。眼上皮细胞角质化，妨碍视力，出现夜盲症，严重的可致失明。

幼貂是从母乳中获得维生素 A 的，断奶后的幼貂与成年貂必须从饲料中获取。维生素 A 来源于动物的肝、肾、乳、蛋、血、鱼肝油和脂肪。植物性饲料中不含维生素 A，只含维生素 A 原(胡萝卜素)。水貂缺乏将维生素 A 原转化为维生素 A 的能力，因此必须直接从饲料中摄取维生素 A。

动物肝脏是维生素 A 的主要储存场所，成年貂的肝脏比幼年貂的肝储存维生素 A 的能力高 10 倍，成年貂能储存够 2 个月的用量，而幼貂几乎无储存。因此，注意在水貂生长期供给较多的维生素 A。生产实践证明水貂每千克体重需维生素 A 每日 450～500 国际单位(1 国际单位等于溶在油中的 0.3 微克维生素 A)。在繁殖季节也应酌情对种貂增加用量。

维生素 A 对热、酸、碱的反应较稳定，不易被破坏，但易受光、氧的破坏，宜保存在有色瓶中，密封保存。加热应在密封的容器里。氧化酸败的脂肪、骨粉、酵母、碳酸氢钠等对维生素 A 有破坏作用。配合日粮，应与含维生素 A 的饲料分开调制。

2. 维生素 D

维生素 D 主要有两种，即维生素 D_2 和维生素 D_3。维生素 D_2 存在于植物体中，是麦角固醇经紫外线照射后转化而成的；维生素 D_3 存在于动物皮肤及羽毛中，是由 7－脱氧固醇经紫外线照射后转化而成。肝脏是维生素 D 的主要储存场所。

维生素 D 的主要功能是参与水貂体内钙、磷的吸收和代谢过程。钙、磷在骨骼中沉积需要维生素 D 的协助，从而保证骨组织生成。维生素 D 还间接作用于甲状旁腺，调节动物体内钙、磷的排出量，以维持体内钙、磷平衡。

幼貂缺乏维生素D将患佝偻病，表现为生长发育受阻、骨骼畸形发育，背上四肢弯曲如弓，膝关节与后踝关节肿大，行走僵硬，后肢拖曳，胸肋骨连接处特别长大，肋软骨呈念珠状。成年貂维生素D缺乏时，体重下降，骨骼松软，繁殖机能受阻。母貂在妊娠哺乳期，需要大量的钙、磷供给胎儿和泌乳，这时补给维生素D，能保证母貂体内钙、磷的需要。如果缺乏维生素D，则引起胎儿发育畸形、弱小，泌乳量下降，甚至出现无乳。

维生素D性质较稳定，不易受热、酸、碱的破坏。维生素D在肝脏、鱼肝油、乳和蛋中含量丰富。水貂每千克体重需维生素45～50国际单位/天，在日照充足的季节和环境下，对维生素D的需要量要少些，否则，应多添加一些。繁殖季节的母貂和生长期的幼貂，维生素D也需要多加一些。

3. 维生素E（生育酚）

维生素E有抗氧化作用，能防止不饱和脂肪酸过多的氧化。当水貂体内维生素E缺乏时，不饱和脂肪酸过多氧化，产生有毒的过氧化物，能使生殖器官的形态与机能发生病变，破坏生殖细胞和胚胎，引起不育症。公貂睾丸的生精上皮受到破坏，精子生成受影响，使精子数目减少，活力降低，甚至精子畸形，输精管发育不良，睾丸萎缩退化，性机能丧失。母貂有性欲，能排卵，卵子也能受精，但胚胎失去发育能力，往往发生胚胎吸收、流产、死胎等。因此，维生素E是水貂正常繁殖的必需物质。维生素E缺乏时，还能破坏神经、肌肉的正常生理机能，以致发生肌肉萎缩，乏力和后肢麻痹，造成活动失调，也能造成内分泌机能障碍和多和维生素缺乏症。

维生素E耐热、耐酸，但对光、氧、碱敏感，极易氧化。在紫外线照射下和在酸败的脂肪中易被破坏。在新鲜脂肪、小麦芽、豆油、蛋黄、肝、肾、牛肉、马肉中，维生素E的含量丰富。水貂每日每千克体重需维生素E 2～5毫克。繁殖期多添加一些，在炎热的夏季或使用含不饱和脂肪酸较多的饲料时，要特别注意多加维生素E。

（三）水溶性维生素

1. B族维生素

B族维生素包括10多种不同的维生素，它们在水貂体内不能合成，必须依靠从饲料中摄取。这里介绍其中主要的几种。

（1）维生素B_1　又名硫胺素，在动物体内主要是构成糖代谢中丙酮酸氧化和脱羧反应中的辅酶成分。维生素B_1缺乏时，丙酮酸代谢受阻，使脑和血液中丙酮酸聚集，造成中毒，由于糖代谢发生障碍，能量供应不足，导致神经机能障碍，出现多发性神经炎。

维生素B_1有抑制胆碱酯酶水解乙酰胆碱的作用，因此可促进胃肠蠕动和消化液的分泌，从而增强消化机能，提高食欲促进生长发育，改善母貂泌乳。缺乏维生素B_1，则乙酰胆碱分解加速，使胃、肠蠕动和消化液分泌减弱，造成消化不良，水貂厌食，体重下降，生长发育受阻。

缺乏维生素B_1破坏正常的生理机能。母貂表现为卵巢萎缩，卵泡发育停滞；妊娠哺乳的母貂表现为胚泡不附植被吸收、空怀、流产、死胎或初生仔貂生命力极弱、泌乳量下降；公貂睾丸发育不良，影响精子成熟，甚至丧失性欲。

另外，维生素B_1缺乏，可使心机能发生障碍，表现为心脏肥大、心律不齐、机能衰弱；水代谢发生障碍，出现浮肿；毛绒品质下降，针毛色素减少，针毛脆性增，易折断。

维生素B_1在pH为3.5酸性环境中极稳定，能耐100℃的高温，而在碱性环境中加热时易遭破坏。维生素B_1在酵母、肝、心、肾、谷物胚芽、糠麸、豆类中含量很丰富。水貂每千克体重每日需要量为2～5毫克。

（2）维生素B_2　维生素B_2又称核黄素，是构成水貂机体各种组织的基本成分，有促进幼貂生长发育的功能。在动物体内维生素B_2与磷酸核苷酸结合，构成很多酶的辅酶，参与动物体内物质代谢过程，是体内生物氧化必需的物质。体内任何新组织的形成均需维生素B_2参与；缺乏维生素B_2时，影响动物体组织的形成，造成生长停滞。

维生素 B_2 是构成黄素酶的辅基，缺乏时黄素酶类的活性降低，生物氧化能力减弱，致使物质代谢发生障碍。维生素 B_2 缺乏时，常表现腿部僵硬，后肢瘫痪，食欲减退、呕吐、腹泻、口腔溃疡，皮肤炎等症。

维生素 B_2 对酸极稳定，但易被碱和阳光所破坏。在植物性饲料分布很广，动物肝、心、肾，酵母中、乳中、麦芽及糠麸中含量很丰富。

(3)维生素 B_3　又称尼克酸、烟酸，是由色氨酸转化而成的。在动物体内，它与核苷酸结合组成辅酶Ⅰ和辅酶Ⅱ，是组织中极为重要的递氢体，参与组织的生物氧化过程。因此，维生素 B_3 不足时，可使动物体内一系列生物化学过程发生紊乱。维生素 B_3 有维持消化道和皮肤的机能正常的作用，对水貂能促进毛绒生长。缺乏维生素 B_3 可引起癞皮病的发生，表现为皮肤红肿发炎，脱屑，继发感染后，皮肤糜烂，降低毛皮质量，严重时伴有食欲减退、消化不良，腹泻，消化道溃疡。

维生素 B_3 不易被光、热、碱所破坏。在肉、肝、肾、酵母、谷物、胡萝卜、菠菜中含量较多。

(4)维生素 B_6　维生素 B_6 在动物内以磷酸化合物的形式存在。它是蛋白质代谢中氨基转移酶和氨基氧化酶的辅酶，并参与氨基酸的脱羧作用。维生素 B_6 与肝脏和造血机能有关，有防止贫血的作用。维生素 B_6 还有促进生长、保护皮肤的功能。水貂缺乏维生素 B_6 时，蛋白质代谢发生障碍，红细胞数量显著减少，血红蛋白含量降低，发生贫血，生长迟滞，皮肤发炎，毛被粗糙，痉挛，心肌变性等。

维生素 B_6 对热、酸、碱均稳定，但易被光破坏。谷物、糠麸、麦芽、酵母、肝、心、肾中维生素 B_6 含量均丰富。

(5)叶酸　叶酸在动物体中作为一种辅酶，有促进甲基转移作用，并参与细胞核中核蛋白的合成和造血机能，有促进机体生长和性腺发育的功能。缺乏叶酸时，表现幼貂生长迟缓、贫血、胃肠炎及黄肝等。叶酸在肝、肾、酵母、豆类、绿色植物中含量都很丰富。

(6)维生素 B_{12}　维生素 B_{12} 又名氰钴素，是含钴的维生素，能防止发生恶性贫血。它在核苷、核糖的代谢过程中，起着辅酶作用。在氨基酸的合成和甲基转移过程中维生素B_{12}起着很重要的作用，在血红蛋白辅基部分的合成过程中，甲基是不可缺少的。因此，维生素B_{12}缺少，能使造血机能遭到破坏，血红蛋白浓度降低，发生恶性贫血；同时，组织生物氧化过程发生障碍，水貂发生营养不良、生长停滞、动物体抵抗力显著下降。

维生素B_{12}是粉红色针状结晶，易溶于水，在酸性环境下极稳定，日光、碱、氧化剂及还原剂均能将其破坏。维生素B_{12}在肝、肾、鱼、乳及酵母中含量较多，在植物性饲料中较缺乏。

2. 维生素C

维生素C是具有抗坏血病功能的酸性物质，它在动物有机体中是某些酶具有活性所必需的物质，对酶具有保护作用，并参与物质代谢过程和细胞的呼吸过程。维生素C在肠道内可使三价铁还原为二价铁，以利于铁的吸收。维生素C能使进入动物机体内的重金属毒物结合，起解毒作用；维生素C还是胶原蛋白和黏多糖合成的必需物质，也是细胞间质的黏合剂。维生素C缺乏时，使上述物质的合成发生障碍，血管通透性和脆性增加，引起齿龈、皮下肌肉和内脏出血，称为坏血病。同时，蛋白质和糖的代谢发生障碍，动物有机体抗病力降低，易发生并发症。妊娠期的母貂需要大量维生素C，如果维生素C供给不足，胎儿生下后萎靡不振，四肢无力，呼吸困难，吮乳力不强，易患红爪病。

维生素C有很强的还原性，极不稳定，易被热、碱、日光、氧化剂所破坏，但在酸性环境中比较稳定。

维生素C广泛存在于果蔬饲料中，新鲜的白菜、油菜、球甘蓝、菠菜、番茄、浆果及瓜类等含量都很丰富。乳汁中也含有维生素C。水貂日需要量为每头5～10毫克。

五、矿物质

矿物质普遍存在于动物饲料和植物性饲料中。它们是维持动物机体正常营养所必需的。包括：钠、钾、氯、钙、磷、硫、铁、镁常量元素与铜、锌、碘、钴、锰等需要量极其小的微量元素。动物体对矿物质的吸收及代谢过程是和水的吸收与代谢密切相关的，并存留在体内。

矿物质虽不是动物体的供能物质，但对动物体具有特殊的生理意义，是维持动物正常生命活动所必需的物质。没有矿物质，动物机体就不能正常生活，甚至死亡。

（一）钾、钠和氯

钾、钠和氯主要以氯化物、磷酸盐的形式存在于动物有机体内，少部分与有机酸、蛋白质相结合，具有调节生理机能的作用。

钾多以磷酸钾的形式存在于动物肌肉、红细胞、肝脏、脑组织中。钾是细胞的组成部分，对肌肉组织的兴奋性及红细胞发生有特殊的生理功能。钾盐能促进新陈代谢，有助于消化。钾在体内缺乏会引起幼貂生长发育受阻；成年貂缺钾会引起发情紊乱，不易受孕。钾盐广泛存在于动物性及植物性饲料中，在正常饲养条件下，水貂不易发生缺钾。

钠主要存在于细胞外液中，是血液、淋巴液、组织液中的主要成分。钠有维持体内酸碱平衡、细胞内液与细胞外液之间渗透压平衡以及调节水代谢的作用，对维持动物体内环境的恒定，从而保证各器官系统的正常生理机能有重要意义。钠对神经系统及肌肉组织的兴奋性有调节作用。动物有机体内钠、钾含量比例对细胞、组织的正常机能活动有重要影响。一般动物性饲料中含钠较多，植物性饲料含钠较少。钠的不足可引起动物食欲下降，代谢过程紊乱。

氯大部分以氯化钠的和盐酸的形式存在于血液及组织之中。氯化钠是产生胃酸的主要原料。水貂日粮中如果缺乏食盐，可使胃酸分泌减少，影响胃的消化机能，食欲减退，发育迟缓，精神萎靡，体内水分减少，并能影响繁殖力。如果食盐供给过量，可引起食盐中毒。正常情况下，每头水貂每日应供给食盐0.5～0.7克。

（二）钙、磷

钙大部分以磷酸钙、碳酸钙、氯化钙等无机盐的形式存在于动物体的各组织中，一部分与蛋白质结合存在。钙是骨骼的主要成分，也是构成血液和淋巴的成分，磷或以无机盐的形式存在，或以有机化合物的形式存在于蛋白质、类脂和糖的成分内。绝大部分以磷酸钙形式沉积于骨骼、牙齿之中，一部分存在于血液与细胞之中。动物体内

的灰分,钙、磷占65%～70%。

钙和磷都是动物体所必需的元素,参与动物机体内重要的生理生化过程,是动物机体各种组织,尤其是骨骼、牙齿、血液等的主要成分,对妊娠、哺乳的母貂和生长发育中的幼貂尤为重要。钙能使神经系统的兴奋性降低,血钙水平过低时,可引起神经系统过度兴奋,肌肉发生痉挛,因而对维持神经与肌肉的正常生理活动有重要意义;此外,钙也参与血凝固过程,凝血酶原只有在钙离子的参与下才能转化为凝血酶,而使血液中凝血因子转变为纤维蛋白,发生血液凝固;钙也参与胃中凝乳酶的凝固作用。磷是保证动物机体内中间代谢正常进行所必需的物质,也是组成酶的一种成分,对体内物质代谢有重要作用;磷酸盐是组成血液缓冲体系的一部分,对血液的酸碱平衡起着调节作用。

饲料中钙和磷,主要在小肠上段被吸收。钙、磷的吸收受到它们之间的比例影响。如果钙添加量过大,使饲料中更多的磷酸根与钙结合而沉淀,就降低了钙、磷的吸收率;但在饲料中含有维生素D的情况下,动物体也可以把比例不当的钙、磷吸收,因为维生素D能降低肠道中pH值,使之呈酸性反应,以利钙的吸收。脂肪在饲料中含量过高,也妨碍钙的吸收,因为,钙与脂肪发生反应形成难以吸收的钙肥皂,随粪便排出体外。钙、磷通常以2∶1～1∶1的比例供给动物体利用,如果比例失调,则影响动物体对钙、磷的利用。维生素D能促进钙、磷在骨骼中的沉积。

日粮中长期钙、磷供给不足,或缺乏维生素D,可引起幼貂生长发育迟滞,发生佝偻病;成年貂则发生骨质松软,骨纤维化及软骨病等。在繁殖季节,钙、磷供给不足易造成胚胎被吸收、产出的仔貂生命力弱、母貂产后缺乳、瘫痪,消化功能障碍,性功能减退等。

水貂饲料中,以骨粉、鲜骨(图4—2)、鱼粉(图4—3)及油饼中含钙、磷最丰富。每头水貂每日需钙、磷1～2克。

图 4—2　鲜骨

图 4—3　鱼粉

(三)铁

铁在动物体内以有机物的形式存在，例如血红蛋白、肌红蛋白、

氯化酶等，也有以无机物形式储备的。铁主要储存在血液、肝、脾、骨骼等组织中。动物体内约70%的铁是在血液中，铁是血红蛋白的组成成分，肌肉中铁与蛋白质结合形成肌红蛋白。一般情况下，水貂不会发生缺铁现象。饲料中如果长期缺铁，水貂将会发生贫血症，乳中缺铁可引起仔貂贫血。水貂饲料中肝、血、肺、豆类、蔬菜中含铁丰富。如果日粮中常供给适量鲜血，可防止缺铁，并可以提高毛的质量。

（四）硫

硫主要存在于蛋白质内，硫是构成某些氨基酸，如胱氨酸、半胱氨酸、蛋氨酸等的重要组成成分。胱氨酸含硫最多，动物体每一细胞都含有胱氨酸。调节代谢的物质，如胰岛素、维生素 B_1 都含有硫，对调节动物体物质代谢有一定意义。水貂的毛绒与皮肤中也含有大量胱氨酸，因此硫对促进毛绒生长和脱换有重要作用。一般情况下水貂也不会缺硫，但若日粮中含硫蛋白质长期供给不足，可使毛绒品质下降，在毛绒生长期尤其应注意硫或含硫氨基酸的供给。

（五）镁

镁在动物体内分布很广，但含量很少，动物体内70%的镁以磷酸镁的形式存在于骨骼和牙齿中。镁有助于骨骼的形成，它与钙、磷代谢有密切关系。摄取镁过多时，影响钙、磷的结合，妨碍钙向骨骼中沉积。镁参与糖代谢，是糖中间代谢必需的催化剂。在正常饲养情况下，水貂极少出现镁缺乏现象。水貂缺镁时，生长停滞，神经失调，发生痉挛，易患皮肤病。

（六）铜

铜是一系列氧化酶的组成成分，因此与组织呼吸密切相关。铜也是合成血红蛋白的催化剂，能促铁与蛋白质结合而形成血红蛋白。铜是构成动物体组织的必要成分，多存在于肝、心、骨髓、皮肤和体液中。动物缺乏铜时，使铁的正常代谢受到影响，发生营养性贫血；还可以影响含硫氨基酸的正常代谢，致使毛绒品质下降；铜还参与黑色素的合成，缺铜时，毛绒色不正；此外，可使生长停滞，食欲下降，体重减轻等。幼貂及毛绒脱换期对铜较敏感。

（七）钴

钴存在于动物体内各个部位，肝、肾、脾含量最多。钴是维生素B_{12}的组成部分，在动物体内钴以维生素B_{12}的形式存在，是血红蛋白与红细胞生成过程中不可缺少的元素，对骨髓的造血机能有直接的作用。钴对动物体的新陈代谢和生长发育有促进作用。缺乏钴时，动物表现厌食，营养不良，生长发育停滞，恶性贫血，性机能破坏及流产等。肝是钴的储存场所。海鱼及谷物饲料中都含有钴。

（八）碘

碘是构成甲状腺激素的重要组成部分，碘通过甲状腺激素有调节动物机体新陈代谢、生长发育、毛绒脱换、性机能等的作用。甲状腺激素合成与分泌的量是和进入动物体的碘量密切相关的。缺碘时，动物代谢机能减弱，生长发育受阻，抗病力降低，死亡率升高，繁殖力下降及毛绒脱落等。饲料中以鱼粉、海鱼、海带、蔬菜中含碘最多，一般不会发生缺碘的情况，但在内陆缺碘地区，应注意碘的补充。

（九）锌

锌遍布动物机体各组织器官中，是构成碳酸酐酶的重要成分。此酶的作用主要是促进碳酸的合成与分解，是组织呼吸的必要因素。碳酸盐的沉积也与此酶的作用有关。因而，锌也影响到骨骼的形成。锌与性腺、胰腺、垂体的活动密切相关。锌的缺乏可引起食欲不振、生长迟缓、无生殖力及皮肤发炎等。

（十）锰

锰是动物体内很多酶的激活剂，对动物的生长发育，钙、磷沉积和成骨作用有直接影响。缺锰可出现骨化障碍，骨骼变形，生长停滞，成年貂导致性机能减退。在水貂日粮中补充锰盐；可明显促进子、幼貂生长和骨骼的正常形成。

六、水分

水是构成生物有机体的重要组成部分，也是水貂生命活动不可缺少的营养素。正常情况下，成年水貂身体的含水量为体重的65%，其中约40%存在于细胞内，20%在组织间隙中，5%在血液中，胎儿及子、幼貂身体的含水量更高。

水是维持细胞形态和机能的重要成分；是生物体内生理、生化反应的良好媒介和溶剂；并参与生物体物质代谢的水解、氧化、还原等生化过程；水还参与动物的体温调节，对维持体温恒定起着重要作用；体内营养物及代谢废物的运送和排出，主要是通过溶于血液的水中，借助血液循环来完成。水对水貂来讲，能保证其体内正常生理机能。体内水分减少到一定程度，各器官系统的生理机能就会发生障碍，严重时可导致死亡。另外，水对动物体还起着润滑作用，如唾液使食团润滑而容易下咽，滑液可使关节转动灵活等。

水貂可从饮水、食物中获得水分，也能从体内物质代谢中获得一部分水分。饮水和食物中的水分是水貂身体内水的主要来源。水在消化道内被身体吸收主要在大肠，只有少量的水随粪便排出体外。体内物质代谢过程中，通过生物氧化所产生的水也随血液循环被输送。体内多余的水分与代谢废物一起，通过肺呼吸和肾及皮肤的生理活动而被排出体外。

水分不足可引起水貂食欲减退、食量减少、体质下降，引起母貂空怀、流产等。哺乳期母貂缺水，可引奶汁减少或无奶，甚至出现因干渴咬伤、咬死或吃掉仔貂的现象。炎热夏季缺水可引起水貂中暑。

第二节　饲料种类及利用

水貂是肉食性动物，以食肉为主，也吃一些植物性饲料，按饲料原料来源分有五大类，即肉类和鱼类、乳蛋类、谷物类、果蔬类和补充饲料类。肉鱼类、乳蛋类统称动物性饲料，是水貂所需蛋白质和脂肪的主要来源。谷物饲料是供给水貂糖类的主要来源。果蔬类是供给水貂维生素和矿物质的来源。果蔬类和谷物类饲料统称植物性饲料。补充饲料包括维生素、矿物质、促生长和防空疾病的物质。

一、肉类和鱼类饲料

肉鱼类饲料包括畜禽肉及它们的副产品和鱼。但是品质好的畜禽肉无人用作水貂的饲料，那样的话饲养成本就太高了。养貂用的畜禽肉都是屠宰厂不能让人食用的肉和畜禽的副产品。例如，畜禽胴体修下来的边角料、剔骨肉剩下的骨架、痘猪肉等，经高温处理可以做貂饲料，变废为宝。鱼也是湖边、海边出售的小杂鱼等。还有非传染性疾病或中毒性疾病死的畜禽肉，如饲养长毛兔的集中区，每一次拔毛都有不少个体死亡，这些死兔肉可以用来养貂；养羊集中区，每到母羊产羔前都有母羊流产，这些死羊羔也是养貂饲料来源。可以利用本地一切饲料资源上养貂项目，废物利用，变废为宝，发展生产，创造财富。

（一）肉类饲料（图 4—4）

所有的动物肉，只要新鲜，不是传染病死的、不是中毒死亡的，均可以做水貂的饲料。肉类的营养价值因动物种类、年龄、体况的不同，其营养价值也不相同。如幼龄动物的肉含水量大，也易消化，但营养物质的含量相对也较少；老龄动物的肉，结缔组织较多，消化率偏低。

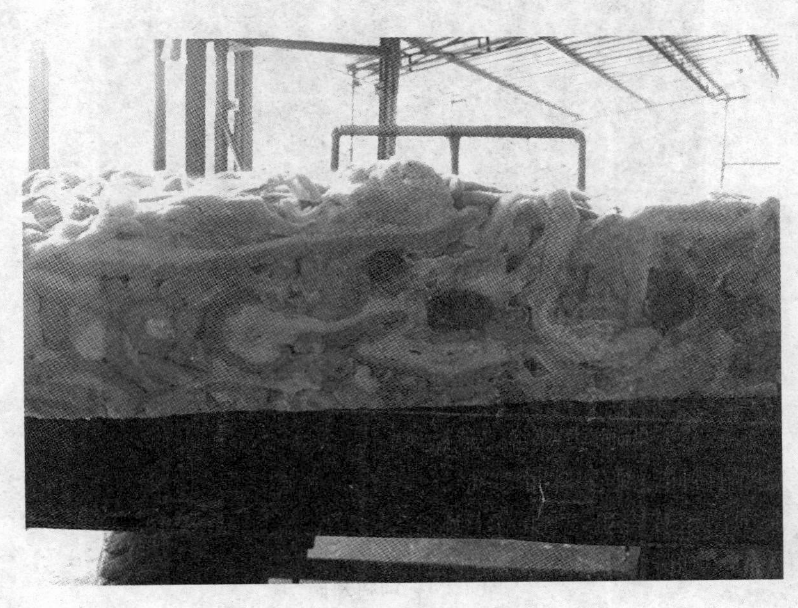

图 4—4　肉类饲料

肉中的蛋白质为17%～21%，生物效价高，其他营养物质也很丰富。品质好的新鲜肉可以生喂，不新鲜的肉或副产品要熟制后再喂，以防感染疾病（图4－5）。水貂对熟肉的消化率没有生肉高，熟肉的消化率为80%左右，且适口性差；同时肉在熟制过程中有消耗，所以使用熟肉的量要比使用生肉增加5%～8%。平时熟肉所占的比例不宜过高，否则会影响水貂的食欲。熟制肉仅能杀死其中的微生物，对某些病原菌产生的毒素却不能破坏，所以凡因传染病急宰的动物肉，不要用来喂水貂。

图4－5 **饲料熟制**

含脂肪高的肉类，应剔除脂肪或高温脱脂后再使用。因为饲料

中脂肪量过高会降低水貂的食欲，影响其繁殖力。

（二）畜禽副产品

畜禽副产品包屠宰的头、蹄、爪、翅、尾内脏及骨架等。其蛋白质和其他营养物质含量相差较大，如肝、心、肾、脑营养值高；肠、胃、肺、骨架等，蛋白质不全价，营养值较低。因此使用副产品时，应多品种搭配，以利氨基酸互补，提高营养价值。畜禽副产品来源广、价格低，可因地制宜充分利用。

1. 肝和肝渣

各种动物的肝脏都是水貂优质动物性饲料，蛋白质含量19.4%、脂肪5.0%，还含有多种维生素和微量元素，肝对水貂的生长发育和繁殖有良好的促进作用，在水貂繁殖期在日粮中加 5%～10%的鲜肝，效果非常好。肝有轻泻作用，喂量过大容易引起腹泻。鲜肝要生喂。老家畜的肝往往有寄生虫，应注意检查，染病家畜的肝不能生喂，肝上有病灶的熟制后也可以使用。

肝渣是制药厂的副产品，含有丰富的蛋白质。干的牛、羊肝渣，含蛋白质 66.15%，脂肪 14.69%，维生素含量低。肝渣适口性差，一般情况下可占日粮中动物性饲料的 5%～15%。

2. 心和肾

心和肾都是水貂的优质动物性饲料，含有丰富的蛋白质，也含有丰富的维生素 B_1、维生素 B_2、烟酸、泛酸及维生素 C，肾中还含有维生素 A。健康畜禽的心、肾生喂营养价值高，消化率也高，可作水貂的动物性饲料。

3. 胃和肠

畜禽的胃肠价格低、来源广泛，但营养价值较低；蛋白质不全价，消化率为 85%。粗蛋白质含量为 14%，脂肪含量为 1.5%～2%，维生素、微量元素含量均偏低。一般在饲料中搭配可占动物性饲料的 20%～40%。胃肠也可以生喂，适口性也强，但是胃、肠上常有病菌和寄生虫，使用时应先洗净，再煮熟后方能使用。变质的胃肠禁止喂貂，以防引起中毒。

4. 肺

肺内所含的蛋白质不全价，营养价值也不高，含有较多的结缔组织，消化率仅为82%。牛肺含蛋白质7.3%、脂肪1.4%，还含有少量的维生素和铁。肺对胃肠有刺激作用，易发生呕吐。使用肺脏时注意要剔除气管两侧的甲状腺，以免影响水貂代谢；也要注意肺结核和寄生虫病。

5. 脑

脑中含有大量的磷脂和必需氨基酸，营养丰富，消化率高，对生殖器官的发育起促进作用，在准备配种后期和配种期使用，有催情作用。若每头水貂每日供给5克脑，尤其对公貂有促器官发育的作用，对精子生成和增强性欲有良好作用。此外，对毛绒生成也有良好的作用。

6. 血

牛、羊血含蛋白质16%～17%、脂肪0.5%，还含有丰富的矿质和维生素。营养丰富，营养价值高。易于消化。血液中含有较多的含硫氨基酸，在水貂换毛季节适量使用鲜血或血粉可以提高毛绒品质。通常水貂日粮中血液用量应占动物性饲料的10%～15%。血中的无机盐有轻泻作用，用量过高能引起腹泻。离开动物体的血液是细菌繁殖的场所，易变质，应先熟制再冷藏，防止变质。

7. 兔头和兔骨架(图4—6)

我国养兔业发展很快，吃兔肉的习惯已在国人中形成。鲜兔肉出售有带骨兔肉和剔骨兔肉，所以家兔加工厂的副产品有兔头、兔骨架。兔头兔骨架数量多、价格低廉，营养价值较高，蛋白质含量15%、脂肪含量4.4%，含有丰富的钙和磷，且钙、磷比例合理，是一种可以利用的动物性饲料。新鲜的兔头、兔骨架可以生喂。从外地运来的怕污染、变质的可以熟制后再喂貂。在水貂繁殖期使用兔头、兔骨架应占动物性饲料的10%～15%，不宜用量过高，以免出现不良后果。幼貂生长期兔骨架用量可占动物性饲料的40%～50%。

图 4—6　兔骨架饲料

8. 禽头、禽骨架(图 4—7)

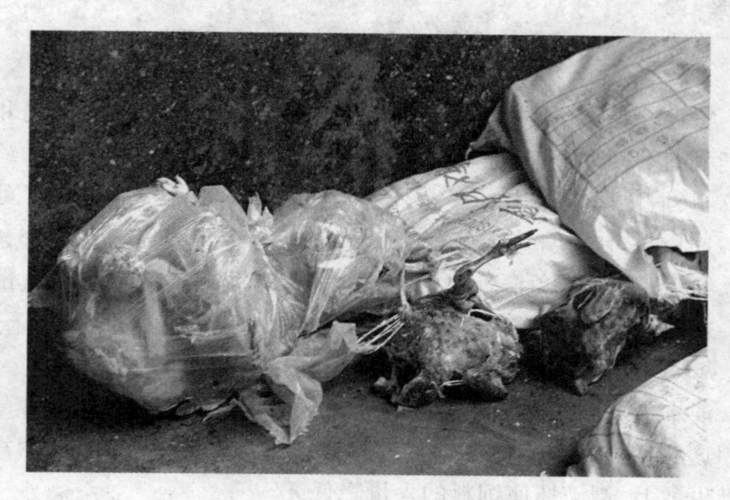

图 4—7　禽骨架饲料

这一类饲料含蛋白质、脂肪、钙和磷等都比较丰富,例如鸡头含蛋白质 14.2%、脂肪 8.0%,消化率 52%～78%,可占动物性饲料的

20%～40%。

(三)鱼类饲料(图 4—8)

图 4—8　鱼类饲料

鱼类种类很多,其营养价值随品种、年龄、鱼体部位的不同和捕捞季节的不同而有差别。一般情况,鱼体的蛋白质含量在 10%～17%,其消化率高达 87%～92%。脂肪含量为 1%～3%,高者可达 11%,但不是在全身均等分布。脂肪的消化率为 97%。无机盐含量为 0.6%～1.5%,鱼肝油中含有维生素 A。海里杂鱼蛋白质含量为 11%左右,脂肪含量为 2.0%左右,发热量一般为 293～335 千焦/100 克,是水貂的好饲料。

淡水鱼类和某些海鱼含有较多的硫胺素酶,能分解维生素 B_1,使用这些鱼类时应煮熟或增加酵母用量,以破坏硫胺素酶或弥补由于维生素 B_1 遭破坏使饲料的含量降低。

某些鱼类体表有黏液,生喂时间长了引起水貂食欲减退,甚至拒食。使用这种鱼类时需用开水将鱼略加浸烫,使黏液蛋白质凝固然

后洗净体表的凝固物；或用0.5%的食盐溶液，将这些鱼放在其中，搅拌使食盐与鱼身上的黏液发生作用，再用清水将盐和凝固物洗掉，再进行生喂。也可以采取熟制的办法处理。

淡水鱼常有寄生虫，或是寄生虫的某些宿主，生喂后可发生颚口纲线虫病和膨结线虫病，造成水貂死亡。使用时也要认真处理。

鱼体含水量较多，为72%～83%，故易发生腐败变质；另外，鱼体内还含有较多的不饱和脂肪酸，保存不当或保存时间过久，容易引起脂肪酸败，其酸败产物能破坏饲料中各种营养物质，喂水貂能引起食物中毒，还会引起水貂黄脂肪病、出血性肠炎，脓肿及多种维生素缺乏症。新鲜的鱼应生喂。品质不好的鱼要清除内脏和头部，充分清洗熟制后喂貂。严禁用酸败变质的鱼喂貂。

（四）其他动物性饲料

在野生条件下水貂常捕食小型哺乳动物（鼠类）、鸟类、爬行类和两栖类动物，这些动物可做人工饲养条件下的貂饲料。鱼粉、干鱼、蚕蛹粉、血粉可以做水貂动物性饲料；其他水产动物，如河蚌、毛蚶、小海虾、毛虾等也可以做水貂的动物性饲料，它们的营养价值差距很大，如鱼粉、鱼干、蚕蛹粉等蛋白质含量60%以上，目前生产的水貂全价配合饲料动物性蛋白就是用鱼粉、血粉、蚕蛹（图4－9）代替的。

蚕蛹蛋白质含量60%以上，脂肪16%～24%、糖6%～8%，其营养价值很高，蛋白质也全价，水貂对蚕蛹消化、吸收也很好。在毛绒生长季节适量在饲料中添加，不但能提高毛绒品质，而且毛光泽也好。但是蚕蛹中含有不能被水貂消化吸收的甲壳素，而且缺乏矿物质和维生素，脂肪含量也高，所以用量不能过多，可占动物性饲料的20%左右为宜。

蚕蛹含脂肪比例较大，而且不饱和脂肪酸含量也高，保存不当容易氧化变质，用酸败变质的蚕蛹喂貂容易引起黄脂肪病、胃肠炎、下痢或中毒。

二、乳蛋类饲料

乳蛋类饲料营养极为丰富。蛋白质全价，是水貂优质蛋白饲料之一，这类饲料也比较易得，在繁殖季应增加其用量。

图 4—9 蚕蛹饲料

(一)乳类

乳品包括新鲜的牛奶、羊奶、酸奶、脱脂奶及奶粉等。新鲜牛奶含蛋白质 3.5%、脂肪 3.4%左右,并含有丰富的矿物质和维生素及糖。蛋白质中有全部的必需氨基酸,营养价值高,其中酪蛋白含量高,还有白蛋白和球蛋白;脂肪熔点低,颗粒小,易消化吸收,其中还有必需的脂肪酸和磷等。奶的消化率可达到 95%以上。饲料中加入乳品,可提高饲料的消化率和增加适口性。在水貂繁殖季节适量添加乳品,对胎儿发育、母貂泌乳、幼貂生长发育都有促进作用。

奶是细菌良好的培养液,容易酸败,且牛的结核病能通过牛奶传染,故鲜奶应经煮沸消毒后再使用。

脱脂乳脂肪含量低,维生素 A 和维生素 D 也少,但营养奶全价,完全可以代替全乳。如某些地区有大量廉价脱脂乳,可以用它代替水来调拌饲料喂貂,提高饲料的营养价值。

（二）蛋类

蛋类包括家禽蛋、孵化检出的无精蛋和毛蛋（图 4—10）。各种禽蛋在营养组成上大致相同，仅在含量上稍有差异。蛋中的蛋白质氨基酸的组成比例合理，利用率极高，生物效价达 99%，是已知的最优质的蛋白质。蛋清含水量较蛋黄高，蛋黄中蛋白质含量较蛋清高。蛋黄中还含有中性脂肪和磷脂类；蛋中所含的维生素 A、维生素 D、维生素 E 和维生素 B_1，也几乎都集中在蛋黄中。水貂对蛋的消化率极高，若日粮中加入蛋类，可提高饲料的适口性及蛋白质的消化率。蛋清中含有卵白素和抗胰蛋白酶，能破坏 B 族维生素，影响蛋白质的消化，所以蛋清应熟制以后喂貂，以消除这些不良影响。

图 4—10 毛蛋

三、谷物类饲料

谷物饲料是水貂饲料的组成部分，是糖类的主要来源。谷物中含有丰富的糖，也含有蛋白质、脂肪和某些维生素。在水貂的饲料中谷物性饲料占 25%～30%，常用的谷物有玉米、小麦、豆类、麦麸、细米糠。

谷物类饲料磨成细粉，再熟制后能提高消化率，因为谷物经粉

碎、熟制后能破坏其细胞壁，有助于消化酶与营养物质直接发生作用。例如，玉米粉的消化率为 54%，熟制后的消化率就能达到 80%～83%。目前出现了膨化技术，玉米、大豆或豆粕，经膨化后，就不用磨碎和熟制，直接用开水冲后经搅拌即可变为糊状。

·豆类蛋白质含量高，一般含量在 20%～40%之间；大豆脂肪含量 18%，其他豆类脂肪含 1%～2%；豆类所含维生素 B_1、维生素 B_2 的量也比其他谷物高。豆类因其所含的蛋白质不全价，仅能作为水貂部分蛋白质来源。未经粉碎、熟制或未经膨化的豆类不易被消化吸收。而且大量饲喂豆类还能引起便秘或胀肚，因而用量只能占谷物性饲料的 20%～30%为宜。

麦麸和米糠均含有大量的纤维素，营养价值低，水貂对这两种饲料消化率仅有 49%。适量使用能使食团疏松，促进肠道蠕动，有助于水貂对食物的消化、吸收。且麦麸中维生素 B_1 和磷含量较高，米糠中含维生素也比较丰富，可作为维生素 B、维生素 C 和磷的部分来源。用量应占谷物类饲料的 10%～15%，用量过大会降低日粮的消化率，或引起腹泻。

四、果蔬类饲料

果蔬类饲料包括根茎类、绿叶类、果类、瓜类等蔬菜与水果。水貂日粮常用的有白菜、小白菜、油菜、菠菜、球甘蓝、萝卜、胡萝卜、西葫芦、南瓜、次水果、嫩苜蓿等。

果蔬类饲料虽然蛋白质含量较低，仅为 1%～3%，其氨基酸的组成比例也比动物性蛋白差，脂肪含量极少，但富含无机盐和维生素，是水貂所需的某些维生素和无机盐的来源。大多数果蔬类饲料含水量高，又呈碱性反应，可以调节饲料体积及 pH 值。通常这类饲料应占日粮总量的 5%～7%，在使用热量高的饲料时，可以适当增加果蔬饲料的用量。

果蔬饲料使用时应洗净后生喂或打成果蔬汁加入饲料中混合均匀。腐烂的、生芽的果蔬（甘薯和马铃薯等）不能用来喂貂。有些蔬菜有较重的青涩味，适口性差，应以开水略加浸烫，除去青涩味后使用。某些绿叶蔬菜，如菠菜和苋菜草酸含量很高，能降低钙的吸收率，尽量少用。

五、补充饲料

（一）维生素添加剂

在20世纪60～70年代，我国产品开发和生产还比较滞后的时期，水貂饲料中所需要的维生素需要用维生素饲料来补给。例如，补充维生素A、维生素D在饲料中添加鱼肝油；麦芽中维生素E含量丰富，补充维生素E要在饲料中添加麦芽；补充B族维生素要在饲料中添加酵母……给饲养工作添了不少麻烦。目前各种维生素生产量大，价格不高，生产厂家按照不同种动物的需要配制不同动物所需复合维生素，将其添加在饲料中就能满足其需要。水貂对维生素的需要量如表4—1。

表4—1 水貂对主要维生素的需要量

维生素种类＼需要量	每千克体重	维生素种类＼需要量	每千克体重
维生素A	500 国际单位	维生素B_3	1 毫克
维生素D	50 国际单位	维生素B_6	10 毫克
维生素E	5 毫克	维生素B_{11}	1 毫克
维生素B_1	5 毫克	维生素B_{12}	8 毫克
维生素B_2	5 毫克	维生素C	20～40 毫克

（二）矿物质饲料

矿物质饲料常用的有骨粉、食盐等。

1. 骨粉

骨粉是补充水貂饲料缺乏或不足的钙、磷的来源。日粮组合原料如有碎骨、全鱼、鱼粉、鸡头及鸡骨架时，可以不必再往饲料中添加骨粉，但以肉类为主的饲料中，必须添加骨粉。骨粉中钙、磷比例接近水貂的需求，是最好的矿物质饲料。以后又开发了蚌壳粉、蛋壳粉、磷酸钙石粉等，在家禽、家畜生产中已广泛应用，养貂生产也可以试用。骨粉每只水貂用量为1～3克/天，母貂妊娠期和哺乳期，幼貂生长期可以增加用量。

2.食盐

食盐组成是钠和氯，是水貂摄取钠元素和氯元素的主要来源。食盐对血液循环和排泄、渗透压的平衡起着重要作用。并能促进唾液分泌，增强食欲，帮助消化。食盐要常年供给，每头水貂每日用量为0.5～0.7克，过量供给能引起食盐中毒。内陆的某些地区，天然食盐中缺碘，应使用加碘的盐，以防引起碘缺乏。

第三节　水貂日粮的制定

水貂的日粮，是根据其各时期的生理特点及该时期的营养需要，饲料品种及饲料的营养价值，科学地配制的一日饲料。它能保证处于不同生物学时期水貂的营养需要，从而促进水貂的生长发育，并提高其繁殖力和毛绒品质。

一、制定日粮配方

日粮配方就是日粮中各种原料的组成成分表，它是饲料加工人员调配饲料的依据。制定日粮配方既有严格的科学性，又要因地制宜，力求降低饲养成本。在一定意义上是决定水貂生产效果的一项重要的技术性工作，必须认真对待，决不能草率从事。

（一）制定日粮配方的依据

1.根据水貂的营养需要

水貂是肉食性动物，其消化器官的解剖结构特点和生理特点，都是与消化肉食性饲料相适应的，因此水貂的日粮应以动物性饲料为主，约占日粮总量的70%，同时辅以少量的植物性饲料，约占日粮总量的30%。由于水貂对植物细胞壁和纤维素的消化力差，所以应选择含纤维素少的品种，并且将其粉碎和熟制后喂貂。目前饲料加工部门已将玉米和大豆膨化，解决了粉碎和熟制两道工序，节省了人力，但是价格提高了，又增加饲料成本，有得也有失。

处于不同生物学时期的水貂对营养物质和热量的需要是不相同的。例如在繁殖季节，种貂体质消耗较大，需要较多的蛋白质，而对

脂肪的需要量则低一些；在冬毛生长季节，水貂不仅需要蛋白质，对脂肪的需求量也比其他时期高。即使在繁殖季节里，性别不同营养需要也有差异。例如公貂在准备配种后期营养需要最高，母貂则在妊娠泌乳期营养需要最高。制定日粮配方时，还应注意水貂食欲情况，如公貂在配种期营养需要最高，但食欲较差，因此要求日粮的营养价值高，适口性也要强。幼貂在生长发育期，营养需要也很高，并且食欲旺盛，因此要求日粮能保证其营养需要还要易消化。

另外，处于不同纬度的貂场，由于气候条件差异，处于同一生物学时期的水貂，其营养需要和食欲也不完全相同。例如冬季寒温带地区比暖温带地区的气温低得多，寒温带地区的水貂需积蓄大量体内脂肪用于越冬御寒，暖温带地区的水貂体内脂肪积蓄量就会少一些。这在制定日粮配方时就要非常重视。

制定日粮配方时还要根据貂群情况进行设计，例如在准备配种期，如果貂群原来的体况就中等，设计日粮配方时能量饲粮用量也不能用量偏高，只在原日粮配方的基础上增加蛋白质饲料比例和促性腺发育的物质，使貂群仍然保持中等体况，既不过肥，也不过瘦，否则影响繁殖。如果貂群体况偏瘦，制定准备配种期日粮时，要适当增加些热量饲料，使体况逐渐恢复到中等。

水貂有择食性和惯食性，因此制定日粮配方时，要尽量避免饲料种类突然变化，防止出现大群拒食，这在母貂妊娠期尤为重要，否则会出现母貂流产。

2.根据饲料情况

不同地区、不同貂的饲料来源各不相同，制定日粮配方时，不能生搬硬套外地经验，强求采用某种饲料，要因地制宜、就地取材，以达到不同生理时期的饲养标准为原则。例如沿海、沿湖地区以利用海杂鱼为主，内陆地区以利用畜禽屠宰的下脚料为主。

不同的饲料所含的热量和蛋白质也不相同，其消化率和生物效价有差异，因此营养价值不一致；即使同一种饲料由于新鲜程度不同，营养价值也不相同。这些情况在制定日粮配方时都要充分了解、灵活运用，以便合理使用饲料。还应采取有效措施，尽可能做到多种

饲料搭配，使配合饲料中氨基酸互补，减少或消除营养物质的相互抵消与破坏，从而提高日粮的营养价值。

总之，制定日粮配方时，要因地制宜，就地取材，既要满足水貂各生理时期的营养需要，又要降低饲料成本，使养貂能收到更好的经济效益。

(二)制定日粮配方的方法

制定水貂日粮配方有两种方法，即热量法和重量法，我国多采用重量法。重量法是以重量为指标进行计算。

首先根据水貂所处的生理时期及营养需要，确定1头水貂1天应供给的饲料总量，再确定各种动物性饲料和植物性饲料所占的重量比；按规定的比例计算出每日每头水貂应供给的各种饲料的重量，并核对蛋白质、脂肪和糖类的供给量是否能满足水貂的需要。确定补充饲料的供给量，最后计算出供给全群水貂的各种饲料的重量，并列成表，提出调制饲料的各种要求。

例如某一水貂场有基础母貂1 000头，需要制定妊娠期和产子哺乳期的日粮配方。饲料种类有海杂鱼、屠宰厂的猪胃肠、牛奶、鸡蛋、小麦全粉、熟豆粕、大白菜和各种维生素。种貂体况良好，食欲正常。

根据以上的基本情况，首先确定每头水貂每日供给全价配合饲料的重量，参考经典配方应确定为260克，其中海杂鱼确定为45%、猪胃肠为20%、牛奶5%、鸡蛋5%、小麦全粉10%、熟豆粕5%、大白菜10%。另外，每日每头母貂供给维生素A 1 000国际单位、维生素D 100国际单位、维生素E 5毫克、维生素B_1 5毫克、维生素C 20毫克、食盐0.5克、骨粉3克。

确定每头母貂每日各种饲料的供给比例以后，再计算出各种饲料的供给量。例如，海杂鱼占比例为45%，每头貂每日应供给260×45%=117克，猪胃肠占比例为20%，每貂每日供给量为260×20%=52克，以此类推，算出所有饲料每日每头的供给量。最后由每头貂每日的供给量乘1 000算出每日各种饲料的全群供给总量，例如海杂鱼为117克×1 000=117 000克，即117千克；猪胃肠为52克

×1 000＝52 000 克，即 52 千克。以此类推算出各种饲料的全群一日总量。再按 4∶6的比例分成早晨和晚上两次的用量，早晨用量为日粮的 40％，晚上用量为日粮的 60％。日粮配方如表 4－2。

表 4－2 1 000 头母貂妊娠、产子哺乳期的日粮配方

饲料品种	占总量的比例(％)	每头日粮	全群日粮	分配量	
				早 40％	晚 60％
海杂鱼	45	117 克	117 千克	46.8 千克	70.2 千克
猪胃肠	20	52 克	52 千克	20.8 千克	31.2 千克
牛奶	5	13 克	13 千克	5.2 千克	7.8 千克
蛋	5	13 克	13 千克	5.2 千克	7.8 千克
小麦全粉	10	26 克	26 千克	10.4 千克	15.6 千克
大豆粕	5	13 克	13 千克	5.2 千克	7.8 千克
大白菜	10	26 克	26 千克	10.4 千克	15.6 千克
维生素 A		1 000 国际单位	100 万国际单位	40 万国际单位	60 万国际单位
维生素 D		100 国际单位	10 万国际单位	4 万国际单位	6 万国际单位
维生素 E		5 毫克	5 克	2 克	3 克
维生素 B_1		5 毫克	5 克	2 克	3 克
维生素 C		20 毫克	20 克	8 克	12 克
食 盐		0.5 克	500 克	200 克	300 克
骨粉		3.0 克	3 千克	1.2 千克	1.8 千克
合计	100	260 克	260 千克	104 千克	156 千克

新制定的日粮配方开始执行后，要注意观察水貂采食、饮水、排便和剩食情况，若有异常及时查明原因，重新检查日粮中每种饲料的比例、适口性、饲料量，鉴定饲料品质及检查饲料调制方法是否恰当。如有不恰当之处，应立即采取必要措施进行调整，使其能适合水貂采食、消化和营养的需要。

二、饲料的调制

饲粮调制的目的是提高饲料的消化率，增加适口性，从而提高饲料的营养价值。如果调制不当不仅饲料利用率低，同时水貂生产性能也会降低。

（一）调制前的处理

各种饲料在调制前要进行品质鉴定，严禁使用来自疫区或变质的饲料。新鲜肉、鱼类饲料应洗干净，去掉多余的脂肪；冷冻的肉、鱼类饲料要先解冻，再去脂，然后清洗干净。气温高的时期，要先把鱼头和内脏去除再认真清洗。干制或腌制的肉类或鱼类要先浸泡，再洗干净。失鲜的肉、鱼类或疑有变质的，应进行蒸煮，起到消毒效果后马上停止，以免减少养分的损失。体表黏液多的鱼类，要先用开水烫，待黏液凝固洗去，以便消除其中的硫胺素酶。鲜奶要瞬间煮沸；蛋要蒸成糕，消除卵白素，以防其破坏饲料中的B族维生素。

谷物类饲料应先粉碎，再蒸成窝窝头，调制饲料以前将其绞碎待用。果蔬类饲料使用前要去掉根部和变质部分，去掉泥土洗净待用；有苦涩味的蔬菜，菠菜、小白菜、嫩苜蓿等，应洗净后用沸水稍加浸烫，以除掉苦涩味后再用。

（二）饲料绞制与调配

已经准备好的各种饲料，按饲料配方规定的量准确称重，再分别

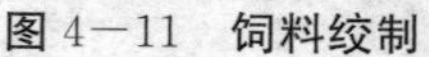

图 4—11 饲料绞制

投入绞肉机中将其绞碎(图 4—11)。绞动物性饲料时,绞肉机箅子孔眼应为10～12毫米;绞植物性饲料时箅子孔眼应为 5～8 毫米。带骨的肉类若骨头较大,可先将其骨弄成小块再投入绞肉机绞制,绞制后要求颗粒适宜,使之有利于咀嚼消化。肉鱼类饲料成年貂要求颗粒大一些,幼貂则要求颗粒小一些,应分开绞制。对谷物类和蔬菜类饲料,都要求颗粒要细小一些。

大型养貂场每次绞制饲料多,应使用大型搅拌机。把分别绞好的各种饲料都放在搅拌机中,用机器搅拌;小型貂场可放在饲料调配池或缸内人工搅拌。饲料投放先后顺序关系不大,但补充饲料,如乳品、豆浆、酵母、植物油、骨粉、盐、维生素等要在搅拌最后阶段投入,充分搅拌。

调配饲料总的要求:化冻或浸泡彻底,洗涤干净、熟制充分、加热的饲料应晾成温的再加入。投料要准、搅拌要均匀、调制快速,调制好以后应尽快投给水貂,不要在饲料加工室中久放。

三、饲料原料品质鉴定

(一)肉类饲料品质鉴定

1. 感官检查

肉类饲料应是新鲜优质,不应有腐败变质的特征。感官检查主要从性状、色泽、气味等方面加以鉴别。

(1)外观　表面有微干外膜,呈玫瑰红或淡红色,肉汁透明,切面湿润不黏者为新鲜肉;表面有风干灰暗外膜或潮湿发黏,有时有微霉,切面色暗潮湿,有黏液、肉汁混浊者已经不新鲜了;腐败的肉表面很干燥或很潮湿并带淡绿色,发黏有霉,断面呈暗灰色,有时呈淡绿很黏,很潮湿。

(2)硬度　鲜肉切面质地紧密有弹性,指按压下去能复原;不新鲜的肉切面柔软、弹性小,指按压下去不复原;腐败的肉切面无弹性,手轻压很硬。

(3)气味　新鲜肉气味良好,各种肉都具有各自的独有气味;不新的肉略有霉味,有时仅在表层,而深层无怪味;腐败肉深层、浅层均能闻到腐败味。

(4)脂肪　新鲜肉无酸败或苦味，色白黄或浅黄色，组织柔软或坚硬；不新鲜的肉呈灰色、无光泽，易粘手，具有轻的酸败味；腐败的肉污秽，有黏液，常发霉，软、呈绿色，有强烈的酸败味。

(5)骨髓　新鲜肉的骨腔内充满骨髓，坚硬、色黄，骨断面可看到骨髓亮光；不新鲜的髓与腔之间有小的间隙，髓软，色暗，断面无光泽；腐败的肉髓与腔之间间隙大，柔软，发黏，色暗。

2.实验室检查

(1)石蕊试纸反应　新鲜的肉呈弱酸性反应，肉腐败后则由酸性转为碱性反应。因此可用石蕊试纸测定肉 pH 值，由此判定肉的新鲜程度。

操作方法：用蒸馏水浸湿的蓝色或红色石蕊试纸 2 条，贴在新切开的肉的切面上，5～15 分后取下来比较。若蓝色试纸变红，表示呈酸性反应；若试纸颜色不变，表示呈中性反应；若红色试纸变蓝，表示呈碱性反应。呈酸性反应和中性反应的肉是新鲜的，可以用来喂貂；呈碱性反应的肉不能用来喂貂。

(2)氨的测定　氨是蛋白质分解的产物，新鲜肉中不含氨。变质的肉由于蛋白质受微生物分解，所以肉中有氨。氨的测定有助于判断肉的新鲜程度。氨测定方法如下：

1)试剂配制　将 10 克碘化钾溶于 10 毫升热蒸馏水中，再加入热的升汞饱和溶液，直到出现红色沉淀为止，过滤后，向滤液中加入碱溶液(30 克氢氧化钾溶于 80 毫升蒸馏水中)，并加入 1.5 毫升上述升汞溶液。待冷却后，加入蒸馏水至 200 毫升。试剂就保存在棕色细口瓶中，密封，在阴凉处储存待用。空气中含有微量的氨，能使试剂产生沉淀，所以使用时应取试剂的透明澄清部分。

2)肉浸出液的制备　取被检肉 10 克，剪成小块，放入 100 毫升新烧开又冷却的蒸馏水中，浸润 15 分，浸润时不断地振摇，然后滤纸过滤即成。

3)操作方法　取试管 2 支，1 支加入 1 毫升过滤的肉浸液；另 1 支加入 1 毫升烧开的蒸馏水，作为对照。向两支试管中缓缓加入 1～10滴自配的试剂，每加入 1 滴要摇几下试管，同时比较两试管内

液体的颜色与透明度。测定结果与评定如表 4－3。

表 4－3　肉类氨测定结果及评定表

品　质	试剂滴数	反应	特征
新　鲜	10	－或±	透明或透明微黄
不新鲜	10	＋	淡黄，混浊
开始变质	6～10	＋＋	淡黄，混浊，少量沉淀
腐　败	1～5	＋＋＋	黄或橙黄色沉淀

（3）硫化氢测定法　新鲜的肉不含或含少量硫化氢。肉发生腐败时，由于细菌分解含硫氨基酸，会产生大量硫化氢。本测定方法根据硫化氢与可溶性铅盐作用，生成黑色硫化铅而判断肉的新鲜程度。

1）醋酸铅碱液配制　取 10 毫升的 10％醋酸铅溶液，加入 10％氢氧化钠溶液，至析出沉淀为止。

2）操作方法　取被检肉 1 小块，置于 80～100 毫升的磨口瓶内 1/3 的高度处，然后在瓶内悬挂经醋酸铅碱液浸湿的滤纸 1 条，使其略近肉面，另一端固定于瓶颈与瓶塞之间，经 15 分后，观察滤纸条的反应。滤纸条无变化则肉是新鲜的；呈淡褐色，表示肉已经不新鲜，但尚未变质；呈黑褐色或棕色，表示肉已变质不能利用。

（二）鱼类饲料的品质鉴定

1. 感官检验

（1）新鲜度良好的鱼　僵硬或稍软，腹部和肌肉弹性良好，体表、眼珠、鳃均保持新鲜鱼固有的状态，肛门稍凹陷，呈圆环状，气味正常，色泽鲜艳。

（2）鲜度较差的鱼　腹部和肌肉弹性较差，体表与眼球、鳞片失去固有的光泽，颜色发暗，肛门稍突出，鳃颜色变暗或呈紫色，黏液增多略稠。

（3）近于腐败变质的鱼　腹部和肌肉失去弹性；眼球混浊无光泽；体表鳞片呈暗灰色；鳃部发出异味，微臭，并呈暗紫色；黏液浓稠；肛门外翻；肋骨和肌肉稍有脱离。

（4）腐败变质的鱼　鳃有很强的腐败臭味，颜色变褐或呈灰白色；腹部肌肉松软，下陷、穿孔；肋骨与脊分离。

2. 实验室检验

(1)氢离子浓度测定　鱼类腐败时，由于蛋白质分解氨及胺类等碱性物质，所以腐败的鱼呈碱性，其水浸后的溶液 pH 值显著增高。

1)浸出液的制备　取待检鱼肉 10 克，加入 100 毫升蒸馏水，浸渍 15 分钟，间断摇动，然后用滤纸过滤即成。

2)操作方法及品质评定　取试管 3 支，均加入鱼浸出液 2 毫升，蒸馏水 8 毫升，其中一管加入 0.04%溴麝香草酚蓝指示剂 0.5 毫升，分别插入比色架的不同孔内，并与 pH 值相近的标准比色管比较。观察加有指示剂的试管与标准比色管的颜色是否相同。若颜色不同，换取标准比色管，直至与加有指示剂的试管颜色一致为止。读标准管的 pH 值，即为鱼浸出液的 pH 值。一般新鲜鱼的 pH 值为 6.8～7.2，pH 值高于 7.3 即表示鱼已腐变质。

(2)过氧化酶试验　新鲜鱼体内含有过氧化酶，而腐败鱼肉过氧化酶被破坏。因此，过氧化酶的指标有助于了解鱼的新鲜程度。

操作方法与评价：浸出液的制备方法同上。取试管 1 支加新鲜浸出液 2 毫升，再加入 5 滴 0.2%联苯胺溶液，摇动，再加入 2 滴 1%过氧化氢溶液，在 1 分内观察溶液颜色变化。新鲜鱼在 0.5～1.0 分呈蓝色；腐败鱼则无蓝色反应。但要注意时间不宜过长，操作应迅速，否则可因空气氧化作用而产生蓝色。

(3)硫化氢的测定　先取 20 克切碎的被检鱼，置于广口瓶内，加入 40 毫升的 10%硫酸溶液。取滤纸一块，将瓶口盖好，并用胶皮圈扎好。向滤纸上滴 1～2 滴醋酸铅碱溶液，15 分后，检查滤纸上的颜色变化。在醋酸铅滴边缘不呈现颜色，表示鱼是新鲜的；边缘呈褐色，表示新鲜度可疑；边缘呈明显的褐色，表示已不新鲜；边缘呈橘皮色，表示鱼已腐败。

(三)蛋类饲料品质的鉴定

健康禽类的蛋应该是无菌的，但是产后会被病原微生物污染。蛋变质的主要原因是由于微生物的作用，使蛋白质分解形成硫化氢，发出腐败气味，蛋黄膜被破坏后，使蛋黄、蛋清混合，时间一久蛋内硫化氢增加，压力加大，使蛋易破裂，内容物四溢，使邻近的蛋受污染也出现变质。温度、湿度、运输、储存等不当时，蛋类变质加速。

蛋类产品品质鉴定，通常采用外观检查。检查时应注意蛋的大小、色泽及蛋壳污洁情况；然后看蛋壳表面有无裂痕、破损；必要时可将蛋握在手中轻轻相碰，听其声响；最后闻一下蛋壳表面有无异味。

新鲜的蛋，蛋壳上常有一层霜样的粉状物，蛋壳完好，相击时无哑板声，外观清洁鲜亮，打开倒在小碗里蛋清与蛋黄界限分明，蛋黄呈圆形而不散。若蛋壳灰乌，并呈现"油渍"，可闻到腐败臭味则为腐败蛋。蛋壳外表有大理石斑样变化和污秽物，是受潮蛋。蛋壳光滑有反光，为孵化后查出的无精蛋。

（四）乳品饲料品质鉴定

乳品营养价值高，因而也是微生物繁殖良好的培养基。所以，在处理乳品的过程中易被细菌污染，使乳品变质。乳品的鉴定也是多用感官的方法。首先，细致观察乳品色泽、状态；然后，闻其气味，并尝其滋味。正常全乳呈乳白色，白而略带黄色，为均匀不透明的液体，无凝块、无沉淀，它的浓度既非水状，也不是黏液样，而是介于二者之间。新鲜乳有其特殊的乳香味，可口稍甜；若呈微酸味，说明酸败已开始；酸味表示已酸败；苦味、微咸味或其他味道，是由于其他原因所致。

表 4－4 乳类新鲜度识别表

品质 项目	正常乳	不正常乳	引起原因
色泽	白色并稍带黄色	苍白色、淡蓝色、粉红色、蓝色、红色	去脂或加水 血液 细菌
状态	均匀不透明的液态者沸后无凝块、无沉淀	黏滑、胶黏、有絮状物、多孔凝块	细菌
气味与滋味	特有的乳香味 可口稍甜	葱味、蒜味、苦味、肥皂味、酸味、金属味、外来气味	细菌 容器 储存不当

(5)谷物饲料品质鉴定

谷物在储存不当的情况下,受酶和微生物的作用,可引起发热和变质。谷物在不断地进行着呼吸作用,系由谷物中的氧化酶所致。由于呼吸作用不断进行,谷物间隙湿度的增加,谷物堆中温度也愈来愈高。随首氧化酶活动增加,呼吸也因而加强,导致谷物堆中产生自热现象。同时,附在谷物表面的细菌活动增强,加速了谷物中物质的分解,发生变质,最后完全腐败。

此外,仓库中的虫害,也会降低谷物品质,促进谷物霉变。

1.颜色和形状观察

将谷物样品在黑色纸上撒一薄层,仔细观察,看其中有无变色,发霉或虫蛀。

2.尝其滋味

舔尝有无酸、苦和刺激性恶味。发现可疑情况应取样煮沸后再尝,若处理后仍有异味就不能使用。

3.气味

嗅闻有无霉味,酸臭味、霉烂味及其他气味。

4.触摸

用手插入谷物堆中,触摸其有发热、潮湿或成块状。

5.其他方法

此外,还可以用筛检、称重等方法,鉴别杂质、碎粒和结块。

(六)干粉饲料品质鉴定

干粉饲料包括鱼粉、肉粉、肉骨粉、骨粉和血粉等。它们多因储存保管不好或储存时间过久,发生变质。这类饲料含脂率比较高,或水分过多,而易引起脂肪氧化和发霉。发生虫害也是变质的一个因素。

鉴别干粉料时,应以色、气味、干湿度为感观衡量的主要内容。正常干粉饲料具有特殊的色泽和气味。凡失去固有的颜色,发出刺鼻异味,尝味时带有脂肪酸败后特有的臭味,长有绿色或黄色霉菌,结团块等,均标志着变质,不宜使用。

(七)果蔬饲料品质的鉴定

果蔬类饲料因其含水量高,含有丰富的酶类和可溶性营养物质,容易发生腐败。这类饲料发生腐败变质的原因是由于果蔬内细胞的呼吸作用导致水分失去过多,引起细胞死亡并产生热量,加速微生物的繁殖。此外,发芽、害虫均可以引起腐败变质。

鉴定内容包括外部形态、色泽和虫害等。新鲜、品质优良的果蔬,色泽鲜艳,无冻伤,未发芽,无虫蛀,表面不黏。失鲜或变质的果蔬,色泽发黄,发芽或枯萎,有的表面发黏,有的内部发热。蔬菜还应注意收获前是否喷洒农药。

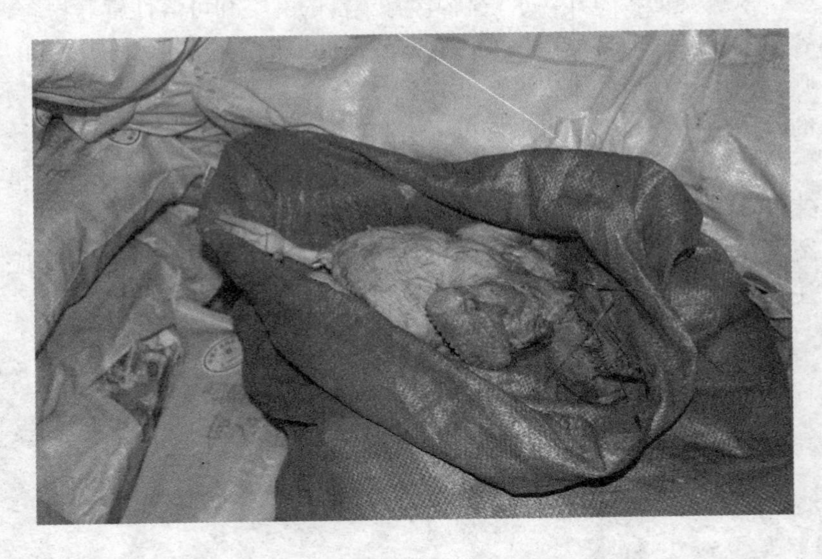

第五章　水貂的饲养管理

内容导读

水貂不同生理时期的划分
种貂各生理时期的饲养管理
怎样提高饲养商品貂的经济效益

第一节　水貂不同生理时期的划分

根据水貂不同时期的生理特点和季节性繁殖的规律，将其一年的生活周期划分为不同的饲养期，即准备配种期、配种期、母貂妊娠期、母貂产子哺乳期、恢复期。

一、准备配种期

水貂的准备配种期时间很长，从当年的秋分起到第二年的 2 月下旬，历时 5 个月。该生理时期又可以分为准备配种前期和准备配种后期。准备配种前期从秋分开始到冬至历时 3 个月，其光周期的变化趋势是白天逐渐缩短，黑夜逐渐延长。随着日照的逐渐缩短，水貂的与生殖和换毛有关的内分泌活动增强。在内分泌激素的调节下，母貂卵巢开始发育，公貂的睾丸由萎缩状态逐渐增大。同时夏季毛脱落，冬季毛长出，经 70 天左右，冬皮成熟。

冬至以后至第二年的 2 月，为准备配种后期。这一时间内光周期的变化规律是，白天逐渐延长，黑夜逐渐缩短。3 月初日照达到 11 小时以上时，水貂发情求偶，进入配种期。进入准备配种后期，内分泌活动进一步增强，生殖器官迅速发育，母貂子宫壁细胞增多，子宫黏膜毛细血管大量增加，子宫腺体发育，活动增强，输卵内壁细胞生长，纤毛数量增加，为运送卵子做准备；阴道上皮细胞增生加厚。公貂睾丸进一步增大，并下降到阴囊中。

在准备配种前期里，水貂必须在入冬以前在体内积存大量营养物质，为越冬做好物质准备，因此体重逐渐增加。同时由于外界温度逐渐降低，水貂需要热量逐渐增加，因而食欲增强，采食量增加。

二、配种期

3 月初当每天的日照时间达到 11 小时以上时，水貂发情求偶，进入配种期。在正常的饲养管理条件下，3 月 5～20 日为配种期。

临近配种期，公貂睾丸已完全发育成熟，重达 2.0～2.5 克，形成成熟的精子并分泌雄性激素，出现性欲；交配时精子被射入母貂的生

殖道内。精子具有受精能力的时间，多是交配后48小时以内。

到了配种期，母貂卵巢发育也成熟，平均重量达0.65克。从卵巢的生殖上皮产生卵原细胞，经多次分裂后形成卵母细胞。每个卵母细胞被一层卵泡细胞包围起来，形成原卵泡，并逐渐增大，向卵巢表面突出，发育成为成熟的卵泡。在交配或爬跨的刺激下，经36～42小时，成熟的卵泡中的卵细胞从卵巢表面排出，12小时以内不受精就失去了活力。第一批卵细胞排出后，下一批成熟的卵泡又相继在卵巢表面出现。卵泡在产生、发育与成熟的过程中产生雌激素，引起母貂发情。由于卵泡成熟是分批的，所以母貂的发情表现是周期性的。一般母貂在配种期内出现2～4个发情周期。一个发情周期通常是6～9天，其中发情持续期是1～3天，间情期为5～6天。

在满足水貂营养需要的条件下，影响水貂发情的主要因素是光周期的变化。每天日照时数在11.5～12个小时的这一段时间，是水貂发情旺期。日照时间超过12小时，发情陆续结束。

配种期的母貂生殖道黏膜增生，充血、腺体分泌增加。外阴部肿胀，并有黏液性分泌物。以上征兆是水貂配种工作的生理依据。因此应仔细观察和掌握。

三、母貂妊娠期

妊娠期是指母貂最后一次受配到产子。不同母貂的妊娠期差别比较大。最短的仅37天，最长的85天，多数是40～50天。在生产实践中，把配种结束至产子开始这段时间列为妊娠期，在正常条件下是从3月20日至4月末。

春分以前母貂排卵后，由于不能立即形成妊娠黄体，胚泡具有延迟着床期。这是水貂妊娠期最突出的生理特点。这一时期的长短，个体之间差异比较大，短者相差1～2天，长者相差46天，多数相差17天左右。胚泡在滞育期内，既不着床，也似乎不发育，而游离于子宫角中，极易因母貂体内外环境的影响而死亡。所以，延迟着床期愈长，胚胎死亡率愈高，产子数愈少，甚至空怀。影响胚泡着床的因素很多，除春分前配种早晚，胚泡滞育期长短以外，种貂体质好坏、饲养水平高低、气候条件变化等都可以影响水貂胚泡着床。但是，光周期

影响最大，因为胚泡的着床是以12小时以上的长日照为条件的。配种结束早的母貂，由于12小时以上的长日照迟迟达不到，或配种结束后阴雨天连续不断，或处于貂棚阴暗面的母貂，延迟着床期就长一些。因此，正确掌握配种时间是能缩短延迟着床期的。

水貂是多胎动物，胎产子6～8只，而且胚胎生长发育只有30天±1天，所以妊娠期要供给丰富的营养物质，才能保证胎儿正常发育。同时妊娠期子宫、乳腺都在相应地发育，还要贮备产后泌乳的营养以及自身的新陈代谢需要，这些生理过程都需要丰富的营养。此外，妊娠期也是脱冬毛、长夏毛的时间。春分后日照时数达到12小时以上，夏毛由头向尾部逐渐生长，冬毛相应地逐渐脱落，皮肤颜色变青、变黑。脱冬毛换夏毛，妊娠貂较空怀的母貂更为迅速，所以需要愈来愈多的营养物质。

妊娠期母貂的代谢特点是同化作用大于异化作用，食欲旺盛，消化力大为提高，不断从日粮中摄取愈来愈多的营养物质。

母貂妊娠后血液中雌激素水平降低，孕激素水平提高，母性增强，后期出现叼草造窝和拔乳房周围毛的现象，并且由于胎儿的生长发育，母貂腹部增大的现象逐渐显现出来。这时活动减少，喜静卧在小室内，以异常的外界环境的刺激和饲料品质改变及饲料成分变换敏感性增强，突然的惊恐或不小心混入变质饲料，极易造成母貂流产或胚胎被吸收。

四、母貂产子哺乳期

对某一只母貂来讲，从母貂产子开始，到仔貂断奶分窝为他的产子哺乳期。时间为40～50天。由于母貂妊娠期长短差别较大，母貂头与头之间产子哺乳期也不一致。在正常饲养管理条件下，水貂产子是从4月20日左右开始，到5月末结束。产子旺期集中在4月25日至5月5日。因此生产实践中，把4月末到6月初列为产子哺乳期进行管理。

产子哺乳期的前一段时间，对母貂群来讲是产子和妊娠交织存在的。在饲养管理上一定要兼顾两者的需要，防止顾此失彼的现象。

母貂的预产期为47天±3天，产子哺乳期的生理特点为：母貂临产前骨盆韧带松弛，子宫颈松弛并缩短，分泌物增加，阴道黏膜充血，阴门浮肿，其抗病力下降。在产子和产后的一段时间里，生殖道处于松弛开放状态，容易被感染。因此，在管理上应引起注意。

母貂产子后很少出来活动，整天卧在小室中给仔貂哺乳，使体温尚不恒定的仔貂保持较恒定的体温，迅速生长发育。由于仔貂的存在，使产子母貂的母性变得非常强，对周围环境变化警惕变得很强，整天不离仔貂，就是出小室吃食，也有后顾之忧，吃几口就赶紧跑回小室。

五、成年貂恢复期

成年貂恢复期新陈代谢水平是全年最低的，这时期食欲差，吃食少，体重降到全年最低水平。成年公貂待 4 月当配种工作结束即进入恢复期，到 9 月下旬秋分结束，历时近 6 个月；母貂从泌乳期结束进入恢复期，至 9 月下旬秋分时结束，历时近 4 个月 但是恢复期正是夏季，气温高的时期，细菌繁殖、容易引起传染性疾病，是这一时期应高度重视的。

六、幼貂育成期

幼貂的代谢特点是同化作用大于异化作用，生长发育快，体重增加很快，尤其以公貂最为明显，但仍然可以看出有几个不同阶段，在不同的阶段中有时生长特别迅速，有时比较缓慢，而且各阶段又有不同情况。

在正常饲养管理条件下，分窝后的 50～60 天内，即 7 月底以前，幼貂的食欲非常旺盛，生长发育最迅速，这个时期是决定水貂体型大小的关键时期。如果在此期重视给仔貂补饲工作，到 7 月中下旬幼貂的体长接近成年貂。分窝后的 60～90 天，即 7 月底至 8 月底，天气炎热，食欲有所下降，生长发育速度相对比较缓慢。分窝后的 90～110 天，即 9 月上旬与中旬，皮肤内形成冬毛的“胚胎毛”，这时的天气凉爽，育成貂食欲回升；分窝后的 110～130 天，即 9 月下旬到 10 月上旬，冬毛生出，夏毛脱落，生殖系统发育。分窝后的 130～180 天，即 10 月中旬到 11 月底，是冬毛生长和成熟的时期，此时生殖系统的发育也开始加快。

仔貂从出生到冬毛成熟,其毛绒脱换要经过3次。第一次是胎毛换成初期毛绒,第二次是初期毛绒换为夏毛,第三次是夏毛换成冬毛。其冬毛的生长发育与成年貂相同,但成熟期比成年貂晚一些。

第二节　种貂各生理时期的饲养管理

一、准备配种期的饲养管理

(一)准备配种期的饲养

准备配种期历时近半年之久,饲养要分三个阶段,即准备配种前期、准备配种中期和准备配种后期。

1.准备配种前期饲养

此期饲养工作主要任务是增加营养、提高膘情。因为成年貂夏季给仔貂断奶后天气就热了,母貂此时体质偏廋,又因为天热食欲不好吃食不多,在夏季偏瘦的体质没有得到恢复,到9月下旬天气凉爽食欲恢复,所以应是给种貂补充营养的时候了。这时又是成年貂脱掉夏毛掉冬毛的时期,需要营养水平高的饲料,及时满足它们的营养需要。故这时应提高饲料的营养标准和动物性饲料的比例。此时日粮标准应达到1 172~1 339.8千焦,其中动物性饲料要达到70%左右,而且要由两种以上动物性饲料组成。日粮总量每头达到400克,其中蛋白质含量在30克以上。

2.准备配种中期的饲养

该时期应该在冬至前后1个多月的时期内。前期饲养已给种貂补充了大量的营养,这时应该关注种貂体况调整的情况。如果种貂群体偏瘦,这时应该在原饲料营养水平的基础上适当再增加点脂肪含量高的饲料,或原有的饲料营养水平每日适当增加点投饲量,使种貂群体况达到中等偏上的水平,便于越冬时消耗。如果前期饲养一段时间后种貂群体况偏肥,应把每天的日粮投饲量再减一些,待体况恢复到中等时,再适当增加点量,保持种貂群体况既不过肥,也不偏瘦,达到中等水平。饲养种貂不能采取一个模式、一个营养标准或一

直投一定的饲料量，而应该根据种貂群的体况调整日粮配方或调整投饲量。对每头种貂来讲，投饲量也应灵活掌握，偏瘦的个体，每天日粮应多投一些，让其慢慢达到中等体况；偏肥的每日稍减点投饲量，使其慢慢降至中等体况。体况调整好以后，要维持下去，动物性饲料的比例一定不能低于70%，蛋白质供应量每只种貂每日一定要达到30克以上，每日投喂量要根据种貂的体况和吃食量灵活掌握。

3.准备配种后期的饲养

在中期调整好体况的基础，重点仍然是关注体况，1月十分寒冷的情况下，要保持体况偏上，有利于抗寒。特别是1～2月是种貂生殖器官和生殖细胞（精子、卵子）全面发育成熟的阶段，饲料中蛋白质要全价，还要有足够量的多种维生素。此时日粮标准应为：热量921～1 046.7千焦，其中动物性饲料占75%，而且动物性饲料以肉类、鱼类为主，再加少量动物内脏和蛋类、乳类，谷物性饲料降至20%～22%，蔬菜类占2%～3%。此外，每只每日还应供给鱼肝油1克、酵母4～6克、棉籽油1克、大葱2克、食盐0.5克，这些补充饲料可以补充维生素、微量元素。也可以用复合维生素代替，但往往维生素A、维生素B_1、维生素E不足，用时要核对量够不够。饲料日投给量为250克/头，蛋白质日供给量为30克/头。

因准备配种期大部分时间是在寒冷季节，为防止饲料冻成冰块，影响种貂采食，一般1日投喂2次，早饲占日粮的40%，晚饲占60%，不能日喂1次。投食时饲料是热的，水貂吃完食还不会结冻。

（二）准备配种期的管理

1.种貂体况鉴定与调整

种貂身体肥和瘦都影响繁殖力，只有健康的体质、肥瘦适中的体况才能发挥其较高的繁殖力。因此，在准备配种后期，尽可能达到全群种貂普遍达到中等体况。公貂达到中等偏上，母貂中等略偏下。

（1）体况鉴定　体况鉴定有3种方法：目测、称重、指数测算。

1）目测法　逗引水貂扒住笼网立起进行观察，中等体况的腹部平展，或略显有沟，躯体前后匀称，运动灵活自然，食欲正常。过瘦的后腹部明显凹陷，躯体显得细，脊背隆起，肋骨显明，多做跳跃式运

动，采食很快；过肥的，后腹部圆、突出，甚至脂肪堆积下垂，行动笨拙，反应迟钝，食欲不旺盛。此法每周检查一遍。

2）称重法　1～2月应每半月称重1次。一般体型的公貂中等体况时，体重应有1 800～2 200克，全群平均2 000克左右；母貂应为800～1 000克，平均850克左右，如果公貂超过2 200克，母貂超过1 100克视为过肥。如果公貂平均不足1 700克，母貂平均不足700克，视为过瘦。这些年很多养貂场加强选种选育，各场貂群体型大小可能有所差异，各场根据自己的情况可自定指标。

3）指数测算　即用单位体长的重量来确定体况。计算公式为体重指数$=\frac{\text{体重（克）}}{\text{体长（厘米）}}$。统计表明，母貂临近配种之前的体重指数为24～26克/厘米，其繁殖力最高。这一方法在我国一些貂场也得到了验证。

（2）体况调整　体况鉴定后应对过肥、过瘦的个体分别做出标记，并分别采取减肥与追肥措施，经过减肥或追肥使其达到中等体况。

1）减肥办法　主要是采取措施使种貂增加活动量消耗脂肪。如人工逗其运动；迟喂饲料刺激它活动；减少饲料投喂量；1周减喂食2～3次，减少其吃食量；撤出小室垫草，让其受冷消耗热量。

2）追肥办法　主要是增加日粮中优质动物性饲料比例或日粮总量，也可以单独补饲，使较瘦的个体吃饱、吃好。同时小室内垫草要充足，保暖性能好，减少种貂体能消耗。因病消瘦者，要从治病入手进行追肥。

中国农业科学院特产研究所科研人员在研究和生产中总结的经验是：每次投食量要与种貂的活动和光照结合。即从元旦起减少日粮中蔬菜和谷物饲料的量，降低饲料体积，促进种貂运动，从而降低其肥度。每次投食时饲料的投给量视种貂在网上运动、寻食的状况来决定。喂食前1小时大部分种貂走出小室在笼网上活动觅食，说明上一顿投食量适宜，这一顿投食时还投给正常量；喂食时种貂待在小室内不出来，说明上顿投食量太大，这次喂食前还没有饥饿感，所

以这次投食量就应该小些；如果种貂很早就在笼网上寻食，饲养员喂饲时有扒咬食勺的饥饿表现，说明上一顿投食量不足，这次就要多投一些。

2. 增加光照和运动

(1)光照管理　水貂的准备配种期是从头一年昼夜时间相等的秋分开始的，逐步到日照时间最短的冬至，然后再慢慢回升到昼夜相等的春分。当白天日照时数达到 11.5 小时时，就有发情的母貂，配种工作就开始了。白天日照时数达到 12 小时时，配种旺期已过，配种工作即将结束了。因此在管理上要注意两个方面：一是既不可人为地延长光照时间（如日落后开灯照射），也不能人为地缩短光照时间（如把貂棚建在日光照射不完全的地方），否则都会抑制性腺活动，阻碍水貂生殖系统的发育成熟，造成生殖规律紊乱。表现为受配率低，大批的母貂失配和空怀。二是在不改变光照周期的前提下，相对增加光照强度，使种貂多受到直射的太阳光照，或在阴雨天里光线弱的情况下，可以在应该有阳光的时段内打开貂棚内的灯增加光照。在光照时间里增加光照强度，能提高种貂新陈代谢速率，促进性腺活动，对生殖是有益的。

(2)运动　在寒冷的冬季，种貂常常是采食完了就钻入小室静卧或睡眠，很少出来活动，这时如果饲料营养水平高，种貂很容易肥胖；如果饲料营养条件差，则会形成瘦弱的体质。这两种情况对发情配种都是不利的。故饲养员经常引逗貂运动，增强体质，能保证其正常参与配种。

3. 加强异性刺激

水貂达到性成熟后，通过雌雄个别接触，加强异性刺激，能提高中枢神经兴奋性，增强性欲，明显提高公貂的利用率。方法是从配种前 10 天开始，每天把发情的母貂用串笼箱送入公貂笼内，或将发情母貂放入公貂相邻笼内，即可通过视觉、听觉、嗅觉等相互刺激，促进母貂发情和公貂性欲。但是，异性刺激不能过早开始，因母貂在春分前配种愈早产子率愈低；公貂刺激过早，性冲动期提前，到配种旺期食欲下降，体质降低。

4. 做好母貂发情检工作

种貂产子率高低与配种时间早晚关系很大，能否做到适时配种，在很大程度上取决于能否准确掌握种母貂发情周期变化规律。因此，发情检查就成了一项十分必要的工作。

据生产中观察，种母貂从1月起开始陆续发情，但必须到3月初方可配种。在1～2月进行发情检查的目的，一是弄清每只母貂的发情时间早晚和周期变化规律，掌握放对配种时机，避免由于急切追求进度盲目放对所造成的拒配、强制交配、咬伤、失配、空怀、低产等不良后果；二是提早发现由于饲料营养和环境条件失调所造成的生殖系统发育不良，能及时采取弥补措施，从而减少空怀的比例。

检查的方法是，从1月起，趁貂群活跃的时候，每周观察一次母貂的外阴部变化，并逐个记录。在正常饲养管理条件下，在1月末母貂发情率能达到70%左右，2月末能达到90%以上。如果1～2月发现大批母貂无发情征兆，则很可能饲养管理上存在某些问题，必须立即查明原因，及时加以改进。

5. 其他管理工作

(1)做好选配方案　根据选配原则，做出选配方案和近亲系谱备查表，大型养貂场应做出配种方案。

(2)准备好配种登记表　准备好配种登记表，以备配种时进行登记作存档用。另外，还要做配种标签，用以临时贴在小室上。

(3)准备好各种工具和物品　如捉貂手套、捕貂网、捕貂笼、串笼、显微镜、记录本等。

二、配种期的饲养管理

(一)配种期的饲养

1. 日粮配合

配种期水貂性活动加强，由于情绪激动而食欲下降。但是此时又是营养消耗量最大的时期，特别是公貂最为突出。因此，日粮必须具备营养全价、适口性强、容积较小、易于消化的特点。其热量标准按837～1 046.7千焦，动物性饲料占75%～80%，其中应由鱼、肉、肝、蛋、脑、奶等多种优质饲料组成。谷物性饲料降至20%～22%，

蔬菜或加入2%左右或不加。此外，每日每头种貂还应添加：鱼肝油1克、酵母5～7克、维生素E 2.5毫克、维生素B_1 2.5毫克、大葱2克、食盐0.5克。日投喂量不宜超过250克，但饲料蛋白质含量必须达到30克。

对配种力强，或体质弱的公貂，每天中午还应单独补饲优质饲料80～100克，以保持它们的配种能力。如有配种力强而又食欲不振的个体，可用少量鸡蛋、禽肉、鲜肝、鱼块等加少量葡萄糖诱食，不使其体质垮下来。

2. 饲喂制度

配种期白天饲养人员忙于放对配种，所以投饲时间要进行调整，合理安排。一般是配种期的前半期，早晨投喂饲料，喂后休息半小时放对配种，中午补饲一次。下午先放对配种，在饲养员下班以前投喂饲料。在暖温带地区，在配种期的后半期，天气较暖，中午就有些热了，可在早晨趁凉爽之时，先放配种后再投食喂饲，中午补饲。下午放对配种时间和晚上投食喂饲时都向后推移。无论投饲时间怎么安排，都必须保证水貂有一定采食和消化时间。早饲后1小时内不宜放对，中午应让种貂休息2小时以上，不宜开灯喂饲和放对，以免因增加光照时间，引起种貂发情紊乱，造成失配和空怀等不良后果。

3. 保证种貂充足的饮水

种貂在配种时体力消耗很大，容易引起干渴，特别是放对配种结束后的公貂，更为需要。所以种貂饮水缸里要始终有清洁卫生的饮水。

(二)配种期的管理

1. 搞好清洁卫生工作

此期在暖温带天气已转暖，气温升高，微生物繁殖加快。所以，此时必须做好貂场的清洁卫生工作。如搞好食具、笼具和地面的清洁卫生工作，防止微生物滋生引发水貂生病。

2. 防止逃跑

配种期每天都要捉貂放对，加之这时种貂情绪激动，容易逃跑。管理人员应特别注意检查笼和小室以及貂场的防逃设施，发现问题及时修理，防止水貂逃跑。

3. 区分是发情冲动还是发病

配种期由于性欲的冲动，种貂食欲降低，因此这一时期的管理要特别注意对种貂的观察，正确区分食欲下降是性欲冲动引起的还是疾病引起的。若是疾病引起的应及时对症治疗。

4. 配种工作要注意两个“不可”

(1)不可强制放对交配　由于母貂有周期性发情的特性，只有发情期交配才能排卵受孕。如果不在发情期，饲养员急切追求配种进度，采取强制交配措施而进行放对，很容易造成母貂被咬伤，出现失配或死亡。即使强行配上了，也很难受孕。

(2)不可频频放对　母貂具有刺激排卵的繁殖特性，除交配刺激外，公貂追逐母貂或爬跨母貂，均刺激母貂排卵，所以频频放对有可能干扰母貂排卵，影响受孕产子。同时也容易引起相互咬伤和失配。

5. 小室要添加垫草

寒温带地区在水貂配种期天气还比较冷，为防寒保暖，要及时给种貂小室增加垫草，确保水貂不受冻；温度变化比较大的貂场，也要在配种期给种貂小室添加垫草，以防小室潮湿寒冷引发感冒等疾病。

三、母貂妊娠期的饲养管理

母貂妊娠期饲养管理的好坏，是这一年养貂生产成败的关键。饲养管理的中心任务是做好保胎工作，保证胚胎正常生长发育。保胎对水貂来讲具有突出的意义，因为水貂不仅延迟着床期里易造成胚泡被吸收，而且在胎儿发育期里也能发生胚胎被吸收或胎儿流产。因此，全面地做好饲养管理工作，才能保胎，才能使胎儿正常生长发育。

(一)妊娠期的饲养

1. 日粮配合

妊娠期母貂营养消耗很大，这期间吸收的营养物质不仅要维持自身的基础代谢，而且还要为胎儿的生长发育、产后泌乳贮备营养和春季换夏毛所消耗。因此，日粮必须具备营养全价，品质新鲜，成分稳定，适口性强的特点。其热量标准可定为：921～1 088.6 千焦，前半期要低一些，后半期要高一些。动物性饲料要达到 75%～80%，

而且由多种优质原料组成，谷物饲料可占18%～20%，蔬菜占1%～2%。此外，还要按每天每头母貂加喂鱼肝油1克、酵母5～7克，维生素E 5毫克、维生素C 25毫克、骨粉1～2克、食盐0.5克。每日饲料量前半期250克，后半期300克，蛋白质含量30克。

2. 饲养要点

(1)饲料要新鲜　母貂妊娠期的饲料必须新鲜，绝不能混入腐败变质、酸败发霉的饲料。否则，会造成母貂拒食、下痢，如果貂群中出现这种个体，就会引起患貂出现流产、死胎、烂胎、大批空怀和大量死亡等严重后果。

(2)妊娠期的动物性饲料绝不能激素含量过高　有些养貂场用畜禽下脚料做动物性饲料。其中混有带甲状腺的气管、雌性激素催肥畜禽的下脚料等，这些激素能干扰母貂体的孕激素，导致孕貂流产。

(3)结束配种后对公貂追肥恢复体况　公貂在配种期体能消耗最大，加上性欲冲动采食量小，体重会有所下降。所以，在结束配种后的15～20天内，公貂跟随母貂吃妊娠期的饲料，待体质恢复后给其喂静止期的饲料，否则下一年配种能力会下降。

(4)必须保证供给清洁饮水　妊娠期气温日渐增高，貂的饮水量增加，饮水缸中应不断清洁卫生的饮水，随时可以饮用。

(二)妊娠期的管理

妊娠期管理的要点是为母貂创造一个安静、舒适的环境，使胎儿正常生长发育。必须做好以下几方面的工作：

1. 适当控制体况

妊娠期日渐温暖，加之母貂妊娠后活动减少，易出现肥胖，肥胖容易出现难产、产后无奶或奶汁不足、仔貂死亡率等不良后果。故妊娠母貂在4月5日以前必须供给少而精的日粮，以控制体况保持在中等，防止过肥。

2. 防止母貂出现惊恐

进入妊娠期，饲养员操作动作要轻，也不要在貂场内乱串或大声喧哗，谢绝外人参观，严防其他动物进场。为给妊娠母貂形成习惯，不致惊恐，产子期的值班工作从妊娠期就开始，使其养成不怕人的习惯。

3.做好产子小室的保暖工作

小室内从母貂妊娠开始就要保持清洁卫生、干燥、有充足的垫草，产子箱如有缝隙这时就应糊好，让母貂有一个温暖舒适的环境，也为产子打好基础。

4.适当增加光照

妊娠期已进入长日照时期，此时适当延长光照时间或增加光照强度，对胎儿生长发育是有利的。因为光通过视神经反射到神经中枢，能促进丘脑下部促黄体素释放激素的分泌和活性，促进脑下垂体分泌促黄体激素，增加黄体酮的产生和分泌，这对促进胚的着床和生长发育都是必要的条件。能缩短妊娠期、提高产子率。每天增加光照时间1.5小时，但不是光照时间愈长愈好，更不能让貂棚经常有长明灯。

5.搞好清洁卫生

随着温度的升高，环境中微生物繁殖也在加快，为保证貂群健康，应注保持貂棚、貂笼、食盆、水缸的清洁卫生。貂笼、貂棚每天就要进行打扫，食盆、水缸每天都要清洗，保持清洁卫生。

6.做好防流产工作

经常观察母貂群，如发现哪个母貂有流产征兆的，及时注射甲羟孕酮，每只每日注射10毫克，先注射3～5日，以后维持量滴入饲料喂，每日8毫克，分早、晚2次滴入饲料，早晚各滴4毫克。

四、母貂产子哺乳期的饲养管理

(一)预产期、临产征兆、产子过程

1.预产期

水貂妊娠期虽然差距较大，但是生产统计资料证明，在正常饲养管理条件下，多数为47天±3天。预产期是母貂最后一次受配日期加上47天±3天，并结合妊娠和临产征兆加以确定，还是较为准确的。

2.临产征兆

临产前7天左右开始自拔乳房周围的毛，露出乳头；临产前2～

3天，母貂粪便由长条状变为短条状。临产时就不再活动了，躲在小室内时时发出“咕、咕……”的叫声，行为不安，有腹痛的行为表现，有做窝现象。产子前1～2顿不吃食。

3. 产子过程

母貂产子正常情况下，先产出仔貂的头部。产出仔貂后母貂立即咬断仔貂的脐带，吃掉胎盘，舔干仔貂身上的羊水。产后2～4小时，母貂排出油黑色的胎盘便，这是判断母貂是否产完子的标记。正常产子过程一般是2～4小时，快的经产母貂1～2小时就产完子。一般初产母貂产子慢，慢者长达6～8个小时，超过8小时者都视为难产。

（二）产子哺乳期的饲养

1. 日粮配合

产子哺乳期是妊娠期和哺乳期的总称。这一时期种貂群有妊娠的个体，也有临产的个体、有泌乳的个体，没发情受配的和空怀已进入恢复期，情况比较复杂。产子早的仔貂已过渡到吃奶和兼食饲料，成年貂全群继续换毛，是母貂消耗营养最多的阶段，饲料供给是全年最高的时期。

据研究报道，1～10日龄的仔貂日平均每只吮乳4.1克；10～20日龄的仔貂，日平均每只吮乳5.3克。母貂产子后1～10天平均日授乳28.8克；10～20天平均授乳32.2克，所以母貂对蛋白质、脂肪、矿物质和维生素等营养物质都很需要。日粮配制必须具备营养丰富而全价，饲料新鲜而稳定，适口性强、宜于消化的特点。因此，母貂日粮中热量应按1 004.8～1 088.6千焦供给，仔貂所需的部分另外计算加入。日粮中的鱼、肉、肝、蛋、乳等优质动物性饲料应占80%，谷物性饲占18%～20%，蔬菜可以不加。另外，维生素A每日每只供给量应在1 500～2 250国际单位，酵母5～8克、骨粉2克、食盐0.7克、维生素C 20～30毫克，每只日粮总量达到300克以上，其中含蛋白质30～40克。

2. 饲喂制度

日常养貂1日投饲2次，母貂哺育仔貂期间最好1日投喂3次。

另外，对日龄大一些的仔貂应及时给予补充饲料。此时饲料的颗粒要小，浓度要小一些，但必须使母貂衔得住去喂仔貂。饲喂时要按产期早晚、仔貂数量多少合理分配饲料，切忌平均分配。

3. 仔貂补饲

（1）对没吃上初乳的仔貂抓紧人工喂养　对产后数小时，因某种原因还没吃上奶的仔貂，可用牛奶、羊奶或奶粉，经煮沸灭菌，加适量鱼肝油，滴喂，然后尽快送到母貂窝内，让其抚养。由于家畜常乳缺少母貂初乳所富含的球蛋白，清蛋白和含量高的维生素 A 和维生素 C、镁盐、卵磷脂、酶、免疫抗体、溶菌酶等复杂成分，故单纯靠牛奶、羊奶哺喂仔貂是不容易成活的。

（2）对同窝仔貂数量多的仔貂补饲　对同一窝仔貂数量多，20 日龄以上的仔貂，在母乳不足的情况下，可用鱼、肉、肝脏、蛋糕、乳处理好了以后再加适量鱼肝油、酵母进行补饲，每日 1 次。但不要全群仔貂普遍都喂，也不要一日多喂饲，以防仔貂吃饱后不吮母乳，造成母貂因胀奶出现乳腺炎。

4. 保证供给充足饮水

乳中不仅有丰富的营养，还含大量水分，母貂在泌乳期必须饮用大量的水，保证水的代谢。所以泌乳期必须供给母貂充足的饮水。

（三）产子哺乳期的管理

1. 昼夜有人值班

在产子期貂场必须安排人昼夜值班，值班人员不停地在貂棚内巡视和监听，发现母貂产子，及时给其添加清洁卫生的饮水；发现仔貂产在小室外，受冻，及时捡起暖过来，防止冻死；发现难产的要实施催产或助产术。但这些活动必须保证场内安静。值班人员 2 小时巡查一遍，不能隔时间太长。

2. 注意天气骤变

产子哺乳期在北方天气刚转暖，会经常出现突发性大风降温，所以要注意在小室中加足垫草，以利保暖。在温暖地区（暖温带）垫草不宜很多。遇有大风雨天气，要及时在貂棚逆风一面加以遮挡，以防寒流侵袭仔貂，招致感冒继发肺炎，引发大批仔貂生病。

3. 保持环境安静

产子母貂怕惊，突然的惊动引起母貂惊恐时，母貂会弃子或咬伤仔貂甚至吃掉仔貂。所以产子哺乳期必须避免貂场内及附近有大的声响或大的振动，保持貂场安静。饲养员工作也不能有大的声响；场内也不能晒红红绿绿的被单、衣物等，否则在有风的情况下红绿衣物随风飘扬，也能引起母貂惊慌。

4. 搞好貂场的清洁卫生

仔貂在补饲以前所排的粪便都由母貂舔食。20 日龄前后开始给它们补充人工饲料，这时母貂就不再舔食仔貂的粪便。从此时起，一方面仔貂将粪便排在小室内，另一方面母貂经常往小室内叼饲料喂仔貂，会把饲料掉在小室内。这时气温渐渐升高，各种微生物滋生，容易引起疾病。所以，必须搞好小室卫生，及时清除粪便、剩食、湿草等污物，保持清洁；同时食具、饮水缸要经常清洗和消毒，避免发生传染病。

5. 几种水貂常发生的疾患的处理

(1)母貂难产　对只有产子动作不见胎儿产出的难产母貂，可注射垂体后叶素催产，每只每次 0.2 毫升，2 小时仍不产，再重复注射 1 次，再不能产出时，可实施助产或剖腹产。有的母貂胎儿娩出一段而又久久不下，可将母貂取仰卧位保定，随其努责缓缓拉出胎儿，擦净其口鼻，将先产出的一端向上，伸屈其身躯，使其恢复呼吸，同时摩擦其身体表面，促进血液循环，可以救活。

(2)仔貂红爪病　将牛、羊鲜乳加热煮沸消毒，晾至 30～40℃时，加入维生素 C 滴喂仔貂，每天喂给维生素 C 50～100 毫克，数日可治愈。

(3)脓疱病　仔貂体表有时起小脓疱，治病的方法是将脓疱挑破排脓，再将红霉素软膏涂在其上。同时每天给母貂饲料中加入琥珀酸氯霉素 20 毫克，可挽救大多数患貂。

五、种貂恢复期的饲养管理

种貂恢复期饲养管理的目的，是使种貂群在繁殖过程中的体质消耗得到恢复，为下一个年度的再生产打下良好基础。

(一)种貂恢复期的饲养

公貂和母貂恢复期长短不同。公貂配种期结束就进入了恢复期;母貂经过妊娠期、产子哺乳期到仔貂断奶分窝后才进入恢复期,时间相差3个月左右。在饲养上,公貂和母貂都分两个阶段。

1.进入恢复期前段的饲养

种公貂结束配种后20天以内;种母貂哺育的仔貂断奶分窝后20天以内,公貂仍然喂给它们配种期的日粮营养标准和投饲数量的日粮;种母貂仍然喂给它们哺乳期日粮标准和投饲数量的日粮。待它们的体质恢复正常后再喂给恢复期的日粮。

2.种貂恢复期后一阶段的日粮

种貂恢复期后一阶段的日粮供给有两种设计方式:一种是饲料营养标准低于幼貂,投给正常的饲粮量;第二种是饲粮营养标准与幼貂相同,可以一起加工饲料,但每日的投饲量低于幼貂。现将种貂恢复期日粮配方介绍如下:

表5-1 种貂恢复期日粮标准

性别	总热量(千焦)	各类饲料所占比例(%)			营养成分供给量(克)		
		动物性饲料	谷物类饲料	果蔬菜饲料	蛋白质	脂肪	糖类
公貂	753.6～1 004.8	60	32	8	16～24	3～5	16～22
母貂	586.0～837.4	60	32	8	13～20	2～4	12～18

(二)种貂恢复期的管理

1.供足饮水

进入恢复期已到天热的季节,要供足清洁的饮水,保证水盒内随时都有水。6～8月天气炎热,微生物滋生很快,为防水貂发生肠道疾病,饮水中每隔1周左右都要加0.01%的高锰酸钾,连饮2天,或加其他对肠道有预防和治疗效果的抗生素类。

2.加强卫生管理工作

夏秋季天气炎热,饲料容易变质,各种饲料都要妥善保管,防止腐败变质。饲料加工前必须洗涤干净,肉类必须要煮熟,灭菌后再

用。各种工具、食具要保持清洁卫生，经常消毒。笼、貂棚地面要随时清扫、洗刷，粪便每天都要清理。

3. 搞好防暑工作

夏季要搞好防暑工作，特别是中部以南地区的养貂场；防暑工作更为重要。供给充足饮水；貂棚要遮阳，防止太阳直射；加强通风等。

六、幼貂育成期的饲养管理

（一）幼貂生长发育特点

仔貂从40～50日龄断奶转为全部以饲料为食，至9月末育成，这一阶段称为育成期，此阶段实为幼貂阶段。9月末以后若选为后备种貂则进入准备配种前期和换毛期。育成期由于营养物质和能在体内以动态平衡的方式积累，使育成貂组织细胞在数量上迅速增加，使其迅速生长发育，尤其在40～80日龄，是出生后生长发育最快的阶段，到9月末体重接近成年水貂。此期的幼貂新陈代谢旺盛，同化作用大于异化作用，蛋白质代谢呈平衡状态，因此，对各种营养物质，尤其对蛋白质、矿物质和维生素的需求量极为迫切。

（二）冬毛生长期的生理特点

9月以前幼貂主要是生长骨骼和内脏，进入9月转变为主要生长肌肉，沉积脂肪，同时随着秋分后日照时间变短，将陆续掉夏毛，长出冬毛。此时水貂新陈代谢水平仍然很高，蛋白质代谢仍呈正平衡状态。水貂肌肉中含蛋白质达到25.7%，含脂肪达到9.3%。毛绒则是角质化的蛋白质，故这时水貂对蛋白质、脂肪、维生素、微量元素的需求量仍是较高的。据研究，此时水貂每千克体重每日需要可消化蛋白质27～30克。尤其需要构成毛绒和形成色素的必需氨基酸，如胱氨酸（占毛皮蛋白质的10%～15%）、蛋氨酸、半胱氨酸和不含硫的苏氨酸、酪氨酸、色氨酸，还需要必需的不饱和脂肪酸，如十八碳二烯酸（亚烯酸）、十八碳三烯酸（亚麻酸）、二十碳四烯酸和磷脂、胆固醇，以及铜、硫等元素，这些都必须在日粮中满足供应。

（三）幼貂的饲养

幼貂期是生长发育最快的时期，饲料中热能要高，动物性饲料含最也要高，其日粮标准为：热能837.4～1 172.3千焦、动物性饲料应占75%左右，其中由小杂鱼、畜禽屠宰副产品、鱼粉等组成，谷物饲料占20%～23%，蔬菜可以不用，但维生素、微量元素添加剂每头每日平均0.5～0.7克，或补喂鱼肝油0.5～1克、酵母4～5克、骨粉0.5～1克，维生素E 2.5毫克、氟哌酸10毫克。总饲料量开始时200克，逐步增加到350克，日粮蛋白质含量达到25克以上。

幼貂育成期正是盛夏酷暑，饲料容易酸败，要严防幼貂采食变质饲料而引发各种疾患。因此这时如从外面采购鲜动物性饲料或冷冻动物性饲料都要严把品质关。另外，这一时期饲料不能在自然温度下放置时间过长，在喂饲制度上要改变，由原来的日投食两次改为日投食3次，每次投食量减少了，很快被吃完，可防止饲料酸败，如果在1小时内饲料吃不完的可以及时将剩食撤走，这是减少疾病的有效措施。

（四）幼貂的管理

1. 及时断奶分窝

仔貂40～45日龄就应及时断奶分窝。过早或延迟断奶对母貂和仔貂都没有好处。断奶前饲养人员就应该做好貂棚、貂笼的修缮或建造，对原有的笼子要做好检修、清扫，消毒等准备工作。断奶分窝的方法是：一次性全窝仔貂都断奶，断奶后同窝、同性貂2～3头放在一个笼内，适应7～10天后分成单笼、单只饲养。

2. 做好后备种貂的初选工作

这一部分的内容，在育种部分要系统讲，这里不再详细介绍。

3. 搞好卫生防疫工作

这一时期天热饲料容易变质，饲养工作要特别注意避免幼貂采食变质饲料。为此，要做好以下几方面工作：①饲料加工工具和饮水具要天天清洗、定期消毒，以防滋生微生物。②饲料加工室和貂棚内要每天清扫，保持经常性清洁卫生，对蚊蝇、老鼠等要尽力消灭，以防把病原体传播在饲料上，引起幼貂胃肠炎、下痢、中毒等疾病发生。③经常保持水槽里有清洁卫生的饮水。④保持貂棚内通风良好，预防高温中暑。⑤断奶分窝稳定后，要及时注射犬瘟热和细小病毒疫苗，防止烈性传染病发生。

总之，幼貂育成期饲养管理好坏，可定期称重来判断，各月初幼貂的体重如表 5－2，每次月初称重后与表 5－2 对照，评价饲养管理工作的好坏。

表 5－2　幼貂平均体重指标　　单位:克

日期	7月1日	8月1日	9月1日	10月1日	11月1日
公貂	750	1 130	1 450	1 650	1 800
母貂	570	730	890	940	1 000

第三节　怎样提高饲养商品貂的经济效益

商品貂体型大小决定着皮张大小和售价高低，因此应把培育体型大、毛被品质好的商品貂作为主要目标。

(一)选择培育体型大、毛被品质好的种貂

该部分内容在育种章节给以介绍，此处不再叙述。

(二)褪黑激素在商品貂育成中的应用

1. 褪黑激素的发现

褪黑激素(Melatonin)简写 MT 或 MLT。化学名称为 5－甲氧基－N－乙酰色胺。Ierner 等人 1958～1959 年从牛的松果体中分离出的一种物质。因能使两栖动物和鱼类的色素细胞中的色素颗粒凝聚，从而使皮肤的颜色变浅，故取名为褪黑激素。

动物体内的褪黑激素的生物合成有很严密的昼夜节律性，同时也受人工光照与黑暗的影响。通常在凌晨 0～2 时，生物合成达到高峰，此时松果体中 MT 的含量最高，而以后逐渐减少，至中午 12 时降至最低。血浆中 MT 的含量也有昼夜节律性变化，如大鼠血浆中的 MT 午夜时为 15 微克/毫升，白天仅有 10 微克/毫升；家兔脑脊液中的 MT 含量，夜里比白天高达 17 倍；其他哺乳动物也有昼夜的节律性。

2. 褪黑激素的应用

MT 的发现引起了科学家对该激素的浓厚兴趣。大量研究资料表明:MT参与毛皮动物换毛、生殖及其他生物节律和免疫机能的调节,具有镇静、镇痛的作用,并展示了在医药、化妆品、畜牧业、野生动物养殖业商业应用前景。

早在1969年Rust报道了他们使用外源性MT促使扫雪(一种毛皮动物)冬皮提早成熟的试验结果,揭示了MT对毛皮动物季节性换毛的调节作用。我国科研人员孔庆松(1995、1996)、柳建昌(1994、1995、1997)相继报道他们应用MT促进水貂、貉、狐等冬皮提前成熟和绒山羊在非生绒季节促绒生长的结果,显示了明显的经济效益。

不考虑性别和年龄的因素,用MT处理水貂,其夏毛脱落和冬毛生长的时间比对照组早,冬毛在10月中旬完全丰满,比不用MT处理的水貂提早6周左右。试验还证明了,埋植任何剂量的MT都没有副作用或中毒迹象。肝、脾、肾等重要器官组织切片观察说明,任何剂量的MT都不会引起组织病理学变化。

水貂体内植入MT,能明显降低水貂的死亡率,试验证明可将死亡率由4%降低到0.69%。这与MT能增加机体免疫力、增强体质、提高对疾病的抵抗力有关。埋植MT后动物食欲增加,活动量明显减少,喜睡眠,与对照组相比,幼貂能首先达到标准体重。

我国1993年利用国产廉价化工原料人工合成MT成功,为MT的应用创造了有利条件。2010年又把MT应用技术列为毛皮兽养殖的首项重大技术。

用法与用量:厂家生产的褪黑激素栓剂,幼貂每只埋1粒。埋植用生产厂配给的埋植用注射器,埋植前针头彻底消毒,埋植部位在幼貂颈部皮下,先将埋植部位和针头用2%的碘酊消毒,一人保定被埋植的貂,另一人右手持注射器,左手提起埋植部位的皮,然后斜插入皮下,推出含MT的栓剂,拔出针头后将针头用碘酊擦拭消毒再注射下一头。

一般是在7月10日前后埋植,9月25日至10月5日就可以取皮。

（三）调控光周期可促使水貂冬毛提前成熟

1. 提前缩短光照时间可促进冬毛提前成熟

水貂季节性换毛是以光周期的变化为条件的。脱夏毛换冬毛是短日照反应过程，根据这一反应过程，用人工遮光的方法使育成貂得到短时照的条件。短日照条件通过视觉传给神经中枢，预示着短日照季节来临，不论这时是 7 月或 8 月，也不论气温有多高，它都立即开始冬毛的生长发育，并经过 80 天左右的时间，冬季毛皮就成熟。

比如 7 月 26 日开始控光饲养，7 月 26～30 日给予 12 小时的日照，以后每 5 天缩短 13 分日照。控光后 1 周左右，水貂的皮肤颜色发生改变，30 天后，全身冬毛的针毛都长出，控光 50～60 天，水貂的全身冬毛长齐，长绒蓬松光亮，皮肤多为青黑色或黑色，控光后70～90 天，因个体不同，皮肤颜色先后变成淡粉红色，冬毛皮成熟，80～90 天是取皮旺期，超过 90 天的，多为控光不严密或病貂。

2. 控光周期的时间安排

控制饲养可从分窝后的 20～40 天开始。首先给予 12 小时的日照。比如北纬 40°、东经 120°的地方，从 7 月 21 日控光饲养，这一天，当地的日照时数是 14 个小时 33 分，就应人工遮光 2 小时 33 分，为了工作方便，在下午遮光，7 月 21 日当地的日落时间是 19 时 24 分，遮光应在 16 时 51 分开始。此后，继续有规律地缩短日照。为了提高控制光周期促使毛皮提前成熟，按北纬 50°的光周期变化来缩短日照，每 5 天使光照时间缩短 13 分。7 月 26 日貂舍开始遮光，遮光开始时间是 16 时 38 分，到 7 月 31 日遮光开始时间就是 16 时 25 分了。

3. 控制光周期促使冬季毛皮提前成熟过程中的饲养管理

（1）饲养　随着冬毛的提前生长，应及时调整日粮配方，给能促进毛生长的饲料原料。因为控光饲养的水貂容易肥胖，在投喂饲料时可在正常饲喂量的基础上略减一些量。其他无较大改变。

（2）管理

1）遮光应注意的事项　遮光一定要严密，没有一丝漏光的地方。实践证明，遮光不严就得不到提前取皮的效果。在控光饲养过程中漏光，不但得不到提前取皮的效果，反而会降低毛皮品质。这一环节要特别注意。

2）卫生与通风　要特别重视清洁卫生工作，随时做好控光貂舍和笼内的清洁卫生工作；要千方百计地搞好水貂控光舍内的通风设备，不仅开通设备不漏光，而且关闭设备时也不漏光。保证貂舍内通风良好，空气新鲜。

4. 遮光培育育成貂的意义

（1）提高商品貂毛皮品质　实践证明人工控制光周期提前得到的水貂皮与正常饲养管理条件下得到的水貂皮相比，毛绒较为平齐，毛色较为均匀，光泽较好，张幅较大。

（2）降低了饲养成本　提前取皮能节省大量饲料，从而降低了饲养成本。

第六章　水貂的遗传与育种

内容导读

遗传的基本知识
水貂主要性状的遗传力和育种指标
水貂的育种措施

水貂育种是一项经常性的工作，每个貂场都在或多或少地进行着。例如，每年选留本场的后备种貂就是育种的一部分，有些貂场工作较精细，有些貂场工作较粗放，其实都应该在遗传理论的指导下，根据毛皮市场的需要和现有貂群品质及饲养管理条件，制定具体选育目标、选育采用的具体措施，不断提高本场貂群的品质，使养貂收到更大的经济效益。

第一节　遗传的基本知识

一、遗传物质

(一)脱氧核糖核酸

生物都能繁殖与自己相似的后代种群，这种机能称为遗传。不管多么高等的生物(植物和动物)它们都是从一个细胞发育起来的，因此人们认为在细胞内必定有某种物质起着遗传作用。目前已经知道这种物质就是脱氧核糖核酸(DNA)，由DNA构成细胞核内染色体的主要成分。遗传信息就存在于DNA的化学结构之中。构成DNA的单位是核苷酸，许许多多的核苷酸联合在一起，形成多核苷酸的长链，两条多核苷酸长链平行连接在一起，形成一条长的双螺旋形结构的长链，这就是一个DNA的巨大分子。

每一个核糖核酸是由一个磷酸分子、一个五碳糖分子和一个含氮碱基组成。在DNA分子中只有四个碱基：腺嘌呤(A)、鸟嘌呤(G)、胸腺嘧啶(T)、胞嘧啶(C)。腺嘌呤总是与胸腺嘧啶相连接，鸟嘌呤总是同胞嘧啶相连接。这四种碱基在DNA分子中的排列顺序就包含着遗传信息。DNA的两条长链是由两个碱基，通过氢键连在

一起。DNA的碱基不同排列顺序，决定着蛋白质合成后结构也不同，造成了蛋白质多样性。

DNA能复制产生核糖核酸(RNA)。RNA是另一种核糖核酸，不同于DNA的是，RNA所含的核糖不是脱氧核糖，而是核糖，碱基中不是胸腺嘧啶，而是尿嘧啶(U)，尿嘧啶总是同腺嘌呤连接。DNA生成RNA时，1条双链解开成为2条单链，以1条单链为模板，根据碱基的尿嘧啶同腺嘌呤相连接和胞嘧啶与鸟嘌呤相连接的原则，生成1条碱基也按一定顺序排列的RNA。这样RNA就把DNA上的遗传信息转录下来。RNA是单链的。RNA合成后由细胞核进入细胞质，在细胞质内的核糖核蛋白体上进行蛋白质的合成。RNA有三种，即信使RNA(mRNA)、转运RNA(tRNA)、核糖体RNA(rRNA)。这三种RNA作用是：tRNA把一定的氨基酸运送到核糖核蛋白体上，mRNA转录的DNA的合成蛋白质的密码，在核糖核蛋白体上翻译成蛋白质的结构，RNA和蛋白质一起组成核糖核蛋白体。

蛋白质是由20种氨基酸按不同顺序和数量构成的。mRNA的碱基顺序决定生成的蛋白质中氨基酸的数量和顺序。每3个碱基决定一个氨基酸。DNA中核苷酸顺序和蛋白质中的氨基酸顺序之间的关系称为遗传密码。mRNA把DNA上的碱基顺序转录下来，再按照mRNA的碱基顺序连接一个一个的氨基酸，把遗传信息翻译成蛋白质的多肽链结构。DNA所含的碱基顺序不同，由它生成的mRNA的碱基顺序也不同，所合成的蛋白质也不同。这一发现从分子水平上阐明了遗传机制。

DNA重要的特点是自我复制，每个DNA分子都可以再生成一个完全相同的DNA分子。复制的过程是DNA分子的双链解开，在每个单链上，新的核苷酸按照4种碱基连接的规则连接上去。按照这种方式，在每条单链上连接1条新的单链，形成新的双链螺旋式的DNA分子，并由1个DNA分子复制成2个完全相同的新DNA分子。通过这一过程把DNA的遗传信息传递给新的DNA分子。如果在复制过程中碱基排列顺序发生变化，DNA就会发生变异，也就

是发生了突变。

（二）染色体

DNA分子在细胞核中与蛋白质结合在一起，构成染色体，因此染色体在研究生物的遗传方面占有重要的地位。

每一种高等生物都有一定数量的染色体固定不变。水貂染色体数量为30条，15对。在遗传资料书写中常用"n"代表染色体的对数，$2n$代表染色体的数目。水貂染色体$n=15$，$2n=30$。每1对染色体的两条染色体链称同源染色体。水貂15对染色体中有14对同源染色体是形状和大小完全相同的，固定不变的，称常染色体。只有1对同源染色体大小不同，它们对决定性别起作用，所以称性染色体。水貂的性染色体有两种形状和大小，一种形状大，称x染色体；另一种形状小，称y染色体。当1对染色体都是x染色体（xx）时，这1头水貂发育为雌性；当1对染色体1条是x染色体，另1条染色体是y染色体，1对染色体为xy时，这头水貂发育成雄性。

（三）基因

基因是生物遗传最基本、最小的单位。基因的概念随着遗传学的深入研究而不断深化。现在已经把基因看作一个功能单位，是DNA分子长链上特定的一段，它可能含有大约600个连续的碱基对，从这一段可以转录成单链的mRNA分子，由这一mRNA分子能生成一个完全的多肽链，构成一种具有生物活性的蛋白质，或者和别的多肽链聚合成有功能的蛋白质。因此，在遗传学中常说的基因位于染色体上，成直线排列。生物的每条染色体都有几百到几千的基因。基因也常来表示控制某一性状，它是遗传的基础，例如水貂标准貂是深黑褐色，在遗传物质中就有黑褐色基因；白色水貂，在遗传性中有白色基因……它们的效应是形成它们控制的毛色。

由于基因是特定的一段DNA片段，因而在染色体上占有一段位置，这个位置称位点。在一对同源染色体的相应位点的两个基因，称等位基因。因此基因也是成对存在的。这一对基因都对同一遗传性状起控制作用，例如这个位点上一个基因是控制毛色的，那么相对的另一个等位基因也必然是控制毛色的。但是等位的两个基因可以

对一个遗传性状产生相同的效应,也可以产生不同的效应。控制水貂毛色的基因,可以是一对基因都使水貂形成白色的毛,也可以一个基因会使水貂形成白色毛,而另一个基因会使水貂形成黑褐色毛。当一对基因有相同的效应时称纯合,当一对基因的两个基因的效应不相同时称杂合。基因也同样有复制的过程。

由于基因是遗传的最小单位,所以研究遗传规律时首先是研究基因的遗传。

二、遗传物质的传递及其规律

(一)生殖细胞的发生及遗传物质传递

水貂与其他高等动物一样,通过生殖过程把遗传性状传递到下一代。具体过程是:公貂经过精子发生过程形成精子,母貂经过卵子发生过程形成卵子。精子和卵子结合形成受精卵(合子),这一过程叫受精。受精卵是下一代水貂发育的起点。

精子、卵子的形成不同于体细胞的形成,它们的形成是经过减数分裂。减数分裂不同于体细胞的有丝分裂。主要区别是染色体在从初级卵(精)母细胞经过两次细胞分裂形成卵子(精子)时,只复制一次,因而在卵子(精子)中,染色体数目只有初级卵(精)母细胞染色体的一半。水貂的正常染色体数为 $2n=30$,在卵子(精子)中 $n=15$。$2n=30$ 的称二倍体;$n=15$ 的卵子或精子称单倍体。在初级卵(精)母细胞第一次分裂时,同源染色体分开到两个次级卵(精)母细胞(其中一个是极体)中,它们就只有一对同源染色体的一条,因而已是单倍体。在由次级卵(精)母细胞分裂为卵子(精子)时,复制后的两条染色体,再分别到两个卵子(精子)中,其中一个又成极体,因此卵子和精子虽然是单倍体,但具有完整的一组染色体。

精子和卵子受精结合,两组染色体配合到一起,恢复了原来的二倍体的染色体组合,同源染色体又配成对,但是这时一对染色已经不同于某一亲代的一对了,子代的这一对染色体一条来自父亲的精子,另一条来自母亲的卵子。子代从双亲中都得到了遗传物质,因而有双亲的遗传性。

基因是染色体上的一段,同样也是来自双亲。在减数分裂后的

精子和卵子中，只有等位基因中的一个基因，经受精形成受精卵时，基因又配成对，这时等位基因中一个来自公貂、一个来自母貂。

(二)遗传物质分离和组合定律

1. 遗传物质分离定律

生物体所有表现性状都是由染色体上成对的基因决定的。一对基因在异质结合的状态时，并不互相影响、互相沾染，而在配子(精子、卵子)形成时，完全按原样分离到不同的配子中。配子中只有每对基因中的一个。亲代的等位基因中两个基因，分别分离到下一代不同个体中去，并造成了逐代性状分离。

2. 遗传物质自由组合定律

在水貂繁殖的受精和形成受精卵的过程中，基因相互间是自由和随机组合的，特别是等位基因之间是随机、自由组合的。

水貂的毛色遗传是高等动物的性状遗传中这两条定律最明显的例证。

(1)一对基因的遗传　彩色水貂中有一种银蓝貂，决定这种性状的基因为银蓝基因。银蓝基因是由标准貂同一位点上的基因发生突变产生的。银蓝貂与标准貂杂交是一对基因分离和组合。标准貂基因的符号为大写字母 P，银蓝貂是小写字母 p，表示为隐性基因。银蓝貂有两个银蓝基因，代表银蓝貂的基因型为 pp，标准貂的基因型为 PP。如果标准貂与银蓝貂杂交配，其后代基因型为 Pp，全部表现为标准貂的黑褐色，因为 P 是显性基因，p 与 P 配对后 p 表现的银蓝色表现不出来。只有 pp 配对基因型变为 pp 纯合的时候，其表现型才能为银蓝色。P 的表现型就不然了，因它是显性基因，PP 配对基因型为纯合时，它的表现型是标准貂色，Pp 配对基因型为杂合的时候，它的表现型也是标准貂色，p 这个基因由于 P 的存在，它的表现型表现不出来，但 p 不等于消失，仍然独立存在，当后代中出现 pp 纯合时，毛色才出现银蓝色。

银蓝貂与标准貂交配，它们的子一代全部是标准貂色型，子一代的公、母貂在形成配子时，可以形成两种配子，一种是含 P 基因的配子，另一种是含 p 基因的配子。这两种配子可以随机自由结合，能形

成三种基因型的合子(受精卵)，即 PP 基因型合子、Pp 基因型合子、pp 基因型合子，它们之间的比例为 1∶2∶1。出现两种表现型，即标准色貂、银蓝色貂，PP 基因型、Pp 基因型合子都发育成标准色貂，比例占 3/4；pp 基因型合发育成银蓝色貂，比例占 1/4。

(2)两对基因的遗传　水貂中有一种蓝宝石色的彩貂，毛为淡灰蓝色，这种彩色水貂除了有上述的银蓝基因外，还有一种突变基因，称枪钢基因，也称阿留申基因，基因符号为 a。蓝宝石貂的基因型为 ppaa。a 是由标准貂中 A 这个毛色基因突变来的，也是隐性基因。蓝宝石貂与标准貂的杂交将是两对基因的重新分离和组合。

两种貂杂交后，控制毛色的两对基因，每对都是独立地自由地分离和组合，因此毛色也都是由每一对基因的基因组成所确定的。蓝宝石貂与标准貂杂交，子一代的基因型为 PpAa，因为两对基因中各有一个黑色的显性基因，因而毛色都是标准貂的毛色。这种毛色双杂合的基因型子一代再形成配子时，由于基因的随机分离和组合，可以出现 4 种基因型：PA、Pa、pA、pa。这四种配子在受精时也是随机组合的，可以 4^2 个组合(指数 2 代表基因的对数)，即有 16 种组合。有的组合是相同的，实际基因型只有 9 种：PPAA、PpAA、PPAa、PpAa、PPaa、Ppaa、ppAA、ppAa、ppaa。表现型只有 4 种(2^2)：标准貂色型(P—A—)、银蓝貂色型(ppA—)、枪钢貂色型(P—aa)、蓝宝石色型(ppaa)，它们之间的比例为$(3∶1)^2$，即 9∶3∶3∶1。

这些数字都是以一对基因出现的分离和组合的数字为基础，加以 2 次幂所得到的。蓝宝石貂的淡灰蓝色，是由银蓝基因和枪钢基因共同作用所形成的，这种作用称为非等位基因间的互补作用。非等位基因是指在染色体的不同位点的基因。基因分离后，当两对基因中只有一对是隐性纯合时，只表现这一对基因所形成的毛色，即银蓝色或枪钢色。

在遗传学上控制表现型的还有 3 对基因和 4 对基因的，这里就不再介绍了。

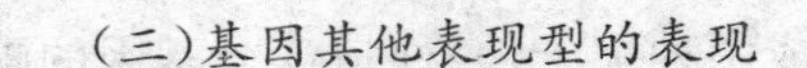

(三)基因其他表现型的表现

基因的表现型除了以上讲述的显性和隐性之外，还有多种，这里选常见的再介绍几种。

1. 不完全显性

当标准貂与黑眼白貂(hh)交配，其杂交后子一代的基因型为Hh，表现型虽也是标准貂色型，但身体的端部，包括四肢的爪部、尾部尖端、鼻的四周，往往是白色，腹部的白斑增大。个体之间白色的多少也有差异。这种表现方式称不完全显性。h 基因虽然是隐性，但杂合时仍能在一定程度表现出来一些原有的色型。并且从表现型就可以判断杂交后的标准貂哪些是杂合的，哪些是纯合的。

2. 基因的多效性

一个基因往往并不是只对一种性状发生效应，而是能产生多种效应，故称多效性。水貂的毛色基因有几个明显的例子。黑眼白貂(hh)的母貂都耳聋，原因是这种基因使听觉器官退化。咖啡色水貂中 25%在幼貂期有歪颈的表现，随着月龄增加，这种缺陷逐渐消失。

3. 上位

上位是非等位基因之间一个基因影响另一个基因的作用。另一种白貂是红眼的，基因型是 bbcc，bb 基因型应表现咖啡色，cc 是白化基因，毛为白色。当基因型为 bbcc 时，cc 基因压制了 bb 基因的表现，毛色不表现咖啡色而仍表现白色。上位的作用在非等位基因之间非常普遍。

由于上位、互补等效应，杂交第二代虽然基因型比例不变，但表现型的种类和比例将有所变化。例如，红眼白貂和标准貂的杂交第二代的表现型将不是非典型的 9∶3∶3∶1，而是 9∶3∶4 的比例，原因是 bbcc 的基因型也是白色。

4. 加性基因作用

这类基因并不表现明显的显性、隐性作用，而是在第二代的分离中性状形成许多等级。在这类基因中，有一种基因称为贡献基因，另一种基因称为中性基因。贡献基因的存在可以对性状的数量表现有所增加；而中性基因则不能起这种作用。由于这类基因都是多基因，因而不易用实例说明。这里用假设一个两对基因对体长发生作用的例子来分析加性基因的作用。这两对基因假定为 AA、BB，又假定公

貂体长最长为45厘米，最短为37厘米。A和B都是贡献基因，每一个基因的存在，能使体长增加2厘米。a和b是中性基因，对体长没有贡献。当基因型为aabb时，体长为37厘米，称为残留基因型；当基因型为AABB时，体长为45厘米。将AABB与aabb杂交，由于个体中含A、B或a、b的数量不同，会出现不同长度的水貂个体。

三、遗传性的变异

变异是生物进化重要方面，育种工作就是在发生变异的基础上淘汰差的个体，选留好的个体，最后形成优良种群。培育水貂优良种群也是遵循这一规律进行的，因此研究变异的规律与研究遗传的规律同样重要。

（一）变异的种类

变异有两种，即遗传的变异和不遗传的变异。

1. 遗传的变异

遗传的变异是遗传物质发生了变异，也就是基因或染色体发生了变异，使水貂的表现型发生了变化。例如，前面讲遗传时提到银蓝基因，它是由标准貂一个基因发生了变异所形成的，该基因形成后就遗传下来，纯合后就出现了银蓝色水貂。

在水貂的主要经济性状遗传中，由于它们的表现易受环境条件的影响，所以在表现型的变异中往往包含着遗传的变异和不遗传的变异两部分。因此，在水貂育种中的一个重要任务是分析表现型变异中，哪些是遗传基因变异后引起的表现型变异，哪些是不遗传的变异。

2. 不遗传的变异

生产实践中常常有这样的情况，同一来源的种貂，由于两个场家的饲养管理条件的差异商品貂质量有差异，获得的经济效益也不相同。营养水平高，管理得好，仔幼貂生长发育好，毛被品质也好，出售的皮价位高，经济效益好。营养水平低，管理不良，仔幼貂生长发育不良，冬毛生长不好，商品皮品质低，出售价格低，经济效益就差。这是后天获得性不同所造成的。从表现型看它们有变异，但实际上遗传性没有发生改变。表现型是遗传性和后天条件共同作用的结果，后天条件好，优良的经济性会表现得更好；后天条件差，优良的经济

性状表现得不好。这种影响并不能使遗传性发生变异。

(二)遗传的变异

遗传的变异有三种形式,即基因的变异、染色体畸变、基因重组合。染色体畸变是染色体的数目和染色体本身发生变异。这一形式在高等动物中还缺乏应用于育种的研究,这里不再介绍。

1. 基因的变异

基因的变异也称基因突变。基因突变实质上是DNA分子中碱基排列顺序发生了改变,因而结构发生变化变成了新的基因。DNA再进行复制时,将按新的DNA结构进行,因而突变是遗传的。表现型的性状也就随着基因的突变发生变异。

生物的遗传性是很稳定的,基因的结构也是很稳定的,因此发生突变的概率是很低的。突变一经发生也是很稳定的。水貂的毛色基因突变发生率相对是较高的,到目前为止也仅有30个色型。其他突变很少。

突变所产生的新基因一般为隐性,只有纯合时才出表现型。水貂毛突变基因也大多是隐性。突变的基因又往往是对生物有害的,突变的产生使生物携带有一定数量的有害基因。

基因总是一个一个地发生突变,极少发现一对等位基因同时发生突变。加之突变基因大多是隐性的,因此隐性突变往往不可能在发生后马上从表现型表现出来。只有当这类基因由于交配后重新组成为纯合时,才能在表现型上表现出来。

2. 基因的重组合

基因的重组合并没有发生突变,因而没有产生什么新基因,但是由于交配,子一代从双亲那里得到不同的基因组合,因而具有不同于双亲的基因型和表现型。这种变异的产生完全是由于已有基因的重新组合,构成了新的基因型。这样的变异不断在后代中发生着。在水貂的育种工作中,把优良性状的个体进行交配,企图把各种优良性状的基因组合在一个新的个体中,形成新的基因型,用以培育新的具有更优良性状的个体,育成新的品种。

水貂的主要经济性状有毛绒质量、体型大小等,这些性状产生突

变极少，即使有变异程度较小不易发现。不断地、经常性地提高这些性状，利用基因重组也是一种重要手段。也必须认识到，水貂具有极为丰富的基因组成，提高质量有很大的潜力，人类还没有充分利用这种潜力。养貂生产场与科研人员相结合，利用正确的育种方法，不断地使基因重组的潜力为育种所利用，培育优良种群，将是提高生产力的有效途径。

（三）复等位基因

一个基因可以发生一个突变，也可以发生一个以上的突变，不管突变出几个基因，它们都是占据同一个位点，有这个基因没另一个突变基因。例标准貂的毛色基因是 P，它突变出一个银蓝基因 p，纯合时毛色是银蓝色的。P 基因又发生一个突变，产生另一个新基因，即钢蓝基因 P^s。这三个基因在同一条染色体上占据的是同一个位点，有 P 就没有 p 和 P^s，有 p 就没有 P 和 P^s，它们成一个复等位基因系。

复等位基因在遗传上有几个特点。一是由于在一个个体中，等位基因在一对染色上只有 2 个位点，因此只有 3 个复等位基因系中的 2 个基因，而不是 3 个复等位基因都能同时存在于这一对染色体上。以银蓝复等位基因系为例，一头水貂只能有 3 个中的两个基因，而不能 3 个都在其上，或是 Pp，或是 Pp^s，或是 PP^s。二是复等位基因之间也存在显性、隐性等相互关系。P^s 对 P 是隐性，而 P^s 对 p 来说是显性。P^sp 基因型的表现型是钢蓝色，相互交配后代中钢蓝和银蓝貂的比例为 3∶1。

第二节　水貂主要性状的遗传力和育种指标

一、水貂主要经济性状的遗传力

（一）体型大小的遗传力

水貂体型大小决定着皮张大小，直接影响养貂场的经济效益，所以是被重视的主要经济性状之一。体型是由体重和体长两个方面组成的，但体重对皮张大小的影响要比体长大，故对体重方面研究的

较多。

有资料介绍国外有一貂场，对标准貂进行有计划的选择实验，1970～1972年，幼公貂10月15日体重增加11.6%，平均体重2.47千克，最重的达2.7千克；幼母貂同期体重增加12.5%，平均体重达1.47千克。在实验中对体重的遗传力的估计是：子父相关遗传力为0.66，女父相关遗传力为0.78；子母相关遗传力为0.67，女母相关遗传力为0.44。另一组实验也获得了类似的效果。开始时11月公貂体重1.8千克，母貂体重1千克，选择到第四代，11月公貂体重为2.36千克，母貂体重为1.32千克。根据父本和母本的方差估计遗传力分别为0.52和0.67。这些数据说明，水貂体重的变异主要是遗传的变异，即加性基因的主导作用；也有可能是基因型的根本改变，对体重变化产生显著影响的。据介绍有一种隐性基因的巨型貂，公貂体重达4千克，母貂重达1.5～2.0千克。

体长的遗传力与体重相似，估计在0.46～0.98。

(二)毛绒性状的遗传力

水貂毛绒的性状包括绒毛和针毛的长度、密度、细度和毛色的深度等。针毛密度的遗传力，以半同胞估计为0.33，以子亲回归估计为0.38；毛绒密度按上述方法估计，分别为0.44和0.46，如果按照密度大或密度小的同质交配，按子亲相关和回归估计，遗传力为0.40～0.83；如果进行密度大和密度小的异质交配，遗传力为0.22～0.45。

对水貂毛绒性状的某些缺陷，也有遗传力的估计。例如，腹部毛稀疏是遗传性的毛绒脱落造成的。当父母都有腹部毛稀的缺陷，后代中有这种缺陷的比例是：公貂65%、母貂30%；如果双亲正常，后代的比例为：公貂19%，母貂7%；当双亲中一方有这种缺陷时，后代所估测的比例是：公貂44%，母貂23%。用子亲回归估计其遗传力为0.62。这就告诉了我们，选留后备种貂时，一定要认真，这种貂千万不能混入后备种貂群。

标准水貂的毛色是主要经济性状之一，是由控制毛色质量的基因所决定的。其深浅的程度则取决于类似加性基因的修饰基因的作用。毛色深度的遗传力是较高的。水貂腹部白斑大小的遗传力在

0.52～0.64。

(三)繁殖力的遗传力

繁殖力是生产中最重要、最受重视的经济性状。以幼貂群平均育成率为指标,还要考察母貂受配率、妊娠率、胎产子数、仔貂成活率等,还包括种貂的配种力和公貂精液品质等。

水貂胎产子数变异很大,最少胎产子1只,最多18只,但是胎产子数的多少主要受饲料营养、管理技术等条件的影响较大。故对遗传力估计都是很低的,一般在0.04～0.07,另一种估计是在0.24～0.30。这个性状主要非加性基因的作用。

公貂的性活动能力不强是普遍存在的。标准貂中性活动能力低的占11.9%,完全没有性欲的占6.7%;在白色公貂中,性活动能力低的占20.6%,完全没有性欲的占8.9%。1只性活动能力低的白公貂的后代中,公貂性活动能力低的占40%,能力不强的占22%,母貂不育的占30%。

在水貂繁殖上,每年配种是个大问题,每年群平均每只母貂育成4.5只已经是最高纪录,多半不能突破4只。

二、水貂育种的方向和指标

(一)水貂育种工作的方向

毛绒品质好、色型新颖美观;繁殖力强、生命力和适应力强,体质健壮体型大,能保持本品种的优良特性。

(二)育种指标

我国目前还没有制定水貂的育种指标,中国农业科学院特产研究所毛皮动物科研工作者提出了几个建议性指标,可供参照执行。几项建议指标如下:

1. 毛色

这项指标是决定貂皮质量和价值最重要指标。要求每个色型的貂必须具有本色型的毛色特征,全身一致,无杂色毛,颌下或腹下白斑不超过1厘米^2。标准貂按国际贸易的统一分色办法,可分为最最黑、最黑、黑、最最褐、最褐、褐、中褐、浅褐八种毛色等级。良种貂要达到最最褐色以上,底绒呈深灰色,最好针毛达到漆黑色,绒毛达到

漆青色。腹部绒毛呈褐色或红褐色的必须淘汰。

彩色貂应具备各自的毛色特征，个体之间色调均匀。褐色系应为鲜明的青褐色，带黄色或红色调的应淘汰。灰蓝色系应为鲜明的纯青色，带红色调的应淘汰。白色系应为纯白色，带黄色或褐色调的应淘汰。

2. 光泽

这是决定貂皮华美度的一个重要指标。各毛色的水貂均需要毛绒光泽好。

3. 毛绒长度

以背正中线1/2处两侧毛为标准，针毛长25毫米以下，绒毛长15毫米以上，针绒毛长度比值为1∶0.65以上，而且毛峰平齐，具有弹性，分布均匀，绒毛柔软，且灵活。

4. 毛绒密度

每平方厘米的鲜皮上应有毛纤维12 000根以上，干皮为30 000根上，且分布均匀。

5. 体重

成年公貂体重应在2 000克以上，成年母貂体重应在900克以上。

6. 体长

测量时由鼻尖到尾根，成年公貂体长45厘米以上，成年母貂体长应在38厘米以上。

7. 繁殖力

公貂在一年的配种期里交配次数应在10次以上，所交配的母貂受胎率高达85%以上，母貂胎产子6只以上，到打皮时育成应在4.5只以上。

第三节　水貂的育种措施

一、种貂的选择

根据几种经济性状并参照培育指标，在幼貂群中选择优秀个体做后备种貂，达不到要求的个体作商品貂培育。这是育种工作不可缺少的措施。选种工作根据水貂的生理时期可以分三个阶段进行。

（一）初选阶段

即每年的6～7月，对成年种貂根据当年配种能力、精液品质进行初选；对成年母貂根据产子数、泌乳量、母性好坏、后代成活数都要进行初选。对仔貂的选择，应根据同窝貂数、发育情况、成活情况和双亲品质，在断奶分窝后，比较选留长势好的个体。初选的个体数，要比计划留的后备种貂数多25%～40%。

（二）复选阶段

复选在每年的9～10月，根据生长发育、体型大小、体重大小、体质强弱、毛绒色泽和密度、毛绒质量、换毛迟早等，决定留用或淘汰。对成年貂和幼貂都要逐个进行选择。复选数量要比实留后备貂数多10%～20%。

（三）精选阶段

每年的11月，在大群取皮以前进行。根据毛绒品质，即毛绒颜色、光泽、长度、细度、密度、弹性等，还有体型大小、体质类型、体况肥瘦、健康状况、繁殖能力，系普和后裔鉴定等综合指标，逐头仔细观察鉴别，反复对比观察，最后留优去劣，淘汰多于预留后备貂的那一部分。要特别注意淘汰有遗传缺陷的个体，如针毛只在尖端色浓、毛被有暗影和斑点、腹部毛色红褐、卷毛、后裆毛明显稀疏等必须进行淘汰。对选定的种貂要统一编号，建立系谱，登记入册。

关于种貂的公、母比例，一般是标准貂1∶(3.5～4.0)；白色彩貂1∶(2.5～3.0)；其他彩色水貂1∶(3～3.5)。国外种貂比例可以留到1∶(5～6)。随着我国水貂养殖技术的提高和饲料条件的改善，也应该提高母貂的比例，可以降低饲养成本。关于种貂的年龄比，因成年貂繁殖力高，故 2～4 岁的成年貂，应占 70%，当年的幼貂不要超过 30%，这样有利于稳定生产。水貂的选种主要根据以下 3 点：

1. 个体鉴定

就是对个体表现型的鉴定。它适用于遗传力强的性状选择。通过个体鉴定，如果选择的个体表现型能充分反映基因型的性状，同时这种性状又较少的受环境条件的影响，则会获得良好的效果。如对水貂体重、体长、毛绒长度和密度、毛色深度和白斑大小的性状，均适用于此类鉴定选择。这在精选时尤为重要。但对遗传力低的性状，如环境条件影响较大的性状，即胎产子数的性状，此类鉴定和选择不会收到大的成效。

2. 家系鉴定

对每个家系，也就是同胞、半同胞群体的表现型平均值的鉴定。它适用于遗传力低的性状选择。如选择胎产子数时，通过此种鉴定，就能较好地反映出繁殖性能的遗传力，还可以在个体表现型鉴定时作参照。因水貂是多胎动物，所以此类鉴定在窝选仔貂时较有意义。但必须注意各家系受环境影响程度。

3. 系谱鉴定

是根据祖代和后裔的品质、性能对亲代性状的鉴定。在对三代祖先的鉴定中，由于两个亲本性状对子一代影响最大，所以必须以亲代的性状为主。对子一代表现型的鉴定可进一步了解亲代的遗传性。由于这两种鉴定都是从遗传的基本规律出发的，故在质量性状方面，根据亲代和后代的表型，能够了解其基因型，从而对优良性状进行有效的选择，同样也可以对有害基因加以有效的淘汰。

（四）选配

为了繁殖优良的后代而确定个体交配关系的过程称选配，它是选种的继续。目的是在后代中巩固提高双亲的优良品质，获得新的有益的性状。选配得当与否同样对繁殖能力和后代品质有重要影响，因此它也是育种工作不可缺少的关键环节。

1. 品质选配

(1)同质选配　就是选择在品质和性状方面都具有相同优点的个体交配，目的是在其后代中巩固和提高父母双亲所具有优良特征。表现型相似并不意味着基因型相同，因此同质选配不是近亲交配。同质选配既能获得与近亲交配相似的效果，又避免了近亲交配所出现的退化现象。

在进行同质选配时，应掌握的原则是，主要性状，尤其是遗传力强的性状公貂的表现型值不低于而且要高于母貂的表现型值，这样才能使优良的经济性状在后代中得以积累和扩大，而且逐代提高。同质选配常用于纯种繁育与核心群的选育提高。

(2)异质选配　这种选配方法是选择品质和性能方面具有不同优点的个体进行交配，希望在后代中用一方亲本的优点去改良另一方亲本的缺点，或者结合双方的优点，创造新类型的个体。结果类似杂交的效果。

在进行异质选配时，必须掌握的原则是：在质量性状上，只能用一方亲本的优点去纠正另一方亲本的缺点，而不能用同一性状相反的缺点去相互纠正。在水貂生产中，经常采用群体选配，即把优点相同的母貂归为几类，为每类母貂选择几只适宜选配的公貂，共同组成一个选配群，在本选配群内可以随机选用公母貂交配。

2. 亲缘选配

这其中可以分为近亲交配和远亲交配。在水貂生产上，通常采用三代以内无直系血缘的远亲交配，三代以内有直系血缘关系的公母貂一般不能选配。因为近亲交配，往往造成繁殖力降低，后代生命力减弱、体质衰弱、体型变小、胎儿畸形、死亡率升高等退化现象。血缘愈近，退化现象愈明显。其根本原因是，遗传方面有害的隐性的纯合。血缘越近，纯合越快，危害程度也越高。因而表现出来的退化现象越明显。

在生产上为了获得好的繁殖效果，往往采用壮年公貂与幼龄母貂交配，或壮年公貂配壮年母貂，幼年公貂配幼年母貂效果不好。

二、近交在育种的应用

近交又称近亲繁殖，是选配方法的一种，是指有共同祖先的、亲缘关系较近的个体之间的交配。近交中双亲的亲缘关系，按近亲程度的顺序是：子亲间的直接回交，全同胞交配、半同胞交配（同父异母或同母异父）；亲表兄妹交配等。以下几方面的育种可以用这种方法：

（一）品系育种

在进行品系育种时，首先要选择1只或几只性状品质和遗传力都是最优秀的公貂作为系祖，再选择几只与系祖类型相同、品质性能相近的优良母貂与系祖一起作为育种的原始亲本。以系祖为中心与母貂亲本相交，可以得到与系祖相似的一群后代。为了使系祖的优良性状基因得到纯合，并稳定地遗传下去，就要在这一群后代中进行半同胞的近亲繁殖，可以得到更多后代，形成品系。再进行品系之间近交繁殖，这样进行4～5代，就能得到品质优良、遗传性能稳定，在数量上自群繁殖的新品种。在品系繁育过程中，要严格控制近交程度，一般采用半同胞近交，而不采用子亲近交，以防出现严重退化，并对出现的不良个体要严格淘汰，同时对选留的群体，给予良好饲养条件。在水貂育种方面不少国家运用这种方法培养出毛皮优良的水貂新品种，获得了显著的成效。我国有些专家过分强调近交的危害性，运用近交育种工作开展得很不够。

（二）纯种繁育

纯种繁育是在主要性状的基因型相同、表现型大部分相同的水貂种群中，年复一年的选优去劣，把优良的个体留种，同类型水貂进行繁殖。这种纯化种群的方法，也能使貂群毛色、毛绒品质、体型、体质、繁殖力、适应性等不断得到改善。纯种繁育是近亲品系育种，当某种类型的优良性状已经基本达到育种指标要求，无须再进行重大改良时，才能进行纯种繁育。纯种繁育的目的是为了保持和巩固已经获得的优良性状，在不断地选优、去劣的情况下，保持群体的较高的生产性能。这是不断提高貂群品质和生产性能、防止退化的基本方法。也是培育良种的基础，所以被广泛地应用。例如，我们可以从国外引进优良品质的种貂，引进时都注明有生产性能，生产场根据生

产性能拟定几项标准，每年在貂群中选择表现型达到或高于生产性能的个体留种，也能使该种貂群的品质缓慢提高。这种方法育种称纯种繁育。

但是，从培育新的优良品质的种貂看，单纯地进行纯种繁育是远远不够的，要培育新品种，还必须有纯种选育提高的过程，这就要进行近交繁殖手段，进行品系繁育。

三、杂交的种类及在育种中的应用

杂交的种类可以分为亚种间的杂交、品种间的杂交、品系间的杂交等不同方法。水貂饲养历史较短，除了标准貂和各种彩貂有明显的色型差异外，在标准貂内还没有形成有各种特点的许多品种。因此在讲述水貂的种内杂交时，不再进一步分类，只是根据不同的育种目的分为3大类：

（一）以培育新品种为目的的杂交

培育新品种的育种过程，首先是选择两个或两个以上品种或品系的种貂进行杂交，将其后代个体进行横交，并根据新品种或品系的培育目标进行选择，经过几代的横交选育，将获得的优良性状稳定下来，培育出具有优良性状的新品种或新品系。

杂交的目的是把具有不同优良性状的遗传性状组合在一起，使个体更加优良。要想使杂交获得成功，必须精心选择好杂交的亲本。亲本应当具有各自的优良性状，才能使杂交后代具有广泛的优良遗传基因。比如，一个亲本具有体型大而美观的特点，另一个亲本具有毛绒品质好、毛色深的优点，把它们两个亲本进行杂交，它们的后代中会出现体型大而美观，毛绒品质好、毛色深的个体。现在标准貂就是通过两个亚种杂交选育而育成的。

杂交亲本不宜选择一个亲本是优良的，而另一个亲本则在各主要性状方面都不如前一个亲本。这样的杂交就不能达到把优良性状综合在一起的目的。在选择亲本时，还要注意不能使亲本具有某种不良的，甚至有害的性状。同时还要对性状的遗传特点，对亲本优良性状的基因特点，有尽可能多的了解，以便掌握后代可能出现的遗传现象。

要育成一个新品种或新品系，杂交仅仅是开始。杂交第一代(F_1)已经把不同的遗传性综合在一起，但这种遗传性还是很杂合的，不稳定的，不经过精心选育是不能成为优良种貂的。因此，对杂交后代要进一步进行近交，即横交固定。近交选育后，基因发生分离和重组，形成有相当变异幅度的后代。对这样的后代个体应根据育种目的和制定的选育目标进行严格选择和大量淘汰。把选择出来的优良个体再进行必要的近交，使基因纯合性增加，逐步得到有稳定的优良性状的新品种。这种育种方法需要长期细致地做大量的工作，不是杂交一代两代就完事了。

(二)以改良现有貂群为目的的杂交

以改良现有貂群为目的的杂交方法称为级进法。级进法的目的是要引进一种优良的水貂，同原有的品质较低的水貂群杂交，改良这一貂群，使其最后接近或达到引入的种貂的质量。级进杂交的方法是：第一年将引入的优良种貂同原的种貂杂交，第二年再把杂交一代回交引入的优良种貂，这种回交要避免近亲繁殖；第三年再把杂交第二代回交引入的优良种貂。经过反复回交，杂交后代的遗传性状中优良种貂的遗传性状的比例愈来愈大，最后接近引进优良种貂的质量，所以这种方法称级进法。级进法可以较快地改进原有质量较低的貂群。但是，级进法是以引进的种貂质量作为培养标准的，要育成更为优良的种貂群，不能只用级进法完成任务。

级进杂交过程中第一次杂交的效果最明显，因为杂交一代一下就获得引进优良种貂的50%的遗传性；第二代杂交只能再增加25%的优良遗传性，使优良性状的基因达到75%。以后各次的回交虽然还能继续增加优良种貂的遗传性，但是比例逐代降低。因而级进杂交一般到4～5代才基本达到育种要求。

(三)以获得杂种优势为目的的杂交

杂种优势近些年已经成为提高家畜生产力的一种重要措施，也形成了几种有效的杂交方法。获得杂交优势的主要目的是提高繁殖力，让水貂能多产子，同时也提高水貂的生命力，长得快，长得好，长得大。但不能依靠这种杂交方法来提高毛绒品质。获得杂种优势的杂交的基本途径是先有2个或2个以上质量优良纯的品系或品种，作为杂交用的原始材料，再把这几个品系或品种杂交，获得杂交后代。这种杂交后代将具有杂交优势，应用于生产，一般不留种。因此利用杂交优势，必须每年每代都进行，杂交优势只能利用一代。若作种用，必须有作为杂交亲本的纯系水貂。通过杂交选育纯化，把优势性状和基因型固定下来，才能长期利用。稳定性状的杂交方法有以下几种：

1. 两系简单杂交

保持两个纯的品系，把这个品系里的优秀个体作种貂，进行杂交，所产生的杂交一代用于生产，不再从中选留种貂。这种方法过程不复杂，但只能利用杂种生活力的优势，不能利用繁殖力的优势。

2. 三系杂交

三系杂交就要有三个纯的品系，先将2个品系杂交，得到杂种一代，选留其中母貂作为种貂，用第三个品系的公貂与它们交配。第二次杂交所得到的后代都用于生产，不从其中选留种貂。由于第二次杂交时所用的母貂是杂种母貂，因而将在繁殖力方面表现杂种优势，可以提高胎产子数，减少空怀，提高仔貂成活率，同时对提高水貂生产也是极有利的。

3. 轮回杂交

只需要保持两纯系，杂交后得到杂种一代，从其中选留母貂作种母貂，再同两个系中一个系的公貂交配。除大量用以生产外，再从其中选留母貂作种母貂，同另一个系的公貂交配。如此轮换杂交下去，这种方法称为两系轮回杂交。还有利用3个纯系轮回的，称三系轮回杂交。

在水貂生产中，经常有利用杂种优势的实例。例如，有些水貂场常引进一些优良种貂进行级进杂交，级进杂交的第一代往往生产性能好，杂种母貂也有很好的繁殖力。这是杂种优势，也可以说是两系杂交。还有在得到级进杂交第一代的水貂时，又新引进另一种优良种貂，同杂种一代的母貂交配，又可以获得很好的生产效果。实际上这是一种三系杂交的方法。如果能有计划地根据杂种优势的原理组织杂交，将是提高水貂生产的一种有效手段。

第七章　貂场建设

内容导读

场址选择
水貂场的建设
附属设施

第一节 场址选择

目前水貂养殖已走上了规模化、规范化，所以场址的选择已是一项很重要的技术问题。场址选择是否合适，直接影响到将来的生产好坏，因此在建水貂场之前必须根据水貂饲养场的要求，认真做好选择场址的工作。

大型水貂养殖场(图 7—1)，由于饲养量大，在选择场址前对新建场的生产规模，将来发展情况，先做出规划，然后才能选择场址。选定的场址要适合水貂的生物学特性，使水貂在人工饲养管理条件下能更好地生长、繁殖。如果轻率地决定生产场地，会给将来的水貂生产带来很多不便。

图 7—1 标准化水貂场

选择水貂饲养场场址，应首选考虑饲料条件、当地的自然条件及社会环境条件。

一、饲料条件

饲料，尤其是动物性饲料是水貂饲养场的物质基础。传统的饲养方法，饲养 1 000 只基础母貂，每年所产的后代就需要动物屠宰下脚料 200 吨左右。目前推广全价配合饲料以后，每年也需要动物性饲料 100 吨以上，远离动物性饲料产地的就不利于建场。所以，选择水貂饲养场时，必须首先考虑饲料来源，其中主要是动物性饲料来源。养貂场应建在饲料来源广，而且容易采购到的地方。如畜禽屠

宰加工厂，冷冻加工厂、肉类联合加工厂和江河、湖泊、海洋以及水库附近，或其他畜牧业发达的地方。

如果一个水貂场的动物性饲料难以解决，将使整个生产工作处于被动地位。因此，没有饲料来源或饲料来源不足的地方，不宜建水貂饲养场。

二、自然条件

（一）地形地势

水貂场应选择地势较高、排水良好、地面干燥的地方建设。在背风向阳的南坡或东南坡，在能避开寒流侵袭及强风吹袭的山谷、平原选场较为理想。在山地或丘陵地区，貂棚可以修建成梯形。

在我国低纬度地区，应充分利用当地有利地势，把貂场建在高山、盆地、峡谷的一定位置，使貂场附近的高山在秋分后起到延迟日出或提前日没，缩短当地自然日照的作用，促进准备配种期水貂生殖器官发育，达到正常繁殖的目的。在秋分和冬至太阳出没方向，有高山作为遮光屏障的地方修建貂场，遮光效果比较理想。

低洼泥泞的沼泽地带，经常出现洪水泛滥或云雾弥漫的地区，不适宜建貂场。

（二）水源、土质

水貂饲养场因加工饲料、清扫冲洗、水貂饮用等都需要水，所以在没有自来水供应的地方，水貂场应建在小溪、河流、湖泊、水库附近，或有清洁地下水的地力。

值得注意的是，在选择水源时，不要把死水池塘或带有地方病的水源误认为良好水源。这样的水饮用，会引起水貂疾病，也会给貂场职工健康带来危害。

貂场所在地要求透水性好，便于清扫和排出污水，貂场适宜建在沙土、沙壤土或壤土上。黏土等透水性差的地方不适宜建貂场。

三、社会环境条件

（一）交通、电源

水貂场不能建在交通要道旁边，但必须建在交通运输比较方便的地方。这样才能保证饲料及其他物质的及时运输。

电源是水貂场的重要条件，饲料加工调制、饲料冷冻贮藏、控光养貂及貂场进行各种科学试验，都必须有电源作保证，无电或电源不足的地方不能建貂场。

（二）环境卫生

貂场应建在远离畜牧场及养禽场的地方，以预防同源疾病的相互传染。如果当地发生过禽、畜传染病，必须经过严格的消毒灭菌处理，符合卫生防疫要求方可在此建场。貂场还应与居民区保持一定距离，防止人、畜活动传播疫病。

貂场的环境要僻静，因此要离交通要道有一定距离，并远离工厂、矿区。

（三）土地条件

貂场的土地面积应宽敞开阔，要同本场水貂生产发展规划相适应。但是尽量避免与农作物争地，尽量利用贫瘠土地或闲散地修建貂场。

第二节　水貂场的建设

貂场场址选择好以后，应全面地、科学地设计出貂场各部分建筑的具体位置，使各部分建筑有一个较为合理的布局。例如，饲料加工室与貂栋之间，既要保持一定距离，又不能相距太远，以便达到既符合防疫原则，又使饲料运送比较方便。饲料冷藏室及干饲料仓库应靠近饲料加工室，以便取运饲料方便。病貂隔离治疗场应远离大群饲养场，防止疾病蔓延。貂场的附属建筑，如办公室、职工宿舍、职工食堂、家属住宅，更应建在距貂场较远的地方。

一、貂棚

貂棚有两种，普通貂棚和控光貂棚，普通貂棚是在高纬度的地带，光周期变化能满足水貂生理变化的需要。控光貂棚，是适宜在低纬度的地方，光周期的变化不能满足水貂一年中生理变化的需要，必须通过控光来保证。

（一）普通貂棚（图 7—2）

图 7—2　普通貂棚

貂棚是放置貂笼舍的简易建筑物，它能使笼舍和水貂不受雨雪的侵袭和烈日的直射，是水貂场重要的建筑之一。

修建貂棚的材料没有硬性规定，可以因地制宜，就地取材。可以用角钢焊成人字架，柱子用角钢或圆钢，上面用石棉瓦搭棚。也可以用砖、沙、水泥修成 24 厘米见方的砖垛子，用木头做人字架，上面盖草。还可以根据自己的具体情况因陋就简，因料设计。

貂棚走向、配置对温度、湿度、通风和接受光照等都有很大的关系。设计修建貂棚时，应考虑到夏季能遮挡太阳的直射光，通风良好；冬季能使貂棚的两侧较平均地获得日光，避开寒流的侵袭。貂棚的走向，可根据当地的地形及所处的地理位置而定。

普通貂棚只要修建棚柱、棚梁和人字架、加盖棚盖就可以了，不需要修建四壁墙。整个设置示意图，如图 7—3。

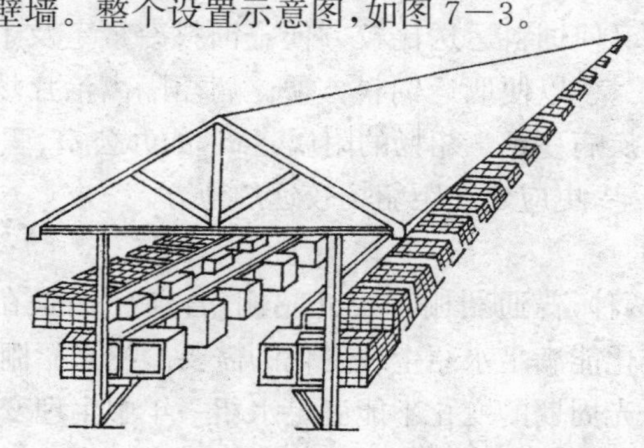

图 7—3　普通貂棚示意图

貂棚的长度不限，以操作方便为原则。一般长 25～50 米或更长一些。棚宽 3.5～4.0 米，貂棚与貂棚之间距离 4 米左右。棚间距离不能太宽，也不能太窄。太宽占用土地多造成浪费；太窄水貂得不到必要的光照条件，夏季通风不良，容易引起水貂中暑。棚檐高 1.4～1.6 米。为便于饲养员工作，棚顶盖要做成人字形的。貂棚要求结构简单、坚固耐用。

(二)控光貂棚(图 7—4)

图 7—4　控光貂棚

控光貂棚可以在普通貂棚基础上改造，也可以重新设计建造。它除了具备普通貂棚的作用外，还具有控光的特殊作用。因此，改建或新建的控光貂棚，在遮光时应达到遮光严密、通风良好的要求，同时还要方便操作。

为使控光效果更加理想，同时节省遮光材料，在新建控光貂棚时，棚檐高度可适当降低。控光貂棚的两端用苇席、竹席、油毡纸或砖坯等遮光材料分别修建一拐弯的通风道。这种通风道至少要拐3～4个弯。它的作用是在关闭遮光设备时，保持貂棚内外空气畅通，同时遮挡住棚外光线射入棚内，饲养人员可以在通风道内通行(图7—5)。

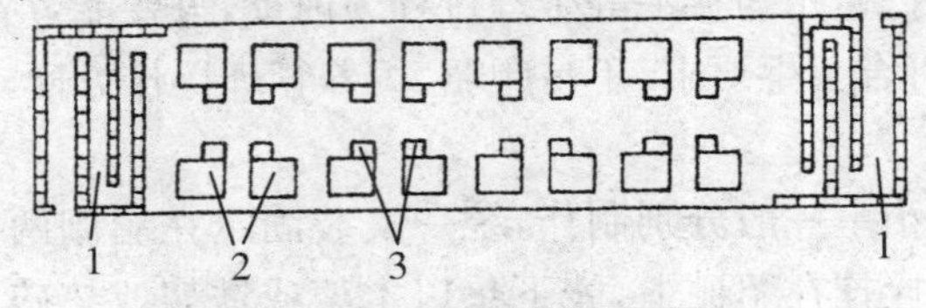

图 7—5　控光貂棚平面图

1. 拐弯通风道　2. 貂笼　3. 小室

在气温较高的低纬度地区，控光貂棚的顶盖上还必须安装2～4个拐弯的通风口。有的用几节炉筒和拐脖安装在棚顶上就达到了通风遮光的效果。控光貂棚的两侧利用各种遮光材料做成控光门、控光帘或控光板等，这里介绍几种较适用的控光貂棚。

1.门式控光貂棚

用木方钉成大小合适的木框，在木框上钉一层油毡纸和一层竹席，做成较为轻便耐用的控光门，再用合页安装在貂棚两侧的棚柱上。貂棚的每小间安装两扇门，可以灵活地对门对开。

2.窗式控光貂棚

在貂棚两侧棚檐下，用砖或土坯修砌一道高30～40厘米的矮墙。在棚檐下边缘固定一结实木方，木方上用合页连接能关闭和撑开的遮光板。遮光板用大小合适的木框钉成，并在木框上钉上油毡纸和苇席制成。遮光板左右方及下方，油毡纸和苇席边缘伸出木框外5～6厘米，使之关闭遮光板时遮光严密。

3.帘式控光貂棚

用结实的帆布制成遮光布帘。布帘高与貂棚檐高相等，宽度不限，4～6米或更宽均可。布帘里面刷上黑色油漆，用以吸收可见光谱的可见光线；布帘外面刷上白色油漆，用以反射可见光谱的全部光线。这样刷漆后，可以提高遮光效果，延长布帘的使用年限。布帘上端用定滑轮固定在棚檐上，下端固定一根较重的木棍或铁棍。遮光时，把布帘放下。不遮光时，把布帘拉上。操作灵活轻便。

二、貂笼

貂笼与貂休息和产子的小室组装在一起称笼舍，它是水貂生活和繁殖的场所。设计笼舍的规格及样式均应以不影响水貂的正常活动、生长发育、繁殖与换毛等生理过程为前提，只要能节省材料，构造简单耐用，符合卫生要求，不易跑貂，饲养管理操作方便，任何笼舍均可采用。

貂笼和小室一般分别制作，统一安装固定在貂棚两侧。也可用铁丝把貂笼拴挂在貂棚上，笼下垫以木架或铁架或垫砖。再把小室同貂笼连接固定在一起。这样安装的笼舍搬移和拆除都比较方便。

见图 7—6。

图 7—6　貂笼

大型饲养场,貂的笼舍多为双层安装(图 7—7)。小型貂场笼舍多单层安装。种貂单层饲养,对繁殖有利。商品皮貂双层饲养,可提高貂棚的利用率。

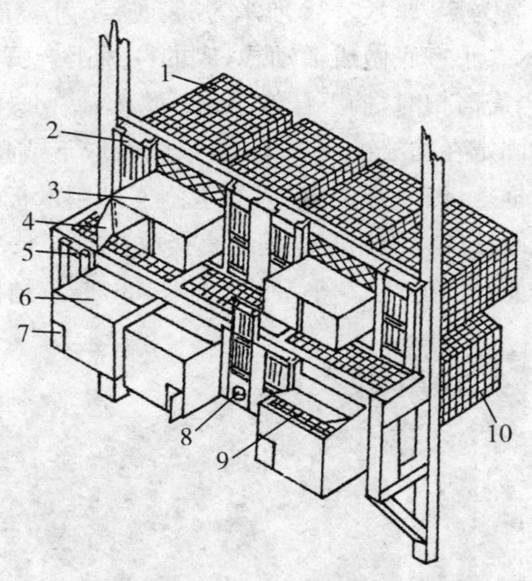

图 7—7　水貂双层笼舍结构

1. 仔貂笼　2. 仔貂喂食门　3. 仔貂小室　4. 仔貂小室门　5. 种貂喂食门　6. 种貂小室　7. 走廊门　8. 喂食盘　9. 二层网盖　10. 种貂笼

貂笼用细钢筋做成一框架，然后用焊接网附贴在框架上即可。如果用 14 号铁丝制成焊接网，因丝较粗，制成笼后较硬实，可以不做框架。如果用较细的 16 号铁丝制成的焊网，就需要做框架。焊接网网眼要求 2 厘米×2 厘米。也可以用一些加工厂生产的下脚料——带孔的铁皮制成，这样的貂笼成本更低。貂笼的规格为：种貂用笼长×宽×高为 70 厘米× 55 厘米×40 厘米；商品皮貂用长×宽×高为 60 厘米×50 厘米×35 厘米。笼门规格：种貂笼高×宽为 30 厘米×30 厘米；商品皮貂笼 20 厘米×20 厘米。

小室的规格有几种情况：小室带活动隔的规格为长×宽×高为 45 厘米×35 厘米×45 厘米，出入圆孔直径 10 厘米，小室后门宽×高为 12 厘米×22 厘米。小室中间插有活动隔板。平时插上隔板，饲养 2 只貂。从妊娠期到仔貂分窝之前这一段时间，则取出隔板，饲养 1 只种貂。这种笼舍显著地提高了利用率。不用食盘笼舍的小室规格长×宽×高为 38 厘米×32 厘米×35 厘米。小室底距小室圆孔中心高 20 厘米。小室底做成活动式，底的一边用合页固定，另一边用挂钩挂上，当需清扫时，摘下挂钩小室污物即掉在地上。小室用插销活页或挂钩固定在貂笼的木框上，可以随时取下或挂上。在小室上面的貂笼木框上，做一开关门，门的里侧下框用木板钉一盛食台，台上钉一层光滑铁皮。喂貂时把饲料直接放在铁皮上。这种小室的优点是清扫方便，拆修方便。小室的整体图如 7—8，结构如图 7—9。

图 7—8 水貂小室

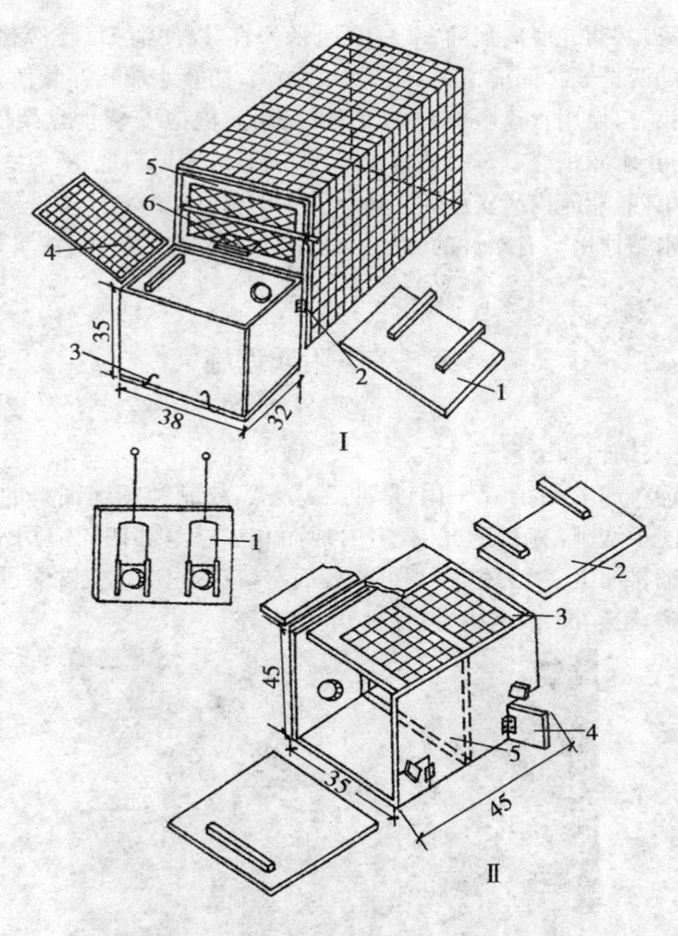

图7—9 小室结构(单位:厘米)

Ⅰ.不用食盘的笼舍

1.小室盖 2.插销活页 3.活底挂钩 4.小室二层盖 5.笼门 6.盛食台

Ⅱ带隔板小室

1.插板 2.小室盖 3.小室二层盖 4.小室门 5.隔板

在制作和安装貂笼和小室时,应注意以下情况:

第一,貂笼和小室的内面不得有铁丝头、钉尖、铁皮尖露出,以防划伤水貂皮肤或毛皮。

第二，貂笼底离地面30～40厘米为宜，以便清扫。貂笼摆放时相邻的两个笼之间应留4～5厘米的距离，防止水貂相互咬伤。

第三，使用食盘喂饲料的笼舍，在貂笼内应安装食盘架固定食盘，防止水貂把盛有饲料的食盘拖走弄翻，浪费饲料。

第四，貂笼内应安放饮水盒。安装的水盒要既便于冲洗添水，又便于水貂饮用。有条件的貂场应设计安装自动或半自动饮水装置。

第三节　附属设施

一、饲料加工室

饲料加工室（图7－10）是冲洗、蒸煮、绞制和调配饲料的地方。为了便于洗刷，有利于卫生，室内地面和墙壁基部四周应用水泥抹制。饲料加工室大小视种貂群规模而定，在室内应设置洗涤设施、熟制设施、粉碎机、绞肉机、搅拌机、电动机等。

图7－10　饲料加工室

二、冷库

冷库（图7－11）用于冷冻和贮藏动物性饲料，是大、中型貂场的重要设备之一。冷库速冻间的温度要调至－25℃以下，贮藏间的温度要达到－10℃以下，保证动物性饲料在一定时间内不会腐烂变质。

小型貂场可在背光阴凉地方或地下修建简易冷藏室。这种简易

冷藏室造价低，保管简便，但室内温度较高，饲料保存时间短。

图 7—11　冷库

三、毛皮加工室

毛皮加工室（图 7—12）是剥取水貂皮，并进行初加工的场所。加工室内设有供剥皮、刮油、洗皮等工序用的操作台。在加工室旁边应修建毛皮烘干室，室内设置若干晾皮架备用。

图 7—12　毛皮加工室

四、综合技术室

综合技术室包括兽医室、分析化验室和科学研究室3个部分。兽医室负责水貂场的卫生防疫和病貂诊断及治疗等。分析化验室负责水貂饲料营养成分分析、毒物鉴定、病原体培养和药敏试验等。科学研究室的任务是研究并解决水貂饲养过程中的科学理论及生产技术性课题研究，如光周期影响水貂繁殖的机制、种貂优良品种培育、水貂病的检出和治疗方法等。

五、其他设施和用具

（一）其他用具

除了貂棚、貂笼舍以外，还要根据本场具体情况，购置或制作一些常用工具，如种貂运输笼箱、串貂笼箱、自动捕貂笼箱、捕貂网（图7－13）。

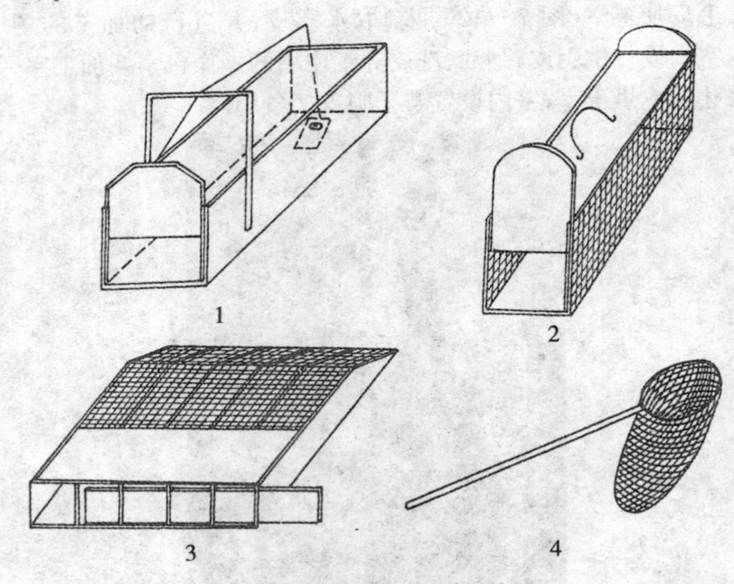

图7－13　貂场用具

1.自动捕貂箱　2.串貂笼箱　3.种貂运输箱　4.捕貂网

（二）其他设施

1.围墙（图7－14）

为防止水貂逃跑，貂场必须建围墙。围墙也要就地取材，土坯、砖头、石头、木板等都可以做材料。围墙里面必须平滑，墙的高度以1.8～2.0米为宜。

图7—14　貂场围墙

2.仓库(图7—15)

主要用于贮存谷物性饲料及其他干饲料，库内要阴凉干燥。它应设在饲料加工室附近，便于取料。

图7—15　貂场仓库

3. 菜窖（图 7—16）

在我国高纬度地区冬季时间长，所用青菜必须秋天贮存，所以必备菜窖，每年贮存一部分青菜供水貂慢慢饲用。

图 7—16　貂场菜窖

第八章　水貂皮质量鉴定及初加工

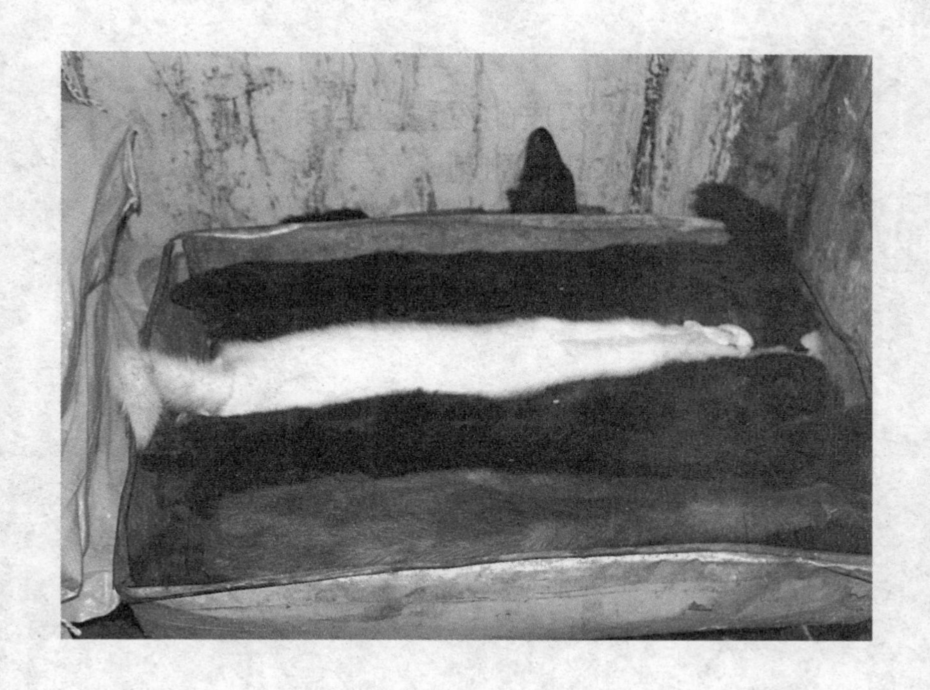

内容导读

水貂皮的质量鉴定
水貂皮剥制
水貂皮的分级与包装

第一节 水貂皮的质量鉴定

一、商品水貂皮质量鉴定

由于水貂在生长过程中受营养、饲养管理和健康因素的影响，所产貂皮在长度、毛色、毛质及毛型等方面均有差异，因此鉴定水貂皮品质是极复杂而又细致的技术工作。根据国家收购验质和国外拍卖精选情况，归纳如下。

(一)尺码

分尺码也叫量尺，就是测量水貂皮的长度，为了计价方便，按标准规定的长度分出尺码。中国水貂皮收购按尺码标准区分如下：

公貂皮长度	母貂皮长度
77 厘米以上	65 厘米以上
71～77 厘米	59～65 厘米
65～71 厘米	53～59 厘米
59～65 厘米	47～53 厘米
59 厘米以下	47 厘米以下

中国出口和拍卖会的长度标准同国际标准一致，分 0～6 号 7 个尺码，不分公貂、母貂皮。

0 号	77 厘米以上
1 号	71～77 厘米
2 号	65～71 厘米
3 号	59～65 厘米
4 号	53～59 厘米
5 号	47～53 厘米
6 号	47 厘米以下

上述尺码的间隔均为 6 厘米，为 1 档，测量时由工作人员在刻有标准尺码的案板上操作，量皮方法是，从皮的尾根至鼻尖。如遇档间皮，其长度就下不就上，如正好达到 65 厘米，这 1 张皮应为 3 号皮，

而不能放到上一档中。

(二)颜色

水貂皮的毛色包括标准色和彩色两大类。彩色皮在中国很少，不必分得太细。标准色貂皮国内收购规格中有毛色比差的规定，分为褐色以上、褐色、褐色以下 3 大色型。为适应世界裘皮市场的需要，中国出口和拍卖的水貂皮，一般分为最最褐色(xx—DARK)、最褐色(x—DARK)、褐色(DARK)、中褐色(MEDIUM)、浅褐色(PALE)5 种，这是用比较法来区别的，即首先选取具有代表性色样皮标样，再行比较。比样深的为上一色，浅的则为下一色，如此按标样上上、下下反复比较定色。

(三)等级

分等级就是鉴定毛绒质量，确定等级，主要取决于毛绒品质的优劣。鉴定时要依据毛绒的密度、针毛的覆盖力和弹性、针绒毛的比例以及毛绒的光泽程度 4 个大要点，结合毛皮所带有的伤残缺点等因素，按规格要求进行综合鉴别评定。中国国内收购分为甲级、乙级和等外皮，国外拍卖分为精选级、Ⅰ级、Ⅱ级和等外各级。

毛绒密度：要求毛绒细密丰足灵活。

针毛的覆盖力和弹性：要求针毛的外表平齐，能覆盖着绒毛，坚挺灵活，有弹性。

针绒毛的比例：是指针绒毛的长短比例，要求适中，针毛过长，外表乱而不平齐，针毛过短，绒毛裸露。

(四)毛型和色头

为了提高水貂皮的使用价值，力求水貂皮的毛型和底绒颜色一致，以提高竞争能力。出口参加拍卖的水貂皮，在以上要求的基础上，还要分出长毛和短毛，它是根据针毛和绒毛的长短来区分的。最后还要根据绒毛的不同颜色再分为蓝头、青灰头、红头和杂头，分别以 1、2、3、4 为色型代号，并依次从好到劣排列出档次。

水貂皮品质的鉴定是周密完善的系列工序，缺一不可。为不受外来光线的干扰，应在日光灯下进行，要求技术人员精力集中，前后要紧密配合，相互把关，不可重此轻彼。只有照此工作，所鉴定的水貂皮品质才能无愧于名贵商品的价值。

二、活水貂冬皮成熟的鉴定

活水貂什么时候取皮，要看冬皮成熟的情况而定。由于饲养管理和养貂场所处地理位置不同，活水貂冬皮成熟的早晚也有差异。不管群体冬皮成熟早晚如何，但每个个体皮成熟都有最佳标志，在最佳标志出现以前或以后取皮都会影响毛皮质量。所以，要把握水貂冬皮成熟的最佳时期，及时取皮是保证貂皮质量、提高经济效益的最关键的环节。

从外观看，冬皮成熟是水貂最美丽的时期，针毛由于底绒丰满而直立，毛绒灵活，富有光泽，尾部的毛蓬松，颈部和腹部的毛被在身体转动时出现一条条“裂缝”。还可以观察皮板的颜色，方法是把水貂捉住，吹开绒毛，观察皮肤是否呈淡粉红色或淡玫瑰色。如果已经达到淡粉红色，说明冬皮确已成熟。

在从外部观察基本确定后，要进行试宰。试宰的目的是看皮板成熟程度。皮板洁白是冬皮真正成熟的最好标志。要特别注意尾部的皮板，不完全成熟的水貂皮的皮板，往往在尾部留有黑色。还必须注意，彩貂一般皮板内色素较少，要多注意观察毛被的外观。而像煤黑貂这样的黑色突变型，在皮板成熟时也有一定的色素，判定时要灵活掌握。

第二节 水貂皮剥制

一、水貂处死时间

水貂处死日期是根据冬皮成熟程度而决定，冬皮从夏毛开始换成冬毛到成熟，有一定的时间，需要 80～90 天。一般来说，水貂处死和剥皮时间在 12 月初。但是，水貂处死和剥皮时间并不是固定的，冬皮成熟因地区的纬度不同而有变化。在纬度较低的地区，在自然状态下，毛皮成熟有向后推的现象。各地应根据自己地理位置、气象条件、饲养管理条件，从冬皮成熟的具体情况，确定最佳处死和取皮

时间。如果采用控光的方法提前取皮，取皮时间应在从控光开始日期计算80～90天，最早大概70多天就能取皮的。具体时间也应从冬皮成熟鉴定来确定。

二、水貂的处死方法

处死水貂的方法多种多样，关键是做到迅速而又不损伤或污染毛皮，保证毛皮质量，有利于初加工。下面介绍几种方法：

（一）折颈法

是处死水貂最常用的一种方法。此法操作简单、不需要任何工具、效果很好。其操作方法是，将水貂捉住后，放在坚固平滑的物体上，用左手压着水貂的背部，用右手托住下颌部；把水貂的头部向后推，翻过来后左右两手同时把头向下按。在按下的过程中，略向前推，有骨折声，即为颈椎折断。下按时必须迅速有力，特别是在处死公貂时，更需要有力。在折颈前，且不可用木棒或铁器击昏水貂，以免损伤皮板和血从口中流出，污染毛皮。

（二）心脏空气注入法

用一般的医用注射器，装好针头，抽满空气，将针头插入水貂心脏，注入空气，即可致死。这种方法比较省力，但必须熟悉心脏部位，熟练技术，使注射器针头能一下插入心脏，才能做到又快又好。

（三）电击法

目前有一种电击处死家兔、水貂的电击棒，其一端接电源，另一端分两极，处死水貂时将分两极的一端放在水貂头部，通过电流击晕水貂。利用这种方法能干净利落地处死水貂。

（四）心脏注射氯仿法

准备好注射器、针头和氯仿。将注射器抽满氯仿，操作过程和注入空气法一样，每只水貂注射2毫升氯仿，几分后水貂即可死亡。

水貂处死后，必须放在清洁的麻袋等物上，不能随意放在地上。随意抛置使沙粒等污物粘在绒毛上，使洗皮时出现困难，或者刮抽时由于绒毛内不平而造成刀伤。

三、水貂剥皮

水貂商品皮为筒皮，筒皮应去掉前爪掌，而头部、两后肢、尾部都应完整。因此，水貂剥皮时应有一定的方法和操作步骤，必须认真执行，否则会影响水貂皮的质量。

（一）做好剥皮的准备工作

水貂剥皮前要做好准备工作。根据每年生产的商品貂的多少，准备好挑刀、手术剪、刮油刀、阔叶树的锯末等，以及剥皮时操作的案板。如果每年都要剥水貂皮，可以在剥制水貂皮以前把原有的设备、用具进行清点、修理，能用的继续使用，不能用的要重新购置，以防到剥皮时措手不及，见图 8—1。

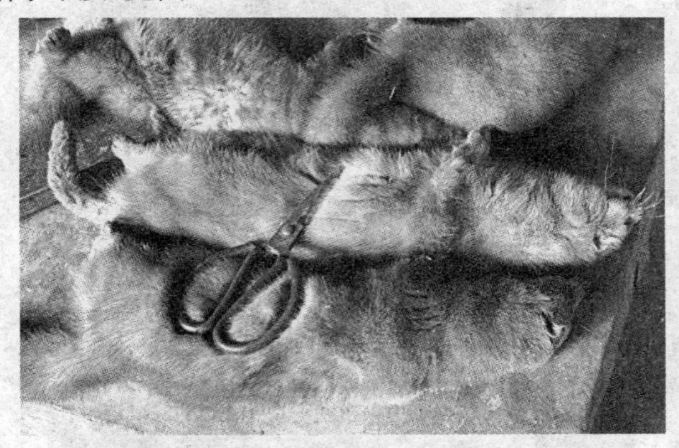

图 8—1 剥皮准备

（二）挑裆

先用挑刀从后肢爪掌中间横过离肛门 3 厘米直至另一后爪掌中间，然后从尾部中线的中点直线挑至肛门后缘，再从肛门分别挑至两后爪掌，去掉一块小三角形毛皮。左右后腿上的开裆线，必须严格按照长短毛为分界线。无论是背面的长毛由于开裆线偏向背部而挑到腹面的皮上，还是腹部的短毛由于开裆线偏向腹面而挑到背面，都会使皮张不齐，从而影响皮张的长度和外形美观。见图 8—2。

图 8—2 挑裆

（三）抽尾

开挡后用手或钳子等工具把尾骨抽出，然后把尾部的皮剥离，使其脱离尾骨。同时，把两前肢的爪掌剪掉，把前肢挑好。前肢的挑法是，从掌心顺着腹面挑至肘关节，也可以从肘关节挑至掌心，要注意适当。也有不挑开前肢而待洗皮时再进行处理。见图 8—3。

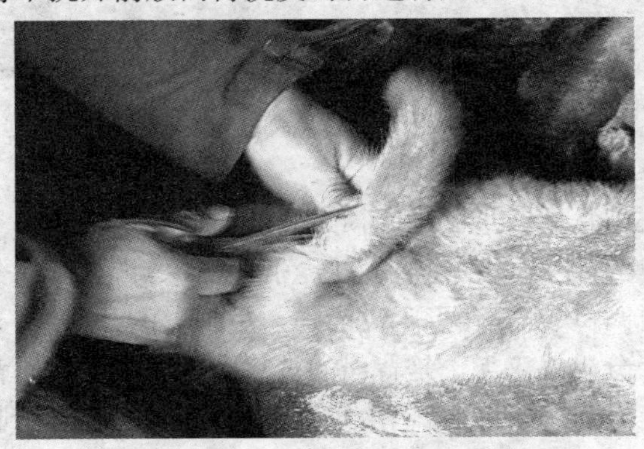

图 8—3 抽尾

（四）剥离

在完成上述挑皮工作以后，可以进行剥离。剥离时，先用手指插入后腿的皮和肌肉之间，用手指细心地剥下整个后腿的皮。剥离到掌心开裆尽头处时，用手指插入足趾背面，把足趾背面的皮剥离，达到能顺利地把爪翻过来为止。把爪翻过后，剪掉趾骨，只留爪尖和少许趾骨在皮上。在两后腿上的皮完全剥离后，将其中一条腿挂在工作台的钉子上，或用其他方法固定，接着两手抓皮向下成筒状整个剥离皮张。剥公貂皮张时，要先将阴茎剪断，以免剥离时撕坏生殖器处的皮张。剥离前肢时，也应特别注意避免撕破皮张。对头部要求耳、眼、鼻部剥得完整。因此，在这些部位都要用刀或剪轻轻地割断皮和肉的连接，渐渐剥离，见图 8－4。在分割时，特别注意不要把眼和耳割大。最后把鼻割下时，即能得到一张完整的筒皮。

图 8－4　剥离

四、剥离后水貂皮的刮油与洗皮

（一）刮油

貂皮剥成筒状后，要把剥离时附着在皮板上的脂肪和肌肉刮净，这项工作称刮油（图 8－5）。刮油要求既要把脂肪去得干净，又要在用刀刮油时不伤害皮板。有两种情况容易损伤皮板：一种是在刮油时技术不熟练或粗心，在皮板上割开裂口。这种损伤会大大降低皮张的等级，必须尽量避免；另一种是在刮油时刮得过分，使皮板上露

出毛根，甚至带出针毛。这种损伤会使干燥后的针毛脱落，造成缺针，同样会大大降低毛皮等级。刮油前一定要保持貂皮上脂肪不干燥，以免造成刮油时困难。

图 8—5 刮油

刮油的方法是，把筒皮套在适宜的厚橡皮管上，用刀刮去脂肪和肌肉。所用的刀各场不尽相同，可以根据自己的习惯而定。重要的是要有熟练的技术，只要有较高的刮油技术和严格认真的态度，不论用哪一种刀都可以取得良好的效果。刮油操作时，把前端适当固定，把鼻部挂在工作台的钉子上，然后从尾部和后肢开始向前刮。边刮边用锯末搓洗皮板和手指，以防止脂肪污染毛绒。

头部的皮板上的肌肉往往无法用刀刮净，因此刮油完成后，要用剪刀将头部皮板上的肌肉剪去，达到基本干净。

刮油必须在剥制后短时间内完成，在貂群比较大的饲养场，也是一种繁重的体力劳动。今后可以研究机械化刮油，减轻饲养场饲养员的繁重劳动。

（二）洗皮

每张貂皮刮完油以后，要随时洗皮（见图 8—6）。洗皮是用类似小米粒大小的硬质锯末洗净皮板上和毛上所粘的油脂，先洗皮板上的浮油，然后将皮筒翻过来洗毛。洗皮用的锯末一律过筛，除去细粉状的锯末和灰尘。不能使用细锯末和麸皮洗皮，因为过细的锯末和麸皮会粘在绒毛内，不易去除。也不能使用带有油脂的锯末。洗皮的目的是要洗净皮板和毛被上的油脂，使毛绒洁净而达到应有的光泽。

现在大型养貂场是用机械洗皮，机械洗皮是用洗皮滚筒和滚笼，洗皮滚筒用木板做成，呈扁圆形。滚笼类似滚筒，周围是用1.5厘米网眼的铁丝网包围。把水貂皮和锯末装在筒内，装皮数量多少，要根据滚筒的大小而定。用电动机带动滚筒、滚笼转动，转速为20转/分。把洗完的貂皮放入滚笼内，甩净锯末。

图8—6 洗皮

五、鲜皮的上楦和干燥

(一)上楦

上楦的目的是使水貂皮具有一定的规格形状，并失去大部分水分，干燥时不变形，达到商品要求，见图8—7。

图8—7 上楦

1. 楦板的规格

我国水貂皮楦板按规定分两种，一种是公貂皮楦板，一种是母貂皮楦板，其规格分别如下：

(1)公貂皮楦板　全长110厘米，厚1.1厘米。

第一，由楦板尖起至2厘米处其宽为3.6厘米，由楦板尖起至13厘米处其宽为5.8厘米，由楦板尖起至90厘米处其宽度为11.5厘米。

第二，为使水貂皮上楦后通气良好，在楦板两面和两侧开有槽沟。由楦板尖起至13厘米处在板面中间开一个宽为0.5厘米、长71厘米的透槽为中槽；在中槽两侧对称各开一条长为84厘米、宽为2厘米的半槽。

第三，由楦板尖起在两侧厚度正中开一条小槽沟；距楦板尖14厘米处，从厚度中间开一条两侧对称、长14厘米和中槽相通的透槽。

(2)母貂皮楦板规格　全长90厘米，厚1厘米。

第一，由楦板尖起至2厘米处其宽2厘米，由楦板尖起至11厘米处其宽5厘米，由楦板尖起至71厘米处其宽7.2厘米。

第二，为使水貂皮上楦板后通风良好，在楦板两面和两侧开有槽沟。由楦板尖起至13厘米处在板面中开一条长60厘米、宽0.5厘米的透槽为中槽；在中槽两侧对称各开一条长70厘米、宽1.5厘米的半槽。

第三，由楦板尖起至13厘米处的中间开一条宽1.5厘米的半槽，由楦板尖起在两侧厚度中央开一条小槽沟，距楦板尖12厘米处从厚度中间开一条两侧对称、长13厘米和中槽相通的透槽。公貂和母貂楦板外形如图8－8。

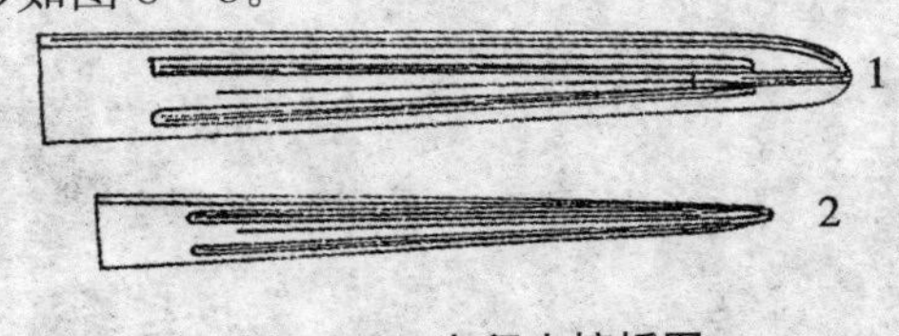

图8－8　水貂皮楦板图

1. 公貂皮楦板　2. 母貂皮楦板

2. 上楦方法

楦板上刻有公、母貂皮长度尺码的刻度。上楦先用旧报纸成斜角形式缠在楦板上，把水貂皮套在带纸的楦板上，先拉两前腿调正，并把两前腿顺着腿筒翻入胸内侧，使露出的腿口和全身毛面平齐。在烘干条件较差或自然晾干的水貂场，为了防止貂腿在内侧不能及时干燥而造成闷皮脱毛，可以先将貂皮两前腿板朝外，在六七成干时再顺着腿筒翻入胸内侧。然后翻转楦板，使貂皮背面向上，上正头部时，拉两耳使头部尽量伸长，但不要拉貂皮任何有效部位，最后拉臀部。如果和打尺板上的某一刻度接近，可以拉到这个刻度。用比臀部稍窄的硬纸片或细孔网状物的下一端与拉到一定刻度的臀部貂皮固定在尾根处。两手固定不动，用两拇指从尾根开始依次横拉尾的皮面，折成许多横的皱褶，直至尾尖。如此反复拉 2～3 次，以缩短尾皮长度为原长的 2/3 或 1/2，再把折成的许多小横褶放平，然后把纸板或细孔网状物翻下来压满尾上，用图钉或钉书钉固定。要防止此处闷皮脱毛。

水貂皮背面上好后，翻为腹面向上，拉宽左右腿和腹侧，铺平在楦板上，使腹面和臀部边缘平齐，再拉宽两后腿，使两腿平直靠近。压网状物用钉固定，再把下唇折入里侧。上好楦后，准备烘干。

采取两次上楦时，方法与上述介绍的类似，注意拉长头部，但不要捋板皮。

（二）烘干（图 8—9）

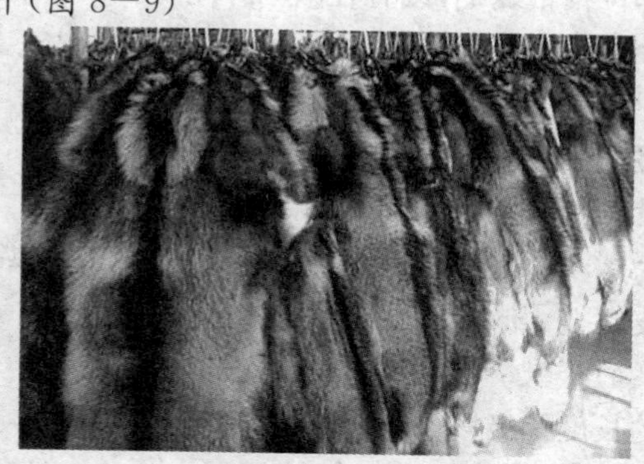

图 8—9 烘干

干燥室的温度要保持 20～50℃，温度不要过高，严禁暴热或暴烤。防止出现毛锋弯曲、焦板、闷板脱毛现象。

应积极创造条件，采用在常温下送风、吸潮，一次上楦的烘干方法，这种方法能保持貂的正常形态。

第三节　水貂皮的分级与包装

水貂皮干燥后，应尽快进行整理；级别相近的归在一起，以便进行分级。为了避免自然光强弱对貂皮分级时颜色辨别有影响，所以在验貂皮时一定要在灯光下进行。灯光设置要距验质案板上面 70 厘米高处设 2 只 80 瓦的日光灯管，案板最好是浅蓝色的。具备这样条件的验质室，有利于验质和分级。

水貂皮分级应严格按照国家规定的水貂皮分级规格进行，规格标准如下：

一、水貂皮的等级划分

（一）甲级皮

毛色黑褐，光亮，背腹毛绒平齐、灵活，板质好，无伤残。

（二）乙级皮

毛色黑褐，毛绒略空疏，两侧略显露绒毛，或甲级皮质量略差、毛色淡或次要部位稍带夏毛，或有轻微塌脖塌脊者。

（三）等外皮

不符合甲级、乙级规格的，列为等外。

二、水貂皮的等级比差

（一）质量等级比差

甲级皮为 100％，乙级皮为 75％，等外皮在 50％以下，按质量评价。彩色貂皮暂按 125％。

（二）长度的分级

水貂皮的长度等级按尺码，其尺码标准：

1. 公貂皮

77 厘米以上为 130%，71～77 厘米为 120%，65～71 厘米为 110%，59～65 厘米为 100%，59 厘米以下为 90%。

2. 母貂皮

50～55 厘米为 100%，55～60 厘米为 110%，60 厘米以上为 120%，50 厘米以下为 90%。

3. 公、母貂皮比差

公皮为 100%，母皮为 80%。

根据尺码标准所作的几点说明：

第一，量皮的方法是量鼻尖和尾根的长度。

第二，长度每档交叉时，就低不就高。

第三，上述各等级尺码规定系指统一楦板而言，若不符合统一楦板规格的规定，或母皮止公皮的楦板，公皮上母皮的楦板，一律降级处理。

第四，缺尾不超过 50%；腹部有垂直的白线宽度不超过 0.5 厘米；腹后裆秃针不超过 5 厘米^2；皮身有少数分散白针；有孔洞 1 处，不超过 0.5 厘米^2 等，均不按缺点论。

第五，自咬伤和擦伤或小伤疤不超过 2 厘米^2 者；流针飞绒轻微者；有白毛锋集中 1 处，面积不超过 1 厘米^2 者，按乙级皮收购。严重者按等外皮处理。

第六，受闷脱毛、开片皮、白底绒、灰白绒、毛锋勾曲较重者，按等外皮处理。

第七，开裆不正；缺后腿、缺鼻、撑拉过大，毛绒空疏；春季淘汰皮和非季节性死亡皮；刀伤皮洞；缠结毛均酌情定级。

第八，彩貂皮应用此规格，但要求毛色符合本色型标准，不带老毛。颜色不纯，按标准貂皮规格收购。花貂皮一律按等外皮处理。

三、水貂皮的包装

水貂皮应一丝不苟地按上述等级，分别归类，然后按类包装，见图 8－10。包装以 20 张水貂皮为 1 捆，如一类不足 20 张或余数不足 20 张时，也应视作 1 捆，不同等级不应混为 1 捆。打捆时，水貂皮应背对背、腹对腹叠好，先用纸条在水貂皮头部缠好，然后在纸条上

用绳系好。缚绳应松紧适宜。把包捆好的水貂皮装入长度适宜的木箱内，决不能随便塞入麻袋等软的包装物内，以保证水貂皮能保持干燥后整齐美观的外形，符合水貂皮作为商品的要求。在包装和装箱时，都要清楚标明等级、尺码和皮张数。

图 8—10 貂皮打捆分级

第九章　水貂疾病防治

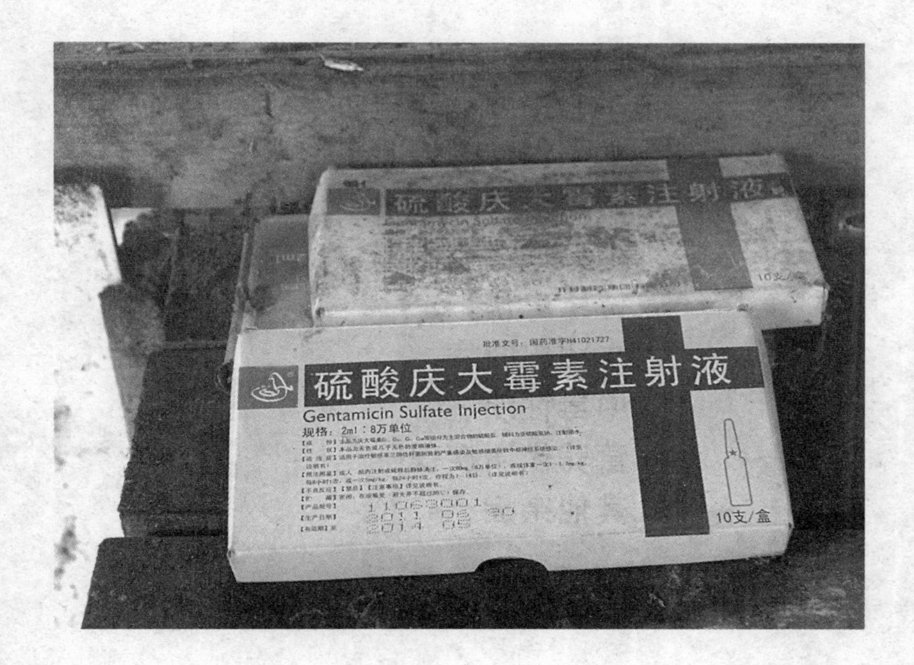
硫酸庆大霉素注射液
批准文号：国药准字H41021727
硫酸庆大霉素注射液
Gentamicin Sulfate Injection
规格：2ml：8万单位
10支/盒

内容导读

水貂场的卫生与防疫
水貂疾病的诊断方法
病毒性传染病
细菌性传染病
寄生虫病
水貂皮肤病
中毒性疾病
营养代谢疾病
其他杂症

疾病防治也是养貂的重要环节，"防重于治"的养貂原则要作为一项制度贯彻到养貂的始终，这样才能保证有健康的貂群。否则貂群容易感染疾病，到那时虽然投入了人力、物力进行治疗，也免不了受损失，降低了养貂的经济效益。

第一节　水貂场的卫生与防疫

一、水貂场的卫生

卫生包括环境卫生、饲料卫生、饮水卫生、笼舍卫生、饲料加工室和工具的卫生。

（一）环境卫生

环境卫生是指水貂场内外的卫生。水貂场周围的小坑、小水沟都要及时填平，防止积存污水，造成病原体滋生；污水沟要及时疏通，使污水尽快流走，不能污染貂场环境。要经常清除貂场附近不清洁的地方，防止病原体滋生。要注意经常打扫场区内的卫生，保持经常清洁，减少病菌滋生；注意夏季场区内的灭蝇工作，防止苍蝇把病原体带到场内。消灭蝇的最好办法是管好粪便和剩食；夏季应及时将粪便和剩食清离貂场，搞好场内外的卫生，清除一切腐败污物，不让苍蝇滋生。经常杀灭蝇蛆，灭蝇蛆经常用的药物有敌百虫、生石灰等，定期撒在貂粪上和四周，撒在饲料室附近以及下水道周围，貂笼下也经常撒生石灰尘，这样可以彻底消灭蝇蛆，使成蝇大大减少。在饲料室附近和饲料室内，将浸有敌敌畏的棉球悬挂在远离加工设施一侧空间，通过药液挥发，可有效地消灭苍蝇。必须将死亡的成蝇及时扫出，以免混入饲料中。

(二)饲料卫生

养貂场对所购的饲料一定要认真检验把好入库关,不能购进来源不明的动物性饲料,从外地购进动物性饲料时,一定要对当地的疫情考察清楚。不准从疫区采购饲料。大批购进动物性饲料,一定要经检疫确认无疫病的病原体污染时,方能入库。因病原体混入或购了不明原因死亡的畜禽肉、内脏不能做貂的饲料。

绝对禁止使用发霉、变质的谷物性饲料。生产实践证明,水貂吃了变质的饲料,常常引起厌食、拒食或感染疾病。妊娠母貂若吃了发霉变质的饲料,往往造成胚胎被吸收、流产、产出死胎、产后无奶等症状,造成繁殖失败。

对肉、鱼类等动物性饲料加工前要认真检查,首先清除杂质,剔除有害部分,如脂肪、毒鱼等,并用0.1%的高锰酸钾洗涤除污,然后用清水冲洗。

对蔬菜要除去根部、黄叶和腐烂的部分,清洗除去泥土。为防止蔬菜采收前喷农药,使用前一定要很好地清洗,以防农药残留部分引起水貂中毒。

谷物性饲料在使用前应加工成细粉,按比例混合后蒸成窝窝头,使用时用绞肉机绞成细末,再拌入动物性饲料绞制的碎末,这样加工消化率会高一些。现在谷物性饲料有的是膨化产品,即膨化玉米、膨化大豆,使用前按比例配合,用温开水浸泡就可喂貂,消化率高。

牛奶应采用瞬煮沸消毒法,以杀死其中可能存在的结核菌、布氏杆菌等。

对饲料采购、使用要实行层层把关的制度,杜绝因饲料品质不好出现问题。首先是采购员不得采购腐败变质的饲料;库房保管对进库的饲料要认真验收,不接收腐败变质饲料;饲料加工人员在领取饲料原料时,也要认真检查,不领取腐败变质的饲料原料;饲养员要认真监督,坚决不喂变质原料加工的全价饲料。经过层层把关,就能防止腐败变质原料进场。在哪一环节发现问题,追究哪一环节的责任。

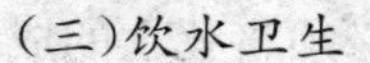

(三)饮水卫生

饮水要充足、新鲜,勤换水,保证饮水卫生。每次换水前,先把水缸中的剩水倒掉，清除落入水缸中的食物残渣、粪便等，然后再加入新鲜水。

禁止用死水、污水作饮水，因为其中会有很多病菌和寄生虫卵，水貂饮用这样不洁的水后会感染疾病。当怀疑饮水不洁时，应用漂白粉或高锰酸钾进行消毒，一般在100千克水中加1克漂白粉(纯)即可杀死水中的各种病原体。如用高锰酸钾，浓度应在0.1%，用视觉判断，水色应达到浅紫红色。

(四)笼舍卫生

水貂有藏食习性，常将饲料叼到小室内存放，因此应每天清除小室内积存的剩食和粪便，笼内也应每天清扫。小室还应勤换垫草，用以防寒保暖和吸潮。所用垫草必须柔软干燥，秋、冬温度低的季节应经常添或换，以保证防寒吸潮。哺乳期从仔貂开始吃料时起，母貂就不再舔食仔貂的粪便，仔貂这时还没有出小室排便的习惯，常常把粪便排在小室内，再加上母貂叼食、仔貂争相抢食，最容易将小室垫草弄脏、弄湿，所以要求每天按时清理垫草，补添一部分干草或完全换成干草。

另外，貂粪要及时清理运出场外，否则时间长了粪便发酵，散发臭味。同时也容易通过粪便传播疾病。运出场外的粪便，至少要远离养殖区100米，在粪便上撒一层土，进行生物发酵以杀死粪便中的病原体和虫卵。

(五)饲料加工室和工具的卫生

有人把饲料加工室比作养貂场的心脏，可见饲料加工室的重要性，它负有整个养貂安全的重要责任。鱼、肉饲料是细菌很好的“培养基”，容易成为细菌滋生的场所，所以饲料加工室地面、墙壁最好修成水泥面，以利冲洗、消毒。每次加工完饲料必须认真冲洗，要消灭每一处死角，使细菌无法滋生。

饲料室内绝对禁止存放各种消毒剂、农药等有毒物品，以防加工时不慎投入饲料中，使水貂食后中毒。饲料室除加工饲料外，不能兼作他用，如加工其他产品，避免将病原菌带入饲料加工室内。饲料室不能有苍蝇和老鼠等存在。

饲料加工工具，如绞肉机、大盆、水桶、锅、铲等，使用后必须清洗洁净。为了清除附在各种工具上的脂肪，应定期用热碱水洗刷除脂。

对貂常用食具，如食盆或食槽，水盒或水缸等，都要保持清洁卫生。喂食盆每次用后都要清理干净，防止水貂吃剩食，特别是夏季气温高的时期，剩食会变质滋生病菌，水貂吃了会生病的。水缸也应经常洗刷，保证水貂饮到清洁的饮水。

二、水貂场的防疫工作

防疫工作分两个方面，一是加强貂场消毒工作，防止疫病发生；另一方面是给水貂进行防疫注射，增加水貂的抗病能力。

（一）水貂场一般防疫工作

病貂和患过传染病的水貂是引起传染病的流行病源。因此，凡是从外地、外场引种时，应隔离饲养 2 周以上再进入本场内正常饲养管理。在隔离饲养观察期间要进行主要传染病的检疫，发现问题貂及时挑出，单独隔离饲养和治疗。从国外引种时，也要在口岸停留观察 2 周，确认无传染病时，才能交给引种的省、区，或场。

貂场内的出入口、饲料加工室出入口设消毒池，非养貂人员不得随意进出水貂场和饲料加工室，外来参观人员进入时，必须严格消毒后方能进入。饲养员的工作服和胶靴严禁穿出场外，以防止把病原体带入场内。

养貂场一旦发生疫情，一方面应及时向当地政府防疫主管部门报告疫情；另一方面应马上采取紧急措施，即把患病的貂和疑似患病的貂隔离饲养，必要时封锁全场。因传染病死亡的貂尸体及其排泄物，必须深埋。被传染病污染的环境、用具或饲养员工作服、胶靴等，必须严格消毒。

（二）水貂场的消毒工作

消毒是预防传染病、扑灭传染源的有效措施。水貂场必须建立严格的消毒制度。消毒可以分为预防性消毒、临时性消毒和终末性消毒 3 种。

1. 预防性消毒

是为了预防貂场发生传染疫进行的经常性的定期消毒工作。如貂场经常性的地面消毒常用生石灰或石灰乳喷洒消毒。每年产子和仔貂分窝以前的笼舍用3%来苏儿或2%的氢氧化钠消毒或用火焰消毒1次。饲料加工用具、食盆、水盒、饲料桶等，定期用0.2%的高锰酸钾溶液浸泡消毒。饲料加工室和貂棚附近环境，也用来苏儿消毒。

2. 临时性消毒

这种消毒通常用于已发生某种传染病的貂场。可连续或不定期地对病貂排出的粪便及所污染的环境和工具等进行消毒。临时消毒可防止传染病继续蔓延。

3. 终末性消毒

发生传染病的貂场当最后一头病貂治愈后，为彻底消灭传染源，而进行的消毒称终末消毒。终末消毒必须做到完全彻底。凡被病貂污染的一切区域、笼舍、工具、食具以及饲养员的工作服、胶靴等，均应进行彻底消毒，否则会留下后患，使传染病再次发生。

(三)预防接种

预防接种是防止传染病发生的有效方法，多在传染病流行季节到来之前进行。

1. 疫苗和菌苗接种

这种接种是对水貂的主动预防，效果好。但是防疫注射后经一定时间才能产生免疫抗体，获得稳定而持久的免疫性。这种免疫措施不仅适用于无传染病的貂场，也适用于发生传染病的貂场。例如水貂发生病毒性肠炎时，实行疫苗紧急接种，可以控制该病的流行。这时接种对没带病毒的水貂可以起到预防作用，而对带病毒处在潜伏期的水貂无效，甚至还有加速其病情或促进其死亡的作用。

2. 免疫血清预防注射

这种免疫方法是被动免疫，免疫期短，但能迅速见效。在已发生传染病的水貂场兼有治疗作用。水貂常用的免疫血清有巴氏杆菌多价免疫血清、大肠杆菌免疫血清、犬瘟热抗血清、细小病毒抗血清等。

免疫方法以前是注射免疫，现在已经实行喷雾免疫，其方法是免疫时根据小室水貂数量而定，每只貂只需数秒，因免疫时不需要人抓

貂注射,其效率比注射提高数倍。

3.药物预防

根据貂场常见病的发病情况,可以在饲料中提前加入预防肠道病的药物,如黏杆菌素、黄霉素、杆菌肽锌、安普霉素等,有促生长作用和杀灭肠道内病原菌的作用。

第二节　水貂疾病的诊断方法

一、一般临床诊断

通过兽医人员观察,看患貂的异常表现。如精神状态,眼睛的灵活性,体况的肥瘦,毛被的完整性和有无光泽,鼻镜和眼的干湿度,口角闭合状态,采食情况,剩食多少,粪便变化,饮水多少,呼吸频率,头、颈、躯干、四肢和尾有无异常变化,以及场容、场貌、卫生条件都要观察。大型水貂饲养场技术员和兽医员每天早晨都进貂场,观察水貂体况,剩食情况、粪便是否异常等,发现异常应及时处理。小型水貂饲养场饲养员就兼负了技术员和兽医员的工作,每天早晨也都要到貂群中检查分管的貂群,发现问题要及时向负责人反映,以便场内技术人员掌握貂群健康状况,做出处理。一般性诊断应做好以下几方面的工作。

(一)问诊

首先向饲养员了解饲养管理情况,如饲料的原料种类变化、来源、品种、质量、贮存等情况;日粮的组成成分、日粮配方变更时间,变更前后貂群吃食情况,饲料加工情况等。然后再向饲养员了解病貂的情况。如什么时间出现的吃食减少,有什么异常现象,粪便有什么变化,貂群什么时间出现死亡个体,以前得过哪些疾病等。

(二)触诊

触摸患貂的趾端和患部温度、硬度的局部变化以及皮肤的完整性如何。触诊对诊断水貂黄脂胶病、脓肿、膀胱结石有实际意义。一般性黄脂肪病,触摸鼠蹊部脂肪有绳索状肿块,可以作为初步诊断。

(三)叩诊

判断水貂胃肠膨胀,或诊断胸腹部积水,应采用叩诊的方法。

(四)嗅诊

兽医员通过嗅觉,辨别病貂分泌或排泄物的气味,判断是否有特殊气味的疾病。

(五)测定体温

对水貂测体温,是指测肛门内的温度,一般很少用,有时诊断需要,也必须给患貂测体温。测定方法是,一人保定水貂,另一人将体温计插入患貂肛门5～6厘米处,并保护不让体温计掉出,5分后取出观察并记录。

二、实验室诊断

(一)血液检查

血液检查又可分为有形成分检查和血清学检查两个方面。

1.有形成分检查

水貂血液有形成分检查,即对红细胞、白细胞的检查。水貂血液检查采血比较困难,一般采用脚趾尖采血,多是在后肢某一趾尖消毒后,用手术剪刀在爪尖红白交界处剪断,血液流出后,用毛细玻璃管或红白细胞计数用的吸管吸采。红细胞、白细胞计数和血红蛋白测定,按传统实验室方法进行。

2.血清学检查

一般用于传染性疾病诊断,通常用抗原抗体反应的方法,检查未知的抗原或抗体,进而根据检验结果判定是哪一种传染病。目前用这种方法常检查的是阿留申病。从水貂后肢爪尖采血,做免疫电泳,判断被检个体是否阿留申病阳性。诊断犬瘟热时,用荧光法或酶标法。随着科学技术的发展,这些方法会在水貂检疫中广泛应用。

(二)尿液检查

1.尿液收集

在水貂习惯排便、撒尿的位置笼下,斜放一个干净的搪瓷盆,当水貂排便时,粪便常悬在笼底以上,尿液随时流下被盆接着,取之用以检验。

2. 尿液颜色观察

正常水貂尿液呈浅黄色，透明；含有红细胞的尿液呈淡红色或咖啡色；含有多种胆色素时，呈褐色；肝、肾炎症明显，尿呈红褐色。

3. 尿的 pH 值测定

水貂尿液在正常情况下 pH 值为 6.0～6.5。如果泌尿系统发生炎症时，尿液呈碱性反应。取红色或蓝色石蕊试纸各 1 条，置尿液中蘸湿，若试纸由红变蓝，为碱性反应；由蓝变红为酸性反应。

4. 蛋白质检查

健康貂尿液中含有微量或不含蛋白质，当尿液中蛋白质含量明显，说明泌尿系统有炎症。检查蛋白质的方法是：取 2 支洗干净的试管，各加 2 毫升被检尿液。然后向试管中加入试剂，其中一支试管中加入 20％碘硫酸液 2～3 滴，另一支试管加入 2～3 滴蒸馏水做对照，如尿中有蛋白质存在，加试剂的试管中出现白色混浊或絮状沉淀。水貂患阿留申病时，尿中就出现蛋白质。

5. 尿中有形成分检查

这一项检查是在显微镜下进行的，在显微镜下可以观察到红细胞、白细胞、管形、黏液丝以及尿酸盐等，根据这些可以做辅助诊断。

三、病原体诊断

这一内容放在各传染病诊断部分叙述，这里不再介绍。

第三节　病毒性传染病

一、犬瘟热病

水貂犬瘟热病是由犬瘟热病毒引起的危害幼貂的一种传染性极强的急性热性传染病。本病主要危害幼貂，对幼犬、幼狐、幼貉等犬科动物的幼体也有极高的传染性。本病的特征是：出现复相热、鼻炎、支气管炎等呼吸道及消化道严重障碍，少数病例出现脑炎。以上动物的成年体也能受感染而发病。

（一）病原及流行

该病毒对干燥和寒冷有很强的抵抗力。在室温下能存活 7～8 天。对碱性溶液抵抗率低，常用 3%氢氧化钠溶液作消毒剂，效果好。

病貂是本病的主要传染源，水貂场中同时养有护卫犬、狐、貉等毛皮动物，这些动物发生犬瘟热后，也成为本貂场的传染源。病毒大量存在于发病动物的鼻液、唾液中，也见于泪水、血液、脑脊中、淋巴、肝、脾、心包液、脑、胸腔积液、腹水中都有病毒存在，并通过尿液长期排毒。有病的动物与健康的动物接触或通过飞沫经呼吸道感染，也可以经过污染的食物经消化道感染。

不同年龄、性别、种类的毛皮动物都可能感染，以育成阶段的水貂、狐、貉、犬等最易感染，自然发病的致死率高达 100%。本病一年四季均可发生。

（二）症状

潜伏期 3～6 天。发病初期精神不振，无食欲、流眼泪和水样鼻液。体温 40℃左右，持续 8～18 小时后，经 1～2 天的正常体温的潜伏期，体温再度升高到 40℃，并持续数天，持续时间和温度取决于器官病变严重程度。在高热情况下 2～3 天内死亡的最急性型病例少见。一般在第二次体温升高时病情恶化，出现呼吸系统、消化系统、神经系统的症状。

呼吸系统的症状是本病的主要症状，表现为鼻镜干燥、鼻液增多，并逐渐变为黏液性和脓性，有时混有血液，打喷嚏或咳嗽时，附着在鼻孔周围。呼吸加快，张口呼吸，但症状恶化时呼吸减弱，由张口呼吸变为腹式呼吸。

随着病情的发展，病貂食欲下降，以后变为拒食。由于消化功能减退，往往发生呕吐。初期便秘，以后粪便变稀，混有黏液，有时混有血液和气泡。口腔内发生溃疡，有的舌色变白。

在下腹部和股内侧皮肤上出现米粒大小的红色丘疹、水肿及水肿化脓性丘疹。随着症状的发展，其数目增多、体积增大。在恢复期脓性丘疹消失。皮肤弹性消失，被毛失去光泽。

神经症状有的个体一开始就出现，有的个体在恢复期出现。神经症状表现为痉挛、癫痫发作，对刺激的反应性增强，有时发狂。痉挛多见于颜面部、唇部、眼睑，口一闭一合。严重病例，可转圈运动，后躯麻痹不能站立，大小便失禁，昏睡死亡。有的出现舞蹈状动作，出现踏脚的特征症状。一开始出现神经症状的病貂，多呈急性经过，病程短，在1～2天内死亡。

另外，眼结膜肿胀时，出现结膜炎，有脓性眼屎，进而发生角膜溃疡。末期心脏受损害。

发生本病的患貂死亡率为30%～80%。有继发病菌感染的或与传染性肝炎混合感染的，死亡率更高。

(三)病理变化

解剖病死貂，肺脏上可见新鲜的出血斑，直肠黏膜皱襞上常有出血。自然感染的病例若发生继发细菌感染，可见严重的化脓性支气管肺炎，出血性肠炎，肠内容物呈现煤焦油状。病的后期患貂脚垫干燥变厚，失去弹性。

组织学检查时可在病貂各器官上皮组织细胞中发现包涵体。包涵体在细胞核及细胞质内，以细胞质内居多。包涵体呈圆形或椭圆形，直径1～2微米。

(四)诊断

典型病例根据临床症状及流行病学资料，可以做出诊断；但是，由于与其体病原体混合感染，能使症状复杂化，应特别注意与犬传染性肝炎的鉴别。用犬瘟热快速诊断试剂盒可作为辅助诊断。

(五)防治

1.预防

防止本病发生重在预防。其措施有以下几个环节：

(1)用犬瘟热疫苗防疫注射　目前国内外对防犬瘟热病均使用的是犬瘟热弱毒疫苗，用该疫苗接种后很快见效，一般接种后7～15天产生抗体，30天后免疫达到90%～100%，免疫期1年以上。孕貂也可接种，对胎儿无不良影响。对已发病的水貂不能100%地保护，但有一定的治疗作用，对轻症病貂有治愈的作用。

一般常规防疫免疫注射应在仔貂分窝后的15～20天进行，先注射1次后，间隔7天再注射1次，两次皮下注射效果为好，各次注射全量的1/2。也可一次皮下注射全量的疫苗。种貂免疫注射与分窝后的仔貂一起进行，一年接种一次即可。疫苗的用量、防疫注射规程按疫苗说明书规定做，因各厂生产的疫苗不尽一致。

(2)建立兽医卫生制度　加强对饲料购进的监管，禁止从发生过犬瘟热病地区购进动物性饲料。貂场附近如发生犬瘟热，要及时封锁貂场，禁止闲杂人员及外界其他动物进入貂场。饲料等物料暂时不进，本场工作人员也不能到疫区去。

(3)发生过犬瘟热的貂场育成貂不能留种　本场若发生犬瘟热，培育的育成貂不能留种，也不能出售给别的引种者，到取皮季节全部做皮貂取皮处理。新调入的种貂在进场前要隔离饲养，观察1个月，确认是健康的方能正式进入饲养场。

(4)发生犬瘟热病的貂场的处理　立即封锁貂场，把病貂进行隔离饲养和治疗；病貂用过的笼舍要用火焰消毒，地面用3%的氢氧化钠溶液消毒；病貂用过的食具、饮水具、串笼箱，饲养员服装、胶靴、工具等都要进行消毒，并且要及时消毒，消灭一切可能造成相互传染的媒介。病貂笼下的粪便要消除、消毒，病死貂要深埋或焚烧处理。

2.治疗

(1)用犬瘟热高免血清注射　犬瘟热高免血清5～10毫升肌内注射，1日1次，连用3天。

(2)其他产品治疗　干扰素、转移因子、黄芪多糖、病毒唑等有治疗病毒性疾病的作用，可以及时用以注射，用量按产品说明书执行。防止细菌感染出现并发症，可用抗生素、磺胺类药物，同时使用维生素。对严重脱水的可静脉注射5%的葡萄糖溶液，并喂给适口性好、营养丰富的饲料。

二、病毒性肠炎

病毒性肠炎也称细小病毒病，是由细小病毒引起的水貂急性传染病。病的特征是呈现出血性肠炎或化脓性心肌炎症状。

(一)病原及流行

毛皮动物细小病毒属细小病毒科细小病毒属,病毒对各种理化因素有较强的抵抗力,在 pH3 和 66℃条件下至少能稳定 1 小时。福尔马林、羟胺和紫外线均能使其失活。

病貂是本病的主要传染源。病毒随粪便、尿液、呕吐物及唾液排出体外,污染食物、垫草、食具和周围环境。主要直接接触或经污染的饲料通过消化道感染。断奶前后的幼貂对本病易感,且以同窝暴发为特征。

(二)症状

临床表现有两种类型,出血性肠炎型和心肌炎型。

1. 出血性肠炎型

潜伏期为 7～14 天。各种龄期貂均可发生,断奶分窝后的幼貂最易发生。主要表现为急性出血性腹泻、呕吐、沉郁、发热,白细胞显著减少的综合症状。表现为貂突然发病,精神沉郁、食欲废绝,呕吐,体质迅速减弱。不久发生腹泻,呈喷射状向外排出。粪便初期呈黄色,带有很多黏液和假膜,而后粪便呈番茄汁样发生特别难闻的腥臭味。患貂迅速脱水,眼窝凹陷,皮肤弹性减退。常在出现腹泻后的 1～3 天内死亡。体温升高至 40～41℃,但也有体温始终不高的。有的病貂腹泻可持续 1 周以上。血液检查发现白细胞总数明显减少,尤以发病后的 5～6 天最明显。发病率达 20%～100%,死亡率可达 10%～50%。

2. 心肌炎型

此型多见于 4～6 周龄的幼貂。发病初期精神尚好,或仅有轻度腹泻,个别病例有呕吐。此病常突然发病,可视黏膜苍白,身体迅速减弱,呼吸困难,心区听诊有心内杂音,常以急性心力衰竭突然死亡。死亡率为 60%～100%。

(三)病理变化

1. 出血性肠炎型

在小肠下段,特别是空肠和回肠段的黏膜严重剥离,呈暗红色;肠内容物中常混有血液。肠淋巴结肿大,由于充血、出血而变为暗红色。有的患貂脾脏出现数个出血斑。

2. 心肌炎型

心肌或心内膜有非化脓性坏死灶，心肌纤维严重损伤，常见出血性斑纹。

(四)诊断

根据临床症状，结合流行病学资料和病理学变化特点，对出血性肠炎型一般可以做出诊断。近年来国内采用细小病毒诊剂盒进行快速诊断。

(五)防治

1. 预防

(1)建立场内兽医卫生制度　严格按照兽医卫生制度进行卫生防疫工作。详细内容看犬瘟热病的预防部分。

(2)加强免疫注射　防止本病应注射细小病毒弱毒疫苗，每年 2 次。国内广泛应用该疫苗接种，疫情基本得到控制。

2. 治疗

对本病治疗无特效药，发生该病后应立即对病貂进行隔离，并进行彻底消毒。对未表现出症状假定健康的貂立即用细小病毒弱毒疫苗进行防疫注射，7～14 天产生免疫力；对发病的貂用犬细小病毒高免血清，每只 9.5～10 毫升肌内注射，并根据病情对症治疗法和支持疗法。如大量补液、止泻、止血、止吐、抗感染和严格控制进食等。

三、传染性肝炎

传染性肝炎是犬传染性肝炎病毒所引起的犬科动物的一种急性败血性传染病，近些年水貂受感染发病率也呈上升的趋势。病的特征是循环障碍，肝小叶中心坏死，肝实质细胞和内皮细胞的核内出现包涵体。

(一)病原及流行

传染性肝炎病毒属病毒科、哺乳动物腺病毒属，病毒的耐受性强，在室温下可存活 10～13 周。病貂、病狐、病貉是本病的传染源。发病动物呕吐物、唾液、鼻液、粪便和尿液等排泄物和分泌物中都带有病毒；康复后的动物可获得终生免疫，但病毒能在肾脏内生存，经

尿长期排毒。本病主要通过消化道传染，也可以通过体外寄生虫为媒介传染，但不能通过空气经呼吸道传染。本病的发生不分季节、性别、年龄，但对幼龄动物发病率和致死率均很高。

(二)症状

1.肝炎脑炎型

感染后潜伏期为2～8天，轻症病例仅见精神不振，食欲稍差，往往不能引起饲养人员的重视。重症病例，体温升高到40～41℃，采食量减少或停止采食，时有呕吐，粪便初期为黄色，后转为灰绿色，最后变为煤焦油状黏而黑。患貂体质衰竭。也有的在死前出现神经症状，全身抽搐，口吐白沫，不久就死亡。部分病例的眼、鼻有浆液性黏液分泌物，白细胞减少，血液凝固时间延长。最急性者突然发病，吃食停止1天左右死亡。

2.呼吸型

潜伏期为5～6天，患貂体温升高1～3天精神沉郁，吃食量由减少到停止，呼吸困难，咳嗽，有脓性鼻液，有的发生呕吐，常排出带黏液的软便。

(三)病理变化

肝炎、脑炎死亡的病例，腹腔内积存大量污红色腹水，肝脏肿大，被膜紧张呈黑红色。

胃肠黏膜弥漫性出血，肠腔内积存柏油样黏粪；具有神经症状的水貂脑膜充血、出血严重，肺出血。

(四)诊断

根据临床症状，结合流行病学资料和病理解剖变化，可以做出初步诊断。必要时，可采取发热病貂血液、尿液，死后采集肝、脾、腹腔液进行病毒分离，还可进行血清学诊断，还可用传染性肝炎胶体金快速检测试剂板进行测定。

(五)防治

1.预防

对本病的预防，主要在于严格按照防疫程序进行免疫注射；注意环境卫生和消毒；重视用优质饲料喂动物。发病后的动物立即隔离治疗，对病貂排的粪便要及时清理，污染的环境要彻底消毒，同时对全群进行预防性投药。

2. 治疗

一般是及时采取输液疗法，平衡水、电解质代谢紊乱；用抗生素防治继发性感染。也可用中药大青叶、板蓝根、维生素 B_{12}、维生素 C 进行肌内注射。同时加强饲养管理和护理。对全群假定健康的水貂应用磺胺类药物或葡萄糖、维生素 C、多种维生素、黄芪多糖等拌料，连喂 5～6 天，有控制病情的作用。

四、伪狂犬病

伪狂犬病又称阿氏病，是多种动物共患的一种病毒病，猪多发。1956 年苏联 C. Я. 柳巴申柯等报道了水貂、北极狐、银黑狐的伪狂犬病；我国 1972 年在内蒙古自治区某水貂场也发生过伪狂犬病，死亡水貂 440 只。1975 年广西壮族自治区南宁某水貂场也发生过伪狂犬病。

（一）病原与流行

伪狂犬病病毒，属疱疹病毒科。本病毒含双股 DNA，病毒粒子的直径为 100～120 纳米。能在兔和豚鼠的睾丸组织中培养繁殖。各种途径都能使鸡胚感染，在绒毛尿囊膜上接种，可产生小点状病灶，一般 3～5 天杀死取鸡胚。

伪狂犬病毒在 0.5％的盐酸、硫酸溶液、氢氧化钠溶液中 3 分被杀死；5％的石炭溶液中 2 分内被杀死；2％福尔马林中 20 分被杀死。加热 60℃30 分灭活；加热 70℃20～30 分灭活；加热 80℃10 分灭活；100℃时即刻杀死病毒。

在自然条件下牛、羊、猪、狗、猫、鼠等都能被本病毒感染，珍贵毛皮动物中的水貂、蓝狐、银黑狐都能被感染，且非常易感。

病兽、带毒的肉类加工厂下脚料是貂场的传染源。猪是病原体的主要宿主，其临床症状不明显，无抓伤的情况下，多为隐性经过。生前不易诊断，能自然带毒 6 个月以上。病毒侵入水貂的途径主要是消化道。感染途径是：水貂食入带病毒的饲料，若口腔有外伤时易感染本病，皮肤外伤也能感染。毛皮动物中，本病有明显的季节性。

以夏、秋季多见,常呈暴发性流行,初期死亡率高。排除被污染的饲料后,病势很快停止。死亡率达5%～60%不等。

(二)症状

水貂自然感染时潜伏期为3～6天。主要表现为平衡失调,常仰卧,用前肢爪轻抓鼻镜、颈部和腹部,但无皮肤和皮下组织的损伤。表现拒食或食后第一小时发现多数水貂精神萎靡,瞳孔急剧缩小,呼吸急促、浅表、鼻镜干燥,体温升至40.5～41.5℃,狂躁不安,冲撞笼网,兴奋与抑制交替出现,病貂时而站立,时而躺倒抽搐,转圈,头稍昂起,用前肢抓脸颊、耳及腹部。舌麻痹伸出口外,牙关紧闭,舌面有咬伤,从口内流出大量带血的黏液。有的出现呕吐和腹泻。死前出现胃肠臌气,有的公貂出现阴茎麻痹。眼裂缩小,斜视,下颌不自觉的咀嚼或阵挛性收缩,后肢不全麻痹或全麻痹。一般发病1～20小时死亡。

(三)病理变化

伪狂犬病死亡的尸体,营养良好。鼻和口角有大量粉红色泡沫样液体,舌露出口外,有咬伤。

眼、鼻、口和肛门可视黏膜发绀,皮下组织呈出血性胶样浸润。腹部膨满,腹壁紧张,叩之鼓音。血凝不全,呈黑紫色。心扩张,冠状动脉血管充盈。心包内有少量渗出液,心肌呈煮肉样。

肺呈暗红色或淡红色,凹凸不平,有红色肝样变区和灰色肝样变区交错,切面有多量暗红色凝固不良血样液体流出。气管内有泡沫样黄褐色液体,胸膜有出血点,支气管及膈淋巴结充瘀血。甲状腺水肿,呈胶质样,有点状出血,较为特征性变化;胃肠臌气,腹部膨满,胃肠黏膜常常覆以煤焦油样内容物。水貂有胃黏膜溃疡。小肠黏膜呈急性肠卡他性炎症,肿胀充血和覆有少量褐色黏液。

肾增大,呈樱桃红色或泥土色,质软,切面多血。脾微增大,呈充血或郁血状。白髓明显,包膜下有出血点。

大脑血管充盈,实质稍软。

组织学检查发现,许多脏器表面充血或出血,局部血液循环障碍,是本病病理组组织学变化特点。血管周围水肿及血细胞渗出性出血，血管内肿胀。浆液性出血性肺炎，浆液性脑膜炎及大脑神经细胞变性。

（四）诊断

根据流行病学、病理解剖及病理组织学变化综合分析，可以做出初步诊断。为准确起见可用血清学和生物学试验来进行确诊。

生物学试验：无菌采取刚死于伪狂犬病的水貂脾、肝、脑的脏器，制成1∶5稀释的组织悬浮液。为防止污染每毫升悬浮液加入500～1 000单位的青霉素、链霉素。离心取上清液1～2毫升，给试验动物做皮下或肌内注射。家兔接种后1～5天出现明显瘙痒症状，有的将接种部位咬破，甚至露出骨头，最后死亡。水貂接种后3～4天出现瘙痒症状和神经症状。啃咬鼠蹊部、背部，搔抓头和颊部，咬着瘙痒部位翻身、滚动、间歇性抽搐，四肢麻痹不能站立，不自主地咀嚼，呕吐流涎，最后进入昏迷状态，舌外露，死亡。可定为伪狂犬病。

（五）防治

1. 预防措施

（1）严把动物性饲料购进关　购进动物性饲料时，必须严格检查，特别是猪内脏不仅要严格检查，喂貂时还要熟制处理后再使用。

（2）免疫注射　对本病可进行特异性预防。定期注射伪狂犬疫苗。目前中国农业科学院哈尔滨兽医研究所生产的家畜用伪狂犬疫苗，可用于水貂和其他毛皮动物。

五、阿留申病

阿留申病也叫浆细胞增多症。是由病毒引起的一种慢性传染病，以全身淋巴细胞增殖，血清中丙种球蛋白增高，肾小球性肾炎为特征。本病仅发生于水貂，不分年龄、性别均可感染，具有明显的季节性，秋、冬季发病率和死亡率明显增高。本病流行于各貂场，感染率达15%～50%，是危害水貂较严重的传染病之一。

（一）病因与流行

传染原为阿留申病毒，属细小病毒科、细小病毒属。病毒粒子大小为22～25纳米，呈球形，正20面体结构。核酸型为DNA，抗原合成部位在细胞核内，对脂溶剂、去污剂、核酸酶有抵抗能力。该病毒在阿留申貂体内复制速度很快，人工感染后第 6～10 天，脾、肝和淋巴结内都能检出病毒，且持续时间较长，甚至在感染后 7 年仍可从脾脏中检出病毒。受感染的貂从其唾液、粪便、尿中排出病毒。本病毒能在水貂睾丸、肾细胞原代细胞上繁殖，造成细胞病变。

阿留申病毒抵抗力很强，能在 pH2.8～10.0 内保持活力。80℃条件下存活 1 小时。

据 1984 年的调查，我国各省区貂群阿留申病毒的污染率都不低于 50%，有的高达 70%。主要污染源是病貂和潜伏期的貂。病毒主要通过粪、尿、唾液排到外界环境中，附有病毒的灰尘被风刮入食盒、水槽中，健康貂吃食、饮水时进入其消化道，完成传播过程。不同年龄、不同性别的水貂均可感染。本病全年均可发生，但秋季和冬季发病率最高，死亡率也最高。

（二）症状

本病潜伏期长达 60～90 天，最长的达 7～9 个月。多数带病毒的貂呈隐性经过，长期不表现症状，只有在进行血清碘凝集反应检查时才发现。慢性病貂初期厌食、食欲不振，特别爱喝水，常常发现病貂趴在水盒上暴饮，体况日渐消瘦，活动减少，眼窝下陷，被毛无光泽；后期极度衰弱，贫血，可视黏膜苍白，有的口腔和鼻腔出血，因内脏呈自发性出血，可见病貂排出沥青样黑色稀便。到晚秋和冬季气温降低时病貂大批死亡。阿留申病流行的场，种貂有的产死胎，有的出现空怀，有出现流产的及仔貂死亡增多的，生产力下降。

对死貂尸体进行解剖，发现死貂肝、肾、脾有特征性病变：肾脏肿大，呈深红色；肝脏增大呈红色。慢性病貂肾脏萎缩，贫血，表面粗糙不平；脾脏萎缩，呈红褐色或红棕色或土黄色。有的病貂口腔黏膜、齿龈有溃疡灶。

（三）病理变化

病理组织学变化，主要表现为显微变化。即脾、肾、肝、淋巴结、卵巢、睾丸和骨髓的浆细胞增多和动脉炎。肾小球炎和肾小管变性等变化导致萎缩和透明管型形成。

正常的情况下，浆细胞增殖仅见于骨髓内，而阿留申病时，则见于很多器官。特别是肾脏、肝脏、脾脏、淋巴结的血管周围发生浆细胞浸润。

在浆细胞中发现许多 Russe 小体，呈圆形。这些小体本身可能由免疫球蛋白组成。在肾小管、肾盂、膀胱、胆管上皮细胞及神经细胞中，有时也发现这种小体。自然感染病例这种小体检出率为62%，实验感染病例检出率为 58%。

肾脏浆细胞浸润，见于肾小球囊外膜周围，近曲细尿管损伤最为严重。

在亚急性和慢性病例中，于肾小管内发现颗粒样的透明蛋白管型和含血管型，为血清蛋白异常的形态表现。

肝脏三角区浆细胞和淋巴细胞聚集，浆细胞呈弥散性浸润。慢性经过病例，浆细胞浸润更为严重。同时还能发现胆管上皮肿胀、增殖变性。

在脾脏和淋巴结内，除有浆细胞浸润外，还见有大量增生性网状细胞。

在骨髓内，发现有大量排列不规则的未成熟的浆细胞。

阿留申病伴有小血管壁变厚，管腔变小，甚至阻塞。小血管内遗留 PAS 阳性物质，外膜疏松，周围淋结浆细胞大量聚集，即所谓的结节性动脉炎。

脑病理变化比较明显，出现脑膜炎、室管膜炎、脉络丛炎和神经细胞变性。

（四）诊断

阿留申病诊断研究进展很快，在非特异性诊断的基础上，已进入了特异性诊断阶段，并在生产中广泛地应用。在诸多的特异性诊断方法中，碘凝聚设备简单，一般貂场都能开展，但不是特异性的，可以作辅助诊断。下面介绍一种水貂阿留申病（AD），对流免疫电泳（CIEP）操作程序。

1. 巴比妥缓冲液的配制

巴比妥钠　　10.3 克

巴比妥　　1.84 克

蒸馏水　　1 000 毫升

按顺序加入，充分溶解后备用。

2. 采被检貂血

用剪刀剪掉水貂后肢某趾爪尖，以毛细玻璃管虹吸断趾流出的血液，管底用玻璃腻子堵上，用水平离心机或斜角式离心机，离心3～5 分(1 000 转/分)，分离血清。

3. 琼脂糖凝胶板的制备

将特制的槽式塑料板或 3 毫米厚玻璃板(9 厘米×10 厘米)水平放置，用吸管吸取已加热溶化，并冷却至 70℃左右的 1%琼脂糖巴比妥钠液体(浓度大了影响抗原、抗体移动速度)滴注在塑料板槽或玻璃板上，琼脂糖最大铺板量以不流出为宜，约形成 3 毫米厚的一层。铺好的琼脂板最好贮存在湿润的容器内放置 4 小时以上再使用。琼脂内加 0.03%叠氮钠(NaN_3)，可增加保存时间。

4. 打孔

以兽用的大号采血针头，制成直径 3 毫米的打孔器。上端连接细胶管和胶球。将凝胶板放在打孔模纸样上进行打孔，并吸出孔穴内的凝胶片，每孔直径 3 毫米，孔距为 5 毫米。

5. 加样

在血清和血细胞交界处折断被检血样的毛细玻璃管，将毛细血管内血清滴入靠阳极的孔内，滴满但不要溢出。靠阴极孔加入已知的抗原。

6. 电泳

以普通电泳仪，调整电压至 99～100 伏，电泳槽内充满巴比妥钠缓冲液，把加好样的凝胶板平放在电泳槽架上，以双层滤纸或纱布搭桥。接通电源，经 30～60 分出现沉淀线。用 2%盐溶液浸泡电泳完的琼脂板 15 分至 18 小时或置 4℃冰箱中过夜，可使沉淀线更加清楚。

7. 判定结果

一般每块反应板都应设阴阳对照，才能使试验成立。

（1）阳性　已知抗原孔与被检血清孔之间，出现直而清晰的白色沉淀线为阳性；纤细的沉淀线为弱阳性。由于缓冲液 pH 值与琼脂糖品质的影响，有时沉淀线出现弯曲也应判为阳性。

（2）阴性　没有沉淀线者为阴性。

（五）防治

到目前为止，对水貂阿留申病还没有特异性的预防和治疗措施。因此，为控制和消灭本病必须采取综合措施。例如用青霉素、维生素 B_{12}、多核苷酸等治疗，可以改善病情，但不能治愈。内蒙古自治区原土畜产进出口分公司的王巨滨先生在 20 世纪 80 年代曾用聚肌胞（PIC）治疗，取得较好的疗效。

控制本病的方法必须采取检疫、淘汰、隔离、消毒等综合措施，逐步形成健康的貂群，降低发病率。具体办法有以下几种：

1. 建立严格的卫生防疫制度

重视饲养管理工作，养貂场的食具、饮水具、笼舍及其他一切用具要固定使用，并且定期消毒。

2. 定期进行检疫

每年配种前和取皮前都要进行血清学检验，配种前发现阳性的个体，要淘汰，不能再配种繁殖；取皮前检疫阳性的水貂不能再留种，取皮时坚决杀掉。

3. 引种时也必须进行检疫

引种前对挑选的青年种貂进行严格检疫，对阳性个体和可疑个体都不能接受，即不能把阿留申病带到自己的貂场去。

4. 病貂必须隔离饲养

建立病貂隔离棚，发现病貂或检出阳性带毒貂，一律送隔离棚由专人饲养，食具、饮水用具专貂使用，不允许不固定使用。兽医人员给病貂注射，必须 1 只貂用 1 个针头，不能用 1 个针头注射多个貂，避免引起交叉感染，扩散病原体。

第四节　细菌性传染病

一、巴氏杆菌病

巴氏杆菌病，是畜禽和野生动物多发的细菌性、出血性、败血性传染病，水貂也容易感染发病。以肺炎和败血症为特征，以3～6月龄的水貂发病最多，致死率也较高。

（一）病原及流行

本病的病原体为多杀性巴氏杆菌，属革兰阴性菌，形态为两端钝圆的细小杆菌，不形成芽孢。用瑞氏染色法或美蓝染色法均呈两端着色。血清琼脂平板培养，呈露珠状小菌落。该病菌对5%的石灰乳、1%的福尔马林、1%的漂白粉、1%的石炭酸液敏感。对热也比较敏感，60℃的热水1分内即可杀死本病菌。

该病菌常存在于健康水貂上呼吸道的黏膜上，在饲养管理不当、营养缺乏、气温突变、潮湿、分窝、惊吓及寄生虫等不良因素的影响下，水貂抵抗力降低，在上呼吸道黏膜上的多杀性巴氏杆菌乘机迅速繁殖，发生内源性感染。病菌可随鼻液、唾液、粪便、尿液污染饲料、饮水、食具、用具等，经消化道传染，也经呼吸道传染，吸血昆虫的叮咬，也经皮肤、黏膜发生感染。

本病的流行无季节性，但以冬季、春季交替或闷热潮湿季节多发。水貂在任何季节均可发生本病，但以断奶分窝后的幼貂发病率最高。

（二）症状

1.传染性鼻炎

本类型的病传染快、病程长。主要表现为鼻黏膜发炎，先流出液性鼻液，随着病程的发展，转为黏液性鼻液或脓性鼻液。水貂经常打喷嚏、上唇和鼻孔周围毛湿、皮肤发生红肿，形成皮炎。由于鼻炎引起鼻黏膜肿胀，鼻泪管阻塞从而引起流泪或发生脓性结膜炎。

2. 肺炎型

发病的幼龄貂表现为食欲减退或停止采食，精神不好，常卧在小室不出来活动，有的出现咳嗽，呼吸加快，体温升高至40℃以上，无呕吐和腹泻症状。停止采食1～2天死亡。

3. 败血症型

病貂精神沉郁、食欲废绝，呼吸急促，体温升至40℃以上，腹泻，排水样便，以后排带血的稀便。临死前体温下降、四肢抽搐、尖叫，病程短的24小时死亡，病程稍长的3～4天死亡。急性的没见到临床症状就突然死亡。

（三）病理变化

患本病死亡的水貂全身浆膜、黏膜充血或出血，淋巴结肿大。死于肺炎型的患貂肺脏呈严重出血性、纤维素性肺炎变化，肺表面附着纤维素团块，后期表现肺脓肿。

死于败血型的患貂，心与肺均严重充血、出血，肝大出血，其表面附着大量纤维素性渗出物。肠管出血，有许多纤维素性渗出物附着，肾出血。

（四）诊断

根据流行病学、临床症状及解剖观察到的病理变化，一般可以做出初步诊断。如想确诊还要做病菌染色观察，鉴别确认为巴氏杆菌才能定论。

（五）防治

1. 紧急消毒灭菌

在养貂场若发现病貂，应非常重视，首先将病貂进行隔离饲养和治疗。全场用10%石灰乳或3%的氢氧化钠溶液进行消毒，重症患貂捕杀深埋或焚烧。病貂用过的笼用火焰消毒，笼下粪、尿处用3%氢氧化钠喷洒消毒。

2. 药物预防性治疗

全群饲料中加氟苯尼考和敌菌净，氟苯尼考按每千克饲料50毫克、敌菌净按每千克饲料100毫克添加，连用3～4天，对健康貂起预防作用，对带菌貂起治疗作用。

3. 对病貂的治疗

对病貂及时注射氟奇双效注射液，每千克体重 0.2 毫升，第一次注射后 48 小时再注射 1 次，轻者就能治愈。或用盐酸环丙沙星注射液肌内注射，按每千克体重 4 毫克，每日 2 次，连用 3 天；或用卡那霉素肌内注射，每千克体重 10～15 毫克，每日 2 次，连用 3 天。

二、大肠杆菌病

大肠肝菌病是由大肠杆菌引起的一种传染病。主要危害断奶前后的仔貂、幼貂，引起严重腹泻和败血症，严重影响水貂的生长，并造成仔貂、幼貂死亡。

（一）病原及流行

病原体为致病性大肠杆菌，本病菌为革兰阴性短小杆菌。在普通培养基上生长后形成光滑、湿润、乳白色边缘整齐的中等大菌落。致病性大肠杆菌的血清型非常多，水貂及其他毛皮动物的血清型有 O_{10}、O_{85}、O_{18}、O_{20}、O_{70}、O_{209}、O_{339}。从不同地区分离的菌株，其血清型有一定差异。

引起水貂发病的大肠杆菌所产生的内毒素是引起腹泻的主要原因。

各种年龄的水貂都具有易感性，但以 1～4 月龄的水貂最易感。幼龄水貂发病率高、死亡率高，哺乳期间仔貂致病后死亡率更高。发病水貂粪便污染饲槽、饲料、饮水，通过消化道感染健康貂。在某些应激状态下肠道内正常菌群发生紊乱的情况下诱发本病的发生。本病多发生在夏季高温高湿季节。

（二）症状

致病性大肠杆菌感染水貂后潜伏期 2～5 天，断奶前后的仔貂和幼貂发病高。

1. 最急性型

幼貂未见临床症状就已死亡了，或白天正常夜间突然死亡。

2. 急性型

体温正常或稍高于正常，精神沉郁，被毛粗乱，脱水、消瘦，体重减轻，腹部膨胀。病的初期粪便稀软，呈黄色粥样，随后粪便呈灰白色带黏液泡沫。严重的病例体温升高到 40～41℃，有时呕吐，粪便中有条状血液或血丝及没有消化的饲料，粪便中常常有泡沫。严重者发生水样腹泻，肛门失禁，呈里急后重，引起直肠脱出或伴发肠套叠的直肠脱出。发病水貂采食量减少或停止采食，极度消瘦、弓腰、眼窝下陷、乏力，临死前体温下降。

（三）病理变化

死亡的病貂被毛粗乱无光泽、腹部膨胀。腹水呈淡红色，肠管膜面出血；胃壁有数个出血斑，脾脏胀大 1～2 倍并有明显的出血斑；肝脏出血，其表面附有多量纤维素块和坏死灶；肺脏呈出血性纤维素性肺炎变化；肾出血与变性。

（四）诊断

根据本病的流行病学、临床症状和病理变化，可以做出初步诊断。要想确诊还需做出实验室诊断。实验室诊断有两种方法，一种是用已知大肠杆菌因子血清进行鉴定；另一种是用大肠杆菌单克隆抗体诊断制剂进行诊断。

（五）防治

1. 预防

平时注意改善母貂的饲料品质，合理搭配做到全价，使妊娠母貂有健康的身体。对即将产子的母貂，对其乳房、会阴部用消毒液进行清洗；对有临产征兆的母貂给予注射乳酸环丙沙星，每只 1.5 毫升。母貂产子后要保持小室内清洁卫生，及时清理小室内的食物与粪便。母貂饲料拌入弗吉尼亚霉素抗生素饲料添加剂，这对预防仔貂大肠杆菌病、魏氏梭菌病及提高仔貂成活率极为重要。添加量按产品说明的规定量添加。

2. 治疗

对已发病的水貂要进行药物治疗，有效的抗生素有以下几种：

（1）诺氟沙星　5 毫克/千克体重，肌内注射，1 日 2 次，连用 3 天；内服 10～15 毫克/千克体重，2 次/日，连用 3～5 天。

（2）硫酸新霉素可溶性粉　内服，10 毫克/千克体重，每日 2 次，连用 3～5 天。

(3)多黏菌素　5 000 单位/千克体重,肌内注射,1 日 2 次,连用 3 天,与硫酸新霉素合用效果好。

(4)庆大霉素　注射液 8 万单位/2 毫升,每千克体重 1 万单位,每日 2 次,连用 3 天。

(5)安普霉素　貂场发生大肠杆菌病,全群用药,每 100 千克饲料加纯粉 8～10 克,连用 7 天,防止貂群再发生病貂。

三、魏氏梭菌病

水貂魏氏梭菌病又称魏氏梭菌性肠炎,是由 A 型魏氏梭菌及其所产生的毒素引起的下痢性疾病。临床特征是急性下痢,排黑色黏液性粪便,病理特征表现为胃黏膜有黑色溃疡,盲肠浆膜面有芝麻粒大小的出血点状斑,发病率和致死率都很高,能给貂场带来严重的损失。

(一)病原及流行

病原体为 A 型魏氏梭菌。该菌普遍存在于土壤、粪便、污水、饲料中,甚至存在于健康动物的肠道内,发病动物及死亡动物的尸体也是传播本病的病源。因食用了被 A 型魏氏梭菌污染的饲料,饲养管理不当、饲料突然更换、蛋白质饲料比例过大、粗纤维含量过低,使胃肠菌群平衡失调,可造成肠道内 A 型魏梭菌迅速繁殖,产生大量毒素,引起肠素血症和下痢而死亡。

本病多为散发,也可见到区域性流行。一般秋季发生率较高,发病率能达到 10%～30%,病貂死亡率达 90%～100%。

(二)症状

最急性病例表现为不见任何症状或仅排少量糊状黑便就突然死亡。急性病例表现为采食减少,排稀便,病初为灰黄色,后转为灰绿色,最后变为煤焦油色。精神不振,蜷缩在笼内不动。腹部发胀,有腹水。尿色暗,呈茶水色。发病后在 2～3 天内死亡。个别的可拖 1 周左右,但最终因肠道吸收毒素中毒而死亡。

(三)病理变化

解剖时打开腹腔,有特殊的腐臭味,胃、肠内因充满气体而扩张,胃大弯及胃底部的浆膜下隐约可见到圆形芝麻粒大小的溃疡面。切开胃壁，在胃黏膜上有大小不等的黑色溃疡面，盲肠充气、扩张、浆膜面及部分肠系膜上可见圆形的出血斑，小肠壁变薄、透明，各肠段内充满有腐败气味的黑色黏糊状粪便。肝脏肿胀出血，肺脏有明显出血斑，肾脏肿胀，肾皮质出血。

（四）诊断

根据流行病学的特点、临床症状和病理解剖检查发现的变化，可做出初步诊断。最有诊断价值的剖检变化是胃黏膜上的弥漫性圆形的溃疡病灶和盲肠壁浆膜下的芝麻粒大小的出血斑点。但最后确诊需做细菌学检查和毒素测定，采集肠内容物直接涂片，革兰染色镜检，镜下看到魏氏梭菌为革兰阴性大杆菌，呈单个或双连，菌端钝圆，有荚膜。

（五）防治

1. 预防

严防饲料被污染或变质，质量不好的饲料不要图便宜购入，以免造成后患。当发生本病时，应将病貂和可疑病貂进行隔离饲养和治疗。病貂污染的笼具、貂舍，用 2%氢氧化钠溶液或福尔马林溶液消毒。粪便及污物堆放在划定的固定位置进行发酵，以产生的生物热杀死病原菌。地面用 10%～20%的新鲜漂白粉溶液喷洒后，挖去表层土换成新土。冬季的貂笼和小室可用喷灯火焰消毒。

2. 治疗

貂场内发生了魏氏梭菌病的个体，对假定健康的貂群立即用磺胺 6 甲氧嘧啶按 50 毫克/千克体重和金霉素 20 毫克/千克体重，加入饲料喂服，连喂 5～7 天，稳定貂群、控制病情。也可以全年在饲料中拌入弗吉尼亚霉素，不仅能有效地防止水貂肠炎、肠出血、肠坏死的发生，而且还有促进生长、促进幼貂成活，促进毛囊发育的作用。添加量为每千克饲料 20 毫克。

对患貂治疗方法如大肠肝菌病。

四、沙门菌病

水貂沙门菌病，是由沙门菌属的肠炎沙门菌、猪霍乱沙门菌和鼠伤寒沙门菌引起的人和动物共患的疾病的总称。临床上表现为败血

症和肠炎，母貂妊娠期患本病可致流产。

(一)病原与流行

沙门杆菌属革兰阴性杆菌，不形成芽孢和荚膜。属需氧和兼性厌氧菌，在普通琼脂培养基上生长后形成光滑、灰白色、边缘整齐隆起的中等大菌落。

沙门杆菌对外界环境有一定的抵抗力，在外界条件下可生存数周或数月。对化学消毒剂的抵抗力不强，常用消毒剂和消毒方法均能达到消毒目的。许多沙门杆菌具有产生毒素的能力，尤以肠炎沙门菌、鼠伤寒沙门菌的毒素有耐热性，经 75℃加热 1 小时仍有毒力，能使人和动物发生食物中毒。

受沙门菌感染发病的动物、带菌还处于隐性状态畜、禽，以及患过本病的畜、禽所产的奶、肉、蛋是主要的传染源。鼠类、禽类、蝇等都可以将病原体带入貂场引起感染。用未煮熟的鸡架、鸡鸭肝、毛蛋、鸡鸭肠及其他动物的内脏喂貂最易引起感染。

(二)症状

1. 胃肠炎型

多数表现为急性病例，与沙门菌接触 3～5 天即开始出现症状。最初体温升至 40～41℃，精神不振、厌食、呕吐和腹泻。腹泻呈水样或黏液样，重病者出现血样便。发病后几天内体重减轻，腹泻严重，黏膜苍白，虚弱、脱水，毛细血管充盈不良、休克。有的表现为后肢瘫痪，失明，抽搐等。急性胃肠炎型还能继发肺炎，出现咳嗽、呼吸困难及鼻出血。

2. 菌血症和内毒素血症

沙门菌性胃肠炎过程中常发生暂时的菌血症和内毒素血症。常见于幼貂。无论是否有胃肠道症状，都可能出现体温降低，全身虚弱及休克死亡。

3. 在配种期和妊娠期发生本病时，母貂会大批空怀或流产

妊娠期患本病的母貂，即使在妊娠期没有出现流产，产出的仔貂也弱小，仔貂出生后 10 天左右大批死亡，死前仔貂呻吟或抽搐，发病 2～3 天死亡。

（三）病理变化

由本病致死的貂尸体消瘦，可视黏膜苍白或呈蓝紫色。胃黏膜水肿、瘀血或出血，内容物呈煤焦油状，肠管黏膜严重出血。急性型：肝脏上有弥漫性出血点；亚急性型和慢性型：肝脏呈不均匀的土黄色，胆囊肿大，脾脏肿大2～3倍，被膜紧张，脾实质变脆，呈黑红色或暗褐色，被膜下出血，切面多汁呈红色。肠系膜淋巴结肿大，柔软，呈灰色或灰红色，切面多汁。肾脏稍肿大，被膜下常见出血点。脑实质水肿，侧脑室具有大量液体。妊娠期患病母貂因流产引起死亡。

（四）诊断

根据病史和临床症状，可以初步诊断为沙门菌病。但要确诊需要进行病原菌的分离、细菌培养，再进行涂片染色观察，综合判断确诊可靠性才大。

（五）防治

1.预防

（1）加强对妊娠母貂、哺乳母貂的饲养管理　对妊娠期、哺乳期母貂饲养管理得好，母貂群健康，能提高仔貂对沙门菌的抵抗力，再加上仔貂补饲期和断奶初期喂给仔貂优质饲料，仔貂群也很健康。在管理上做好小室卫生，及时清理小室内的剩食和粪便，仔貂不生病，成活率会很高。

（2）加强对饲料的卫生监督工作　污染的饲料是本病的传染源。不允许把患过沙门菌病的带菌动物肉用做貂饲料。对可疑的、没有把握的饲料必须经无害处理后再用，不得马虎行事。

（3）仔幼貂饲料中加入少量抗生素防肠道疾病　即在饲料中加入治疗量1/2的黏杆菌素、杆菌肽锌等抗生素，可预防发生肠道疾病。

（4）若出现沙门菌病的紧急处理　应紧急隔离病貂和可疑病貂，抓紧进行治疗。对病貂污染的笼子、用具、貂棚地面要及时消毒。治愈的病貂由于带菌，仍是危险的传染源，暂不能混入大群，应隔离饲养，直到取皮期作皮貂处理。

2. 治疗

(1)对重症患貂进行强心处理　幼貂皮下注射20%的樟脑油，每只0.5毫升；成年貂20%的樟脑油注射1毫升。

(2)氟苯尼考　肌内注射，每千克体重25毫克，首次注射后，48小时再注射1次。

(3)庆大霉素　肌内注射，每千克体重10毫克，1日2次，连用3～4天。

(4)硫酸新霉素　内服每千克体重10毫克。对肠道疾病效果好。

五、布氏杆菌病

本病是人、畜和毛皮动物共患的慢性、细菌性传染病。其特征为周期性波状发热，妊娠母貂流产，仔貂弱、死亡率高。公貂个别出现睾丸炎，配种能力下降等。

(一)病原与流行

本病是由布氏杆菌属的羊型、猪型、牛型病菌引起的慢性传染病。布氏杆菌，是一种长1～2微米、宽0.5微米，不能运动，不产生芽孢的球杆菌。在陈旧的培养基中，有时一端膨大成棒状，因此有些学者把它列为棒状杆菌属。

本病菌对外界环境有较强的抵抗力，在动物体外能保持很长时间仍具有传染性。在干土中能存活37天，在湿土中能存活72～100天，在水中能存活6～150天。在污染的皮张内能存活3～4个月，在粪便中能存活45天，在咸肉内存活4个月。

但本病菌对湿热特别敏感，在55℃时2小时能杀死；65℃时15分能杀死；70℃时5分就杀死；煮沸立即杀死。对消毒剂反应为：1%～2%的石炭酸、克辽林、来苏儿和0.1%～0.2%的升汞，1小时内死亡。1%～2%的福尔马林3小时杀死。5%的石灰乳2小时杀死。

本病菌主要通过饲料感染，特别是生喂牛、羊内脏及下脚料、乳品。水貂场有散发本病的现象。成年貂感染率较高，幼貂感染率较低。典型症状可见于妊娠母貂流产和产下活力弱的仔貂。流产母貂排出的分泌物和胎儿，是最危险的传染源。布氏杆菌病除经消化道传染外,通过染病公貂精液也能污染。

（二）症状

健康母貂感染布氏杆菌后,潜伏期 4～5 天。母貂患本病后的主要表现为流产,体温升高,或产弱子,食欲下降,个别出现化脓性结膜炎。

（三）病理变化

妊娠中后期死亡的母貂,子宫内膜有炎症,或糜烂的胎儿。外阴部有分泌物附着。淋巴结和脾脏肿大。其他器官表现为充血或出血,公貂个别的出现睾丸炎。

（四）诊断

由于本病缺乏特征性临床症状,病理解剖特征性变化也不明显,细菌学检查具有现实意义。即水貂场若多个母貂发生流产,其他原因可能性小,可在发生流产后的 1～2 周采血进行涂片染色镜检和血清凝聚反应,可提高检出率。

（五）防治

1. 预防

在利用牛、羊肉和猪下脚料时,要了解产地和屠宰前的情况,查明有无布氏杆菌病流行。对病畜和可疑病畜肉、内脏、生殖器、胎盘、乳类,一定要煮熟后才能喂貂。

2. 治疗

到目前为止,对布氏杆菌病无特效治疗方法,只有通过血清学检查,对查出的阳性貂隔离饲养,到换完冬毛后取皮处理,以逐步清除患貂,净化貂群。病貂污染的场地、笼舍、食具、工具等用 5%的福尔马林、5%氢氧化钠溶液进行消毒。

本病为人、畜共患传染病,故在接触过程中要注意个人防护,以免被感染患病。

六、葡萄球菌病

（一）病原及流行

病原体为金黄色葡萄球菌,为革兰阳性球菌,菌体常呈葡萄串状排列。产子小室多因潮湿和不经常消毒滋生本菌,1 周龄以内的仔

貂最易感染。环境中金黄色葡萄球滋生后多通过消化道、呼吸道、脐带感染等途径使仔貂感染，引发本病。

（二）症状

1. 急性败血型

仔貂表现精神沉郁，吃奶量减少，在两后肢及股内侧、头颈部皮肤上出现数个化脓性病灶，破溃后有茶色或暗红色渗出液，以后结痂，处理不当常造成死亡。

2. 肺型

主要表现为明显的全身症状和呼吸障碍，有的与败血型混合感染。

3. 脐炎型

脐部肿大，有脓性分泌物，黄红色或紫黑色。

（三）诊断

根据仔貂皮肤上化脓病灶的症状，一般就能做出诊断。想进一步确诊时，可以做细菌分离和涂片染色镜检。

（四）防治

1. 预防

母貂产子前饲养员对小室应进行认真的清理和消毒，然后絮上清洁卫生的柔软干草。

2. 治疗

发现仔貂出现化脓性病灶，应立即用 0.3% 的过氧乙酸消毒产子小室和笼舍，对有化脓病灶的仔貂，用碘附消毒病灶，当化脓病灶成熟后，应用消毒针头刺破病灶、排出脓汁，并用生理盐水冲洗后，涂上红霉素软膏，防止感染扩大。同时给患病仔貂滴喂金霉素眼药水，每只 0.2～0.3 毫升，1 日 1 次，连滴 3～5 日。或注射硫氰酸红霉素，每只 0.5 毫克，1 日 1 次，连注 3～5 日。

七、水貂出血性肺炎

本病是由铜绿假单孢菌引起的，以肺出血、鼻、耳出血、脑膜炎为特征的急性败血症疾病。本病病程短、死亡率高。

（一）病原与流行

本病的病原体为铜绿假单孢菌，革兰染色阴性，本菌为条件性致病菌，在土壤、水和空气中广泛存在，在动物皮肤上和肠道内也能发现。当饮水或饲料被铜绿假单孢菌污染，或某些因素给貂群造成应激时，肠道内菌群平衡被破坏，有益菌群减弱，铜绿假单孢菌乘机大量繁殖而致病。患病动物和带菌动物是主要传染源，通过直接或间接接触，由消化道和呼吸道感染。多呈地方性流行，饲养管理不当及环境卫生不良可诱发本病。

（二）症状

本病常突然发生，最急性型未见到症状就突然死亡；急性型一般表现为精神沉郁，采食量减少或拒食，卧于笼内很少活动；体温升高，鼻和眼常有分泌物；呼吸困难，有的患貂鼻和耳道内有出血，一般拒食后1～2天死亡。如发现及时，诊断快捷，及时治疗，50%～60%病貂能康复。

（三）病理变化

解剖观察时，打开胸腔和腹腔，可见肺大面积出血，呈黑红色，肺泡及各大小支气管内充满出血性泡沫状液体；心脏出血，呈黑红色；肾脏出血，呈黑红色；脾脏肿大、出血，呈黑红色；胃黏膜出血，肠管出血，肝大出血。

（四）诊断

根据临床症状和解剖检查病理变化以及发病急的流行特点，初步能诊断为本病。要进一步确诊，应用病料涂片染色镜检，找到本病菌，做出鉴定。

（五）防治

1. 预防

除常规对全场进行彻底消毒，搞好卫生外，在消除症状、假定健康的貂群饲料中添加多黏菌素，每100千克饲料拌入2克，1日2次，连喂5天，控制大群不再发生本病。

2. 治疗

对全场没发生疾病的貂群用安普霉素进行防治，每100千克饲料中加入安普霉素8～10克，连用7天。可预防再生出现病貂，可稳定貂群。

对病貂治疗可用丁胺卡那霉素，每千克体重10～15毫克，肌内注射，每日2次，连用3～5天；或庆大霉素每千克体重5毫克，肌内注射，每日2次，连用3～5天。

八、链球菌病

链球菌病是由溶血性链球菌引起的一种水貂等毛皮动物的急性、败血性症状或以下痢为特征的传染病。

（一）病原及流行

本病病原体为C型链球菌，革兰染色阳性，在病料中以单个、成对或短链排列，极少呈长链。是幼貂和狐狸比较常见的传染病，多呈散发性，多在仔貂、仔狐生后5～6周开始发病，7～8周达到高峰。成年貂很少发病。抵抗力不强，在50℃温度下30分可杀死。对磺胺、青霉素及其他广谱抗菌药物都比较敏感。

健康动物上呼吸道上都存在致病性链球菌。发病动物是主要传染源。病菌随分泌物、排泄物排出体外。当饲养管理不当或气温骤变、拥挤闷热、营养不良、长途运输等造成应激时，致使抵抗力下降，可引发本病发生。

（二）症状

患貂食欲减退，严重拒食，精神沉郁、体温升高、鼻镜干燥，呼吸加快，咳嗽，有浆液性鼻液流出。时有腹泻，粪便呈绿色、黄绿色。

（三）病理变化

解剖典型症状病死的幼貂，发现主要病理变化为：肺脏弥漫性出血，有大的出血斑；脾脏肿大2～3倍，有出血点或出血斑；胃黏膜弥漫性出血，肠黏膜出血；肝脏肿胀、出血呈黑红色，边缘有锯齿状缺口。

（四）诊断

根据临床症状和剖检发现的病理变化，可以初步确定为本病。确诊应用脾脏涂片、染色镜检，在显微镜下发现单个或成对的或呈短链排列、革兰染色阳性的球菌即可确诊。

(五)防治

1. 预防

发现发病个体应立即隔离饲养和治疗;死亡的病貂要深埋或焚烧,以防病源扩散。病貂排泄物应及时清除,笼舍及时消毒,以防病情发展。

2. 治疗

全群预防性投药:用头孢噻肟钠,以水貂体重投药,每千克体重10毫克,计算出总量加入饲料喂服,每日2次,连喂5天;或用诺氟沙星(氟哌酸),以每千克体重投药10毫克拌入饲料,每日2次,连用5天。

对拒食的病貂用头孢噻肟钠(先锋霉素1号)进行肌内注射,每千克体重20~30毫克,1日2次,连用3~5天;或用乳酸环丙沙星注射液进行肌内注射,每千克体重20~30毫克,1日2次,连用3~5天。

第五节 寄生虫病

一、水貂弓形体病

本病是由弓形体引起的人畜共患的细胞内寄生的一种原虫病,临床症状与犬瘟热相似。

(一)病原与流行

弓形虫的发育需经5个不同阶段:即滋养体(子孢子)、包囊、裂殖体、配子体和卵囊。前两个阶段在中间宿主体内,后三个阶段在终宿主体内。

1. 滋养体

在中间宿主细胞内的虫体,一端稍尖、另一端钝圆形。在1 000倍的显微镜下,滋养体呈梭形或香蕉形。

2. 包囊

有较厚的囊膜,直径30~50微米,囊内虫体数十到数百、上千个，出现在慢性病过程中。滋养体不耐低温，经过一次冰冻即可使虫体失活。包囊对低温有一定抵抗力，－14℃经过24小时才能使其失活。包囊在50℃的条件下30分能杀死。

3. 裂殖体

在猫肠道上皮细胞内进行无性繁殖。每个裂殖体内有10～14个扇形排列裂殖子。

4. 配子体

在猫肠道上皮细胞内进行有性繁殖。分大小两种配子体，小配子体色淡，核疏松；大配子体核致密，较小，含有着色明显颗粒。

5. 卵囊

卵囊随猫粪便排出体外，呈卵圆形，有双层囊膜。卵囊内有2个椭圆形的孢子囊，每个孢子囊内有4个长弯曲的子孢子。卵囊在外界可存活100天，在潮湿土地上能存活1年以上，不耐干燥，75℃可以被杀死。

猫是貂场的主要传染源，其次也能经胎盘，皮肤、黏膜等途径感染。

（二）症状

1. 急性型

常见于幼貂，成年貂也能发病死亡，但抗病力还是较幼貂强。体温40.5～42℃，呈稽留热；患貂厌食或拒食，有的呕吐或腹泻。患貂鼻镜干燥、眼角有分泌物，咳嗽，呼吸困难，呈腹式呼吸。运动失调、后肢麻痹、出现神经症状，病的后期有视网膜炎、脉络膜炎、眼前房出血。

2. 慢性型

患病幼貂生长迟缓，有的患貂出现斜颈，运动失调，视力障碍等。

（三）病理变化

1. 急性型

尸体显得消瘦、贫血，肝脏肿胀质脆，胃肠道黏膜充血和出血。

2. 慢性型

内脏器官贫血、水肿，如肺肿胀，肠贫血、水肿，肾脏苍白、水肿，脑膜下有轻度充血性变化，肠管呈皱褶状。

（四）诊断

根据临床症状和解剖观察发现的病理变化，可以初步诊断是否弓形体病。但要确诊，必须检出虫体。其方法是：对可疑病貂死后的尸体肺组织做抹片，用瑞氏染液进行染色后在显微镜下检查，如发现滋养体即可确诊。

（五）防治

1. 预防

水貂场内不能养猫，禁止外界的猫进入水貂场。用以喂水貂的动物内脏和鱼需煮熟后再用。

2. 治疗

发现水貂群中出现弓形体病个体，应对全群投药控制大批发生。常用药物是：每 50 千克饲料中加入磺胺对甲氧嘧啶（SMD）20 克、三甲氧苄啶（TMP）5 克、维生素 C 10 克、葡萄糖 1 000 克、碳酸氢钠 150 克，搅拌均匀喂貂，每日 2 次，连用 5～6 天。

对已发病的个体，可用复方磺胺对甲氧嘧啶钠注射液 50 毫克/千克体重，肌内注射，1 日 2 次，连用 3～5 天。

二、蛔虫病

蛔虫病是犬蛔虫寄生于水貂小肠或胃内外起的疾病，主要危害幼貂，影响其生长发育，严重感染时也能使患貂消瘦、抵抗力降低而死亡。1～3 月龄幼貂最易感。

（一）病原及流行

犬蛔虫呈黄白色，体稍弯于前腹面。雄虫长 50～110 毫米，尾端弯曲；雌虫长 90～180 毫米，尾端伸直。

犬蛔虫的虫卵随粪便排出宿主体外，在适宜条件下，5 天左右发育为感染性虫卵。经口进入貂肠道后，孵化出幼虫，幼虫进入肠壁血管，随血液循环到肺部，沿支气管、气管到口腔，再次被咽下到小肠内发育为成虫。有一部分幼虫随血液运行到肺以后，经毛细血管进入体循环，随血液被带到其他组织、器官内形成包囊，并在其内生长，但不能发育为成虫。若这些随血液运行的幼虫运行到胎盘内，可以感

染给胎儿，幼虫存在于胎血内，当仔貂出生2天后，幼虫经肠壁血管进入肠腔，并发育为成虫。

蛔虫生活史简单，繁殖力强，虫卵对外界环境因素抵抗力强，所以蛔虫病流行较广。水貂若采食了被蛔虫卵污染的食物或饮水，会造成感染。

（二）症状

蛔虫感染水貂后，轻则食欲不好，吃食量减少，逐渐消瘦。被毛粗乱无光泽，黏膜苍白，严重者发生呕吐。消化方面先下痢后便秘，当蛔虫多达阻塞肠道时，可引起排便困难与腹痛。当蛔虫经过十二指肠的胆总管开口进入胆囊时，可引起胆总管阻塞，体温升高，形成胆囊炎和腹痛，治疗不及时会造成死亡。少数患貂出现癫痫性痉挛。幼貂出现腹部膨大，生长缓慢。

（三）诊断

严重的病貂出现呕吐，呕吐物或排出的粪便中常带有蛔虫，这种情况的病例可确定为蛔虫病。对一般食欲减退、消瘦的病例，可采用直接涂片法和饱和盐水浮集法查找虫卵，找到虫卵就可确诊和对症治疗。

（四）防治

1. 预防

幼貂在30日龄前后驱虫1次，用阿苯达唑，以每千克体重10～15毫克的拌入饲料喂，第一次服药后隔天以同样的方法再服1次。以后每月检查虫卵1次，成年貂每3个月检查虫卵1次，发现有虫卵就及时驱虫。

2. 治疗

发现貂群中出现蛔虫病貂，应及时对貂群进行驱虫工作。

（1）左旋咪唑　混饲，按每千克体重10毫克，第一次用药后隔10～14天再用药1次。

（2）四咪唑（驱虫净）　混入饲料内服，每千克体重投药10～20毫克，隔10～14天重复1次。对确诊病貂，可单独肌内注射四咪唑，每千克体重10～12毫克，隔10～14天重复1次。

(3)阿苯达唑　每千克体重 10～15 毫克加入饲料内服，隔 10～14 天重复 1 次。

驱虫药投药前先禁食 8～10 小时，投药后不再投腹泻剂。

三、绦虫病

绦虫病也是水貂常见的寄生虫病。寄生在水貂的小肠，最常见的是复孔绦虫，其他的还有豆状带绦虫、多头绦虫、连节绦虫等多个种类。复孔绦虫以犬蚤、人蚤和犬虱为中间宿主。

(一)病原及流行

绦虫带状、背腹扁平，左右对称，呈乳白色，不透明的虫体。大多虫体分节，极少种类不分节，但内部结构为纵列的多套生殖器。绦虫是雌雄同体，极少种类是雌雄异体。

虫体由头节、颈节与许多体节连接而成。体节的数目多少不等，少者几个节，多者上千节。虫体长度差异也比较大，短的数毫米，长的数米。虫体头节细小，呈球形或梭形，其上有不同形状和数量的固着器官，颈节是头节之后更细而短的不分节的部分，链状体的节片由颈节向后芽生出来，而后向虫体后发生延长，以至形成整个体链。每个体节是颈部向后连续长出来的，一般呈四边形。由于各类不同，有的节片长大于宽，有的节片宽大于长。成熟的孕卵体节自链体上脱落下来，随宿主粪便排出体外。孕卵体节破裂后，虫卵散出，被蚤类幼虫食入，待蚤的幼虫经肾蜕化成为成虫时，在蚤体内发育成为似囊尾蚴。蚤被宿主动物咬食而感染绦虫病。囊尾蚴在宿主体内 3 周后发育为成虫。

(二)症状

水貂感染绦虫似囊尾蚴后，在肠管内发育为成虫，并寄于肠道，以其小钩上吸盘损伤肠道黏膜，引起肠道炎症；虫体吸取营养，使水貂生长发育受阻。虫体多的时候聚集成团，堵塞肠道，甚至造成肠破裂。虫体还能分泌毒素，作用于患貂神经系统，引起兴奋，呈癫痫样发作。轻度感染时，可引起神经症状，重度感染时能使患貂出现呕吐、食欲异常、肠黏膜出现卡他性症状，出现贪食或异食癖，消瘦，有时情绪激动，有时出现精神沉郁。有的患貂出现犬瘟热症状，发生痉

挛，或四肢麻痹。严重感染的病例会引起慢性肠炎、腹泻、呕吐、消化不良，有时腹泻和便秘交替出现，出现贫血，体质严重衰弱。

(三)诊断

用饱和盐水浮集法检查粪便内的虫卵或卵囊；对贫血、体弱的个体要注意观察，一般绦虫病貂肛门口常夹着尚未落下的绦虫孕节，或在排便时排出较短的链体。链体呈白色，最小的如米粒，最大链体片长达9～10毫米。找到虫卵或发现孕节即可确诊。

(四)防治

1. 预防

养貂场每年在配种前3～4周进行驱虫。肉联厂下脚料、鱼虾喂貂时要熟制；驱虫时排出的粪便要深埋，防止病原体扩散。

2. 治疗

(1)吡喹酮治疗　口服剂量为每千克体重5～10毫克，皮下注射剂量为每千克体重2.5～5毫克。

(2)丙硫苯咪唑　口服每千克体重20毫克，杀虫效果相当好。

四、附红细胞体病

附红细胞病病原体为多形态、无细胞膜的原核生物，人与多种动物共患，病原寄生在红细胞表面、血浆及骨髓中。

(一)病原及流行

附红细胞体是附着在红细胞表面的多形态结构的病原体，在电子显微镜下呈环形、圆形、盘形，无细胞器和细胞核。水貂一年四季均能被感染发病，以高温、高湿季节发病率最高。血吸虫是传播的媒介，经盘垂直传播给下一代已是不争事实。消灭不彻底的针头传播的可能性最大。很多成年貂带附红细胞体而不表现症状。一旦受外界不良环境因素的影响产生应激，会引发症状出现。

(二)症状

水貂感染附红细胞体后，潜伏期6～10天，最长的达40天。发病症状表现为体温升高达40.5～41.5℃，呈稽留热。病貂表现为鼻镜干燥、精神不振，便秘，呼吸急促，心音亢进，结膜苍白，消瘦，体弱衰竭而死亡。

（三）病理变化

死貂解剖检查发现，肺脏有出血斑，肝脏肿胀有出血斑，肠黏膜有轻重不一的出血斑，脾脏肿大，肾出血严重。

（四）诊断

根据发病的特点，病貂的临床症状和解剖检查的病理变化，可以初步诊断。经血液涂片、染色，在显微镜下观察红细胞变形并在其上查找到附红细胞，即可确诊。

也可以采用血液涂片直接在显微镜下镜检的方法。在1 000倍的镜头下，可见到红细胞变形，周边呈锯齿状或星芒状，有的红细胞破裂。在红细胞表面上有一至数个针尖大小蓝黑色小颗粒，染虫率高达70％～100％，即可确定为附红细胞体病。

（五）防治

1. 预防

全群预防性投药，强力霉素粉，按每千克体重10毫克，拌入饲料喂服，1日2次，连用5～7天。

加强饲养管理，注意貂场清洁卫生和消毒工作；减少貂群应激反应发生。

2. 治疗

对病貂可用咪唑苯脲，按每千克体重1～1.5毫克肌内注射，1日1次，连用3～5天。对严重贫血的病例，可用维生素B_{12}、科特壮、硫酸亚铁肌内注射；食欲差的个体进行健胃消食治疗。

第六节　水貂皮肤病

一、螨虫病

本病是由疥螨和耳螨引起的一种皮肤病，以剧烈的瘙痒和湿疹样病变为特征。

（一）病原与流行

主要的病原体是疥螨属、小耳螨属、耳螨属的螨虫。虫体几乎呈

圆形，有四对足，除最后一对外，其余三对均伸出体缘之外。螨虫生活史分四个阶段，即卵、幼虫、若虫和成虫。螨虫钻入宿主表皮内挖凿隧道，虫体在隧道内发育和繁殖，隧道每隔一定距离有一小孔与皮外相通，以通气和作为幼虫出入的孔道。雌虫在隧道内产卵。从卵孵化到成虫的整个演变过程(一个完整的生活史)需10～14天。

(二)症状

当疥螨虫钻入毛皮动物表皮时，由于对皮肤的刺激引起瘙痒，引起患貂持续搔抓、摩擦或用嘴去啃咬。螨虫引发患部首先发生于头部，鼻梁、眼眶、耳郭及耳根部，随后发展到前胸、腹下、腋窝、大腿内侧、尾根、四肢的下部等部位，一直蔓延全身。患部皮肤潮红，有丘疹状小结节，皮下组织增生，患部皮肤由于经常搔抓、摩擦、被啃咬而缺毛。

(三)诊断

根据搔抓的情况和皮肤变化，基本可以认定为螨虫病。完全确诊需通过镜检确定。镜检的方法是：在患部取一部分组织，放在载玻片上，滴一滴生理盐水，浸泡一段时间后，用玻璃棒捣碎患部组织，放在显微镜下用低倍镜观察，找到成虫和幼虫的即可确诊。

(四)防治

1. 预防

养貂场保持环境卫生、笼子和小室卫生；貂棚内通风良好、保持干燥，定期消毒。

2. 治疗

用1%的伊维菌素注射液，按每千克体重用量0.3毫克皮下注射，7天后再重复注射1次，轻症两次可以治愈。外用药可用三氯杀螨脒10毫升与植物油90毫升混合均匀装入有色瓶内备用。用时将水貂患部及周围的毛剪掉，去掉污垢和痂皮，用0.2%温来苏儿水清洗干净，再用脱脂棉签蘸取三氯杀螨脒油剂涂抹患部，每天1次，连抹3～4次即可治愈。

二、皮肤真菌病

(一)病原与流行

引起毛皮动物皮肤真菌病的病原体为小孢子菌属和毛癣菌属的真菌。前一属包括小孢子菌和石膏样小孢子菌;后一属为须毛癣菌。

皮肤真菌病在高温高湿季节发病率高,幼小体弱的个体、营养不良的个体易发病。传染源为患真菌病个体,传染途经为直接接触,或被其污染的垫草、小室、笼子、工具等。

(二)症状

患皮肤真菌的部位首先是面部、耳、四肢、趾爪等,并逐渐向身体其他部位蔓延。典型的症状为脱毛,脱毛区为圆形,并迅速向周边扩展,也有的患部为椭圆形、无规则形、弥漫状。有的病例患部出现无数个小结节,出现渗出现象,引起极度瘙痒。感染的皮肤表现起鳞屑或呈红斑状隆起,有的病例患部皮肤上形成片状透明或半透明痂皮,在痂皮下有感染化脓的。有的患部皮肤上形成小脓疱,并有化脓性渗出物流出。治疗不及时毛皮就成废品了。

(三)诊断

本病需由临床症状与实验室检查才能做出诊断。

1. 伍氏灯检查

是近些年研究的新技术。即用伍氏灯在暗室内照射患部毛、皮屑或患部皮损区,凡出现绿黄色荧光的,为小孢子菌感染。其他孢子菌感染都看不到荧光。

2. 病原菌检查

从患部边缘采集被毛或皮屑,放在载玻片上,滴加几滴10%～20%的氢氧化钠溶液,在酒精灯上微微加热,待软化透明后盖上盖玻片。用显微镜观察。小孢子菌呈棱状、壁厚、带刺、多分隔的孢子;石膏样小孢子菌可看到椭圆形、壁薄、带刺,含有6个分隔的大分生孢子。

(四)治疗

1. 外用药

可用克霉唑软膏、唑康唑软膏、新皮康、癣净、水杨酸软膏等涂抹患部，直到生出新毛为止。

2. 钱癣溶液

配制处方为：水杨酸 50 克、苯甲酸 50 克、薄荷脑 30 克、麝香草酚 30 克、甘油 195 毫升，2%的碘酊 195 毫升、95%乙醇适量。取水杨酸、苯加酸、薄荷脑、麝香草酚加适量乙醇溶解，加入碘酊、甘油混合均匀，加乙醇至 1 000 毫升，涂擦患部。本制剂可用于各种皮肤菌病的治疗。

3. 氧化锌洗剂

氧化锌 100 克，淀粉 100 克，甘油 100 毫升，液化苯酚 10 毫升，蒸馏水加至 1 000 毫升。取氧化锌、淀粉混合过筛，加适量水搅匀，加入甘油与苯酚混合液，再加水至全量，搅拌均匀即成。该方制剂具有收敛、止痒、消炎、抑菌等作用，用于顽固性皮炎、皮肤瘙痒等症。

4. 灰黄霉素内服

本品是抗浅表性皮肤真菌药，按每千克体重 10～25 毫克，分早、晚两次加入饲料内服，连用 15 天。

第七节　中毒性疾病

一、有机磷类药物中毒

（一）病因

有机磷类药物包括三硫磷、丁烯磷、蝇毒磷、敌敌畏、二嗪农、乐果、敌杀磷、倍硫磷、马拉硫磷、1605、磷胺、皮蝇磷、高畜磷、敌百虫等。以上药物是乙酰胆碱酯酶活性抑制剂，供农作物杀虫用或动物全身性杀外寄生虫用，在使用过程中被动物接触或误食会引起中毒，水貂场在使用时由于操作不慎，也会引起个别或部分个体中毒。

（二）症状

症状的轻、重与水貂摄入量和敏感性有关。发病是在摄入毒物不久，死亡很快。中毒可分为毒蕈碱中毒型、烟碱中毒型、中枢神经系统中毒型三类。主要症状表现为流涎，口吐白沫，肌肉抽搐、震颤、共济失调、惊厥，呕吐、腹泻，瞳孔缩小，流泪，呼吸道分泌物增多，支气管缩小，呼吸困难，昏迷甚至死亡。

中毒较轻的水貂，精神萎靡，卧于笼内不动，头颈发颤、不食，如不及时发现和治疗，1～2 天就会死亡。

（三）病理变化

中毒死亡的尸体剖检，肺有出血斑，脾有出血斑，胃肠黏膜严重出血，肝出血、呈黑红色。

（四）治疗

发现出现类似有机磷药物中毒的水貂，首先查找原因，若 1～2 天内确有与有机药物接触的事实，首先给患貂静脉注射硫酸阿托品，按每千克体重 0.1 毫克，皮下注射 1 次。为控制毒物的活性，1～2 小时后再重复注射 1 次。还可静脉注射解磷定，20 毫克/千克体重，12 小时后以同样剂量再注射 1 次。

如系体表接触中毒，可及时用肥皂水洗其毛皮。对于出现兴奋不安的个体，可注射镇静剂，如静松灵等。

二、霉菌毒素中毒

（一）病因

水貂所用的植物性饲料如玉米、黄豆粕、花生饼、菜籽饼等若保存不善会引起霉变，或采购时检查不严购入了发霉的饲料。这些饲料最容易被黄曲霉或寄生曲霉污染并产生毒素。水貂若食用了这样的植物性饲料，就易引起中毒。

黄曲霉毒素种类多、毒力强、对肝脏损害最大。

（二）症状

中毒严重的急性病例，没有看到出现的症状就突然死亡。中毒不严重的，多呈慢性经过，到病的后期才出现症状，即表现为精神沉郁、食欲减退或拒食，胃肠功能紊乱，间歇性腹泻。体温正常，黏膜苍白或黄染，停止吃食后经过 1～2 天死亡。

（三）病理变化

死亡的水貂腹水呈淡红色，肝脏肿大、黄染，质硬；肾的颜色苍白，胃肠黏膜出血。

（四）诊断

在短时间内有较多的个体发病或死亡，根据临床症状和死貂解剖观察到的病理变化即可初步确定。但确诊需要对饲料进行检验。检查植物性饲料有无发霉情况，并采取一些可疑的样品送检，由专职单位进行霉菌分离与鉴定。检验出霉菌便可以确定。

（五）防治

到目前为止还没有应对霉菌毒素解毒的特效药。主要是进行预防，避免使用霉变饲料。一旦发生了霉菌毒素中毒，给全群尚有食欲的水貂饲料中添加葡萄糖、维生素 C 和氯化胆碱，能吃进饲料的个体症状就有缓解的可能。没食欲、拒食的个体，可将以上三种产品溶于水中灌服。

第八节　营养代谢疾病

一、维生素 A 缺乏症

（一）病因

饲料中维生素 A 缺乏，达不到水貂的需要量，或日粮中维生素 A 遭到破坏，或日粮中添加酸败的油脂、油饼、骨肉粉及蚕蛹等。使用氧化了的饲料，使维生素 A 遭到破坏，都会导致维生素 A 缺乏。

当水貂体内维生素 A 不足时，特征变化是皮肤上皮细胞角质化，腺上皮细胞被没分泌能力的扁平细胞所代替；母貂滤泡变性、公貂曲精小管上皮变性，从而导致繁殖机能受到破坏。

（二）症状

当饲料中维生素 A 含量不足时，经过 2～3 个月表现出临床症状。成貂和幼貂临床症状相似。初期症状表现为神经失调，抽搐、头向后仰，失去平衡而倒下，应激性增强，受到轻微的刺激会引起高度兴奋，即沿着笼子旋转，极端不安，步履摇晃。除神经症状外，还表现出干眼症，同时还表现出消化道、呼吸道、泌尿生殖道黏膜上皮角质化。母貂表现为性周期紊乱，发情不正常，发情期拖延，妊娠期出现

胚胎被吸收、死胎、烂胎或生下的仔貂弱。公貂表现为性欲低下、睾丸缩小，精子形成发生障碍。

（三）诊断

可根据病貂血液维生素A含量测定，死貂肝内维生素A含量测定，同时结合日粮可以初步做出诊断。也可以进行治疗性诊断，即可饲料中加喂维生素A，用一段时间若症状明显好转，则证实为维生素A缺乏症。

（四）防治

1. 预防

水貂自秋分至第二年母貂给仔貂断奶的繁殖期里，在种貂的饲料中必须加入充足的维生素A，以每日每千克体重按500国际单位加入。同时在种貂日粮中加入鲜动物肝及维生素E有良好的作用。维生素E又名生育酚，它是一种生物抗氧化剂，当水貂体内维生素E缺乏时，不饱和脂肪酸过多氧化，产生过多的过氧化物，能使生殖器官形态与机能发生病变，破坏生殖细胞与胚胎，引起不孕症。种貂饲料中加入量每日每千克体重3～5毫克。

2. 治疗

维生素A缺乏症的治疗就是补充维生素A，治疗用量应是预防量的5～10倍，水貂每日每只的用量达3 000～5 000国际单位。

二、维生素B_1缺乏症

维生素B_1又称硫胺素，水貂缺乏时引起大批食欲消失，共济运动失调，后躯麻痹，此为本病的特征。

（一）病因

饲料中长期添加量不足或缺乏，或饲料中氧化变质的成分过多，特别是脂肪不完全氧化或气温过高，都会使维生素B_1遭到破坏和损失。长期喂淡水鱼时，因淡水鱼体内含有大量硫胺素酶，破坏饲料中的硫胺素，引起水貂维生素B_1缺乏症。

维生素B_1在水貂体内的组织中与磷酸及其他化合物结合，形成辅酶，在代谢过程中与辅酶发生作用。维生素B_1中焦酸脂为丙酮酸和其他α一丙酸脱羧所需要的辅酸即羧化辅酶。因此，维生素B_1缺

乏时，则糖代谢的中间产物，即丙酮酸及其他 α—丙酸就不能分解，成为组织毒，在脑组织和血液中积存，出现神经机能障碍。这种糖代谢的中间产物—丙酮酸能导致各种神经机能的破坏，同时使氨基酸的脱氨基作用及脂肪进一步分解发生障碍，进一步增加了代谢中间产物的积聚，成为组织毒。

（二）症状

当维生素 B_1 不足时，经过 20～40 天就会引发本病。患本病的水貂群大批食欲减退，大群剩食、身体衰弱、消瘦、步态不稳、抽搐、痉挛，如诊断、治疗不及时，1～2 天后大群中陆续出现死貂。严重维生素 B_1 缺乏时，神经末梢发生变性，组织器官机能发生障碍，病貂体温降低，心脏机能衰弱，废食、厌食、消化机能紊乱等。母貂表现为生产率下降，被毛粗乱逆立，黏膜、结膜苍白，发绀；仔貂发育停滞。病程继续发展时，会引起神经症状，发生痉挛角弓反张、共济运动失调，后躯麻痹，在笼中乱爬，后躯被拖行。

妊娠母貂产死胎和发育不良的仔貂数量增多。母貂在妊娠后期本身就体质弱易死亡，死亡率增加，高达 20%～30%。由于母貂体内聚积很多毒性物质，常导致哺乳仔貂腹泻。

母貂妊娠期维生素 B_1 不足时，能使妊娠期延长、空怀率增高、产弱子等。

（三）诊断

根据病貂大批食欲消失、共济运动失调、痉挛、抽搐、后躯麻痹的临床症状，可以初步诊断。但确诊有待于血液和尿液检查。当水貂体内缺乏维生素 B_1 时，血液中丙酮酸含量增高，尿液中维生素 B_1 含量低于正常。

（四）防治

1. 预防

预防水貂维生素 B_1 不足，可采取下列措施：不能长期饲喂有破坏维生素 B_1 的饲料，在繁殖期饲料内补加维生素 B_1 或酵母；淡水鱼要洗去体表黏液，并煮熟后再喂貂。

2. 治疗

对水貂维生素 B_1 缺乏症应早发现、早治疗，把损失降到最低。主要是重视在饲料中添加酵母，饲喂含维生素 B_1 丰富的饲料。在饲料中添加维生素 B_1，水貂每只每天在饲料添加 4～5 毫克，连续 15 天左右。

三、维生素 C 缺乏症(红爪病)

(一)病因

发生本病的主要原因是饲料中维生素 C 添加量不足，造成水貂维生素 C 缺乏所引起的。维生素 C 存在于果蔬中，动物性饲料和谷物类饲料中不含维生素 C。水貂以动物性饲料和谷物类性饲料为主，加一些蔬菜增加适口性，不能解决维生素 C 缺乏的问题，如果饲料不注意补充维生素 C，或维生素 C 补充量不足，水貂会出现维生素 C 缺乏症，特别是妊娠母貂和胎儿发育更需要维生素 C。如果妊娠母貂维生素 C 供应不足，造成身体缺乏，可使新生仔貂生下来后即表现维生素 C 缺乏症，如果维生素 C 缺乏严重，母貂会生出死胎。

(二)症状

维生素 C 缺乏症，主要表现在新生仔貂身上。新生仔貂生下来就表现为四肢水肿，关节变粗，指(趾)垫肿胀，尾部水肿，患部皮肤紧张、红肿，称红爪病。如果在生下后治疗不及时，在趾间部红肿的皮肤上，常出现渗出液或破溃。如果母貂在妊娠期严重缺乏维生素 C，则胎儿会发生脚掌水肿，生下后即会出现脚掌红肿，仔貂尖叫，到处乱爬，头向后仰，死亡率高。由于仔貂体弱不能吸吮乳汁，母貂乳房胀满而疼痛，甚至形成乳腺炎。母貂消瘦、内脏出血。

(三)病理变化

剖检死亡仔貂，发现内脏出血严重，母貂子宫出血，子宫黏膜出血、肺出血、肝出血，肺弥漫性出血，心脏出血、脾脏出血。

(四)诊断

根据仔貂四肢下端出血和母貂解剖观察，即能确认。

（五）防治

1. 预防

预防仔貂红爪病从母貂妊娠开始，其饲料中应该补加维生素C，特别是妊娠后期，每头母貂每天要补加维生素C 25毫克，分两次加在饲料中喂服。

2. 治疗

母貂产子后要及时检查仔貂，看是否有红爪病。若发现仔貂红爪病应及时治疗。治疗的方法是：5%的维生素C溶液，用注射器吸入针管中，拔下针头，把插针头的凸起插入患病仔貂口中，每只推入0.5～0.6毫升，每天2次，直到肢端肿胀消失为止。若有皮肤溃烂继发感染的用抗生素治疗，控制病情发展。对产红爪病仔貂的母貂，饲料添加常用量3～4倍的维生素C，同时添加一些维生素A和B族维生素。

四、黄脂肪病

（一）病因

水貂每日胆碱需要量为20～40毫克/千克体重，胆碱可以预防肝、肾脂肪沉积和脂肪变性，促进氨基酸的形成，提高蛋白质的合成率。水貂对胆碱需要量大，若胆碱添加量不足、蛋氨酸供给量不足，而脂肪供给量过高，再加上饲料中维生素C添加量不足，最易引发此病。

（二）症状

患黄脂肪病的水貂表现为无力，精神不好，口渴、饮水量增加，仔貂生长缓慢，母貂缺乳，被毛变成红棕色，严重时可出现腹水、内脏破裂而死亡。严重的拉煤焦油样黑色稀便，或后躯麻痹，腹部尿湿样，常在昏迷状态下死亡。

诊断鼠蹊部脂肪手感呈硬猪脂状或绳索状。

（三）病理变化

死貂尸体皮下组织黄染多汁，有的皮下有出血点，皮下脂肪黄白、湿润，有的水肿，淋巴结增大，鼠蹊部两侧脂肪尤为严重。

胸腔与腹腔有水样黄褐色或黄红色的渗出液。

大网膜和肠系膜呈污黄色多汁状，肠系膜淋巴结肿大。肝大呈黄土色或红黄色，质脆典型的脂肪肝；肾肿大，黄染，三界不清，胃肠黏膜有卡他性炎症，附有少量黏液。直肠内有少量的煤焦油样黏稠稀便。

慢性病例尸体消瘦，皮下组织干燥、黄染不明显，肝浊呈粉黄，红色或淡黄色。肾被膜胀紧，光滑，肾实质灰黄色或污黄色，胃有慢性卡他性炎症。

(四)诊断

根据临床症状和剖检观察到的病理变化，即可做出诊断。

(五)防治

1. 预防

要重视饲料的质量，发现脂肪变黄或酸败的鱼、肉要废弃。以喂鱼为主的貂场，一定要补加氯化胆碱，按每千克体重 20～40 毫克加入饲料喂给。

2. 治疗

发现貂群中出现黄脂肪病的个体，及时从饲料查原因，若有酸败的动物性饲料，立即撤换，并且氯化胆碱按每千克体重 50～60 毫克加入饲料喂给。同时在饲料中加蛋氨酸、维生素 E、维生素 B_{12}、维生素 C、叶酸和烟酸等。

五、尿石症

(一)病因

尿结石的机械刺激、药物的化学刺激均可引起尿道黏膜损伤从而继发细菌感染；此外，附近器官组织炎症的蔓延，如膀胱炎、包皮炎、阴道炎、子宫内膜炎等都能蔓延到尿道，引起尿道感染。尿石症与饲养管理密切相关，夏季饲料腐败变质及维生素 B_1 不足都能引发尿湿症。

(二)症状

病初出现频频排尿，公貂比母貂发病率高，会阴部及两后肢内侧被毛常是湿的，且结成片。皮肤逐渐变红，明显有些水肿，不久浸湿的部分出现脓疱，或皮肤出现溃疡，被毛脱落、皮肤变厚，以后包皮口

处出现坏死性变化，甚至膀胱继发感染，从而患病水貂常常表现疼痛性尿淋漓，排尿时由于炎性疼痛，使尿液继续状排出，严重时可见到黏液性或脓性分泌物，不从尿道中流出。尿液混浊，甚至含有黏液、血液或脓液。

(三)诊断

诊断可见公貂阴茎、母貂外阴部肿胀。尿道口红肿，对尿道进行探诊时，患貂表现有疼痛症状，导尿管插入困难。

(四)治疗

治疗原则是消除病因，抑菌消炎和尿道消毒。可用0.05%的高锰酸钾溶液，0.02%的呋喃西林溶液、1%～3%的硼酸溶液、0.1%的依沙吖啶溶液进行尿道冲洗，每日1～2次。对尿道感染严重者在进行尿道冲洗的同时，还要用磺胺类和抗生素类药消炎，如呋喃妥因，按每千克体重5～7毫克加入饲料喂服，每日2～3次；乌洛托品每次每千克体重0.2～0.5克内服，1日2～3次，当尿路呈碱性反应时，可改用樟脑酸乌洛托品，内服，每次0.5克，每日2次。

六、佝偻病

幼貂发生骨质松软者，称佝偻病，给养貂生产带来严重损失。患病幼貂生长慢、个体小，毛绒品质差。

(一)病因

佝偻病的主要病因是饲料中缺乏钙和磷，或钙和磷的比例不平衡。当饲料中添加的磷过多时，会在肠内形成不溶性的磷酸钙而被排出外，因此磷的过剩会导致钙的缺乏。与此相似饲料中钙的过剩也会导致磷的缺乏。

另外，维生素D在动物体内可促进钙、磷的吸收与骨骼的形成。当维生素D缺乏时，动物体内钙和磷的吸收发生障碍，影响骨骼的形成。维生素D动物体不能合成，必须在紫外线的照射下，把进入动物体内的维生素D原(7－去氢固醇)转变成维生素D。所以，水貂生长过程中如果缺乏阳光照射，使维生素D原在皮肤中转化为维生素D受阻，幼貂也容易发生软骨病。

所以，上述情况说明了钙、磷和维生素D在饲料中必须达到合

理的含量，且必须平衡。否则仍会发生佝偻病。例如，饲料中缺乏钙和磷，即使维生素 D 充足，仍然会引起佝偻病；反之，饲料钙和磷充足，而维生素 D 缺乏，也仍会引起佝偻病。

（二）症状

仔貂、幼貂的佝偻病是渐进性发展的。最初患貂兴奋性增强，食欲减退，异嗜，精神沉郁，不爱活动，步履蹒跚，逐渐消瘦、生长迟滞，被毛蓬乱，常常发生胃肠道机能紊乱，有时出现强直性全身痉挛。可视黏膜苍白，显示贫血。病情严重时肌肉松弛，关节肿大，颚骨肿胀，牙齿松动，肋骨下端明显凸起，四肢骨骼出现各种变形，脊柱弯曲，腰脊骨下陷，荐骨拱起，外观呈塌腰状。严重时患貂不能站起，腹部拖地爬行。

（三）病理变化

患佝偻病死亡的貂，骨质疏松，特别是骨端处更为明显，脆弱、肋骨上出现软骨珠，四肢骨弯曲呈 x 状。由骨变形导致胸腔狭窄，常并发肺炎和胃肠卡他。

（四）诊断

根据塌腰、四肢骨变形可以做出诊断。

（五）防治

1. 预防

饲养场区阳光照射条件要好，貂棚内光线要明晰。在幼貂生长期间，以肉为主的日粮中，每日每头加骨粉 3～5 克，同时每头每日要添加维生素 D 50～100 国际单位。最好饲料中要有一定比例的鱼、兔头或鸡架等。

2. 治疗

在饲料中补充含钙、磷的饲料。每日每头平均补充鲜骨 20～25 克，补充维生素 D 500 国际单位，连续喂 2～3 周，然后降至预防量。严重的患貂肌内注射维生素 D 200～500 国际单位连注 10～20 天。同时注射葡萄糖酸钙。

当佝偻病并发消化不良时，喂给易消化、维生素含量高的饲料，如鲜肝、牛奶、鸡蛋等。

第九节　其他杂症

一、食毛症

本病曾流行于各地貂场，多呈散发型，造成损失较大。患貂毛皮完全失去应有的经济价值。

（一）病因

对本病一直没有确定依据定论。有两种说法：一是饲料中缺乏某些营养素（矿物质、含硫氨基酸等），引起新陈代谢紊乱。二是与传染病有关，由于传染病的结果，发生皮机能障碍，营养不良，毛失去弹性，并易于折断。

近些年水貂场注意到水貂发生食毛症，多与饲料中含硫氨基酸缺乏有关。

（二）症状

患食毛症的水貂不时咬自身某处的被毛，用牙齿切断被毛，并吞咽下去，被毛进入胃内后有的形成很多个毛球，有的相互缠结成毛团，影响胃的正常蠕动和消化吸收，导致消化障碍，有时引起呕吐。病貂营养不良、消瘦、抵抗力降低，最终导致死亡。

（三）防治

1. 预防

含硫氨基酸能促进毛皮动物毛的生长发育，水貂饲料含硫氨基酸充足、平衡水貂毛被品质好。所在水貂冬毛生长季节在饲料中补充含硫氨基酸，或多用一些血粉、羽毛蛋白粉，毛的品质都会很好。

2. 治疗

治疗可用 10％的人工盐饮水，连用 3～5 天；或用硫酸亚铁和维生素 B_{12}治疗，剂量为硫酸亚铁 0.05～0.1 克，维生素 B_{12}0.1 毫克内服，每日 2 次，连用 3～5 天。

若食入的被毛在胃内形成毛球影响胃功能，引起消化障碍，可灌服液状石蜡，每次 20～50 毫升，促进毛球尽快排出。

二、中暑

（一）病因

水貂直肠温度可代表体温，为 39.5～40.5℃，体温是其正常进行代谢活动最重要的条件之一。体温保持相对平衡的条件是产热和散热速度的相对平衡。水貂汗腺仅在足、枕部有，其身体表面无汗腺。散热是靠快速呼吸来完成。当外界温度达到 30℃以上，相对湿度大，又缺乏通风的情况下，笼下粪便多分解形成氨气，会引发水貂中枢神经系统、血液循环境系统、呼吸系统功能严重失调的综合征，称为热应激，即为中暑。

（二）症状

中暑一般发生在 7 月中旬至 8 月上旬，突然发生，有的早晨喂食时还正常，到中午时患貂死在笼内。有的没死但出现精神沉郁，步态不稳及晕厥，少数有呕吐，呼吸困难，可视黏膜发绀、脉搏频数或减弱，头部震颤，全身痉挛，然后进入昏迷状态而死亡。

（三）病理变化

中暑死亡的水貂脑部充血水肿，脑内有出血点，肺水肿和出血，胃肠鼓气，心脏充血，胃出血呈煤焦油状。

（四）防治

1. 预防

夏季 7 月中旬至 8 月上旬，在水貂的饲料中每 100 千克饲料加入碳酸氢钠 200 克、维生素 C 20 克，可提高貂抗热应激的能力。在貂棚上空架遮阳网，降低貂棚内的温度。夏季水貂饮水槽中始终保清洁饮水。

2. 治疗

对已中暑的水貂及时移放在阴凉、通风的地方，并用冷水袋敷头部降温。同时静脉注射 5%的葡萄糖生理盐水和安钠咖（0.1～0.2 克），有利于患貂苏醒。

三、胃肠膨胀病

胃肠膨胀是胃肠内因食物发酵迅速，而蓄积大量气体引起的。本病多发生在断奶前后的仔貂、幼貂。

（一）病因

幼貂贪食，吃了品质不佳或酸败了的饲料，是引起本病的主要原因。在夏、秋气温较高时，饲料容易发生酸败，这种饲料被幼貂吃得太多，常引发本病。喂了没有完全蒸熟的植物性饲料、未加热处理的活酵母菌，也能引起胃肠膨胀病的发生。慢性胃肠炎也能发生本症状。

（二）症状

患貂食欲减退或拒食，腹部胀大，腹壁紧张，富有弹性；叩诊呈现鼓音。呼吸困难，心跳加快，眼结膜发绀。后期精神沉郁，卧在笼内不起，出现气喘，往往因为窒息或心脏停搏而死亡。

（三）防治

1. 预防

经常清除小室内残存的饲料，夏天的食盆应在喂完食后及时取出洗刷，保持清洁卫生，防止酸败饲料被幼貂吃掉。天气炎热时，在饲料中加入土霉素或四环素，其量为饲料重量的0.02%，有缓解饲料酸败的作用。对体强的和体弱的个体要分开饲养，防止强者多抢食，活酵母菌在加入饲料以前要加热处理，防止引起饲料发酵。

2. 治疗

（1）用乳酸液消胀　对胃肠膨胀的患貂，用5%乳酸溶液5毫升，一次灌服，用一次症状消不下去的，可在第二天再灌服1次。

（2）用药物综合治疗　土霉素0.5克，乳酶生1克，活性炭0.5克，1次口服。

（3）药物治疗　萨罗0.05～0.1克，乳酶生1克，1次口服。

（4）稀盐酸灌服　稀盐酸1～2毫升，1次灌服。

对膨胀病的急救措施：可采取紧急放气的方法。即在患貂腹部膨胀最明显的部位，用碘酒涂擦消毒，取1个12号针头消毒后垂直插入膨胀部位2厘米深，用手指按着针孔缓缓放气。应注意放气不要过快，以免引起减压过于迅速而引起患貂死亡。

四、自咬症

自咬症是水貂常见病，自20世纪60年代以来，也没有从根本上医治的方法。

（一）病因

病因比较复杂，目前认为与下列因素有关。

1. 与饲喂不新鲜饲料有关

生产过程中发现自咬症患貂多发生饲喂不新鲜饲料，变质的海杂鱼。当海杂鱼在－25～－18℃的冷库中存放3个月会发生严重酸败，这些脂肪和动物蛋白进入水貂体内后，使消化过程发生障碍，形成许多蛋白质代谢不全的产物，如组织胺类的物质，这些物质被吸收入血液后，运输到身体各部，产生痒感，特别是刺激身体末梢部位，如尾和四肢下部皮肤内的神经时，产生奇痒，引起患貂咬尾部及四肢下端的皮肤。

2. 会阴部、尾部受到寄生虫刺激发痒

如螨虫寄生在水貂尾部、四肢末端，引起痒感；肠道内的绦虫成熟节片，随粪便下行于肛门处，附在肛门皮肤上，刺激局部引起奇痒。

3. 肛门小囊发炎

肛门小囊位于肛门内外括约肌之间，当肛门小囊发炎后，即引起肛门发痒。

以上三个因素中以第一个因素最具理论依据。

（二）症状

患自咬症的水貂，不停地回头啃咬尾部、臀部或四肢末端等其他部位。病势严重时，常突然发作，短时间内可将尾部咬破。也有的对臀部、腹下进行咬啃。慢性经过时，一般先咬尾尖，并发出异常的叫声，有的啃咬四肢及背腹侧毛，使体毛严重损伤。本病呈阵发性发作，逐渐消瘦、抽搐或营养不良，贫血，咬伤部位发生感染、化脓等，严重者死亡。

（三）诊断

根据症状即可确诊。

（四）治疗

对本病无特效药，也无特异性治疗方法。近些年在治疗自咬症方面多是采取镇静、消炎、抗过敏、营养神经等综合性措施，也收到了

较为满意的疗效。

如果发现貂群中自咬症发病率高，应首先从饲料原料上查找原因，并及时调整饲料配方，减少不新鲜的海杂鱼用量、杜绝使用变质鱼粉，不喂病死动物的肉和内脏。治疗可采用如下方案：

1. 多种药混合治疗

复合维生素 10 克、维生素 C 10 克、亚硒酸钠维生素 E 10 克，地塞米松 0.6 克（妊娠母貂禁用），阿莫西林 4 克，碳酸氢钠 100 克，葡萄糖粉 1 000 克。以上药物充分混合后拌入 50 千克湿料中，全群饲喂，每天 2 次，连喂 4～5 天，效果较好。

2. 肌内注射下列药物

安定 0.5 毫升、维生素 B_1 0.3 毫升、地塞米松 2 毫克、青霉素 20 万单位，混合肌内注射，1 日 1 次，连注 3～5 天。

3. 对咬伤皮肤创口处理

剪去创口周围的毛，创口进行清洗，用碘酊消毒，用醋酸强的松软膏和红霉素软膏局部涂抹后，用绷带包扎保护。

五、乳腺炎

（一）病因

乳腺炎多由乳腺感染而发生。母貂乳汁不足，仔貂数量多，尤其哺乳期后一阶段，仔貂大了需要更多的乳汁，但母乳不足，使仔貂相争吮乳，造成乳房损伤或咬伤，被细菌感染而发生乳腺炎。另一种情况是母貂泌乳量大，仔貂少，乳汁每次都吮吸不完，使乳房充盈大量乳汁，血液循环不畅，造成郁积性乳腺炎。

（二）症状

患病母貂神情不安，常在笼内徘徊，不愿进入小室，拒绝仔貂吃奶，常将仔貂叼出小室，不加护理。由于仔貂不能及时哺乳，常常发出尖叫声。仔貂生长缓慢、停滞，或常因饥饿而死亡。

检查母貂乳房，发现红肿，用手触摸，发现发热，乳房内形成纽扣大小的结块，有的乳头有伤痕、化脓。病情严重者，精神沉郁、拒食。

（三）诊断

根据检查母貂乳房的症状，就可以确诊。

(四)防治

1. 预防

对产后表现不安,乳汁不足的母貂,应及时捕捉检查。如确定为乳腺炎,本窝的仔貂应尽快找其他的母貂代养,对患病母貂进行及时治疗。对正常的产子母貂要加强饲养管理,保证小室和垫草的干爽和卫生。

2. 治疗

如果是乳汁多、仔貂少,因乳房胀满、血液循环不畅引起的乳腺炎,应给患貂挤出乳汁,用0.25%的奴夫卡因5毫升、青霉素40万单位混合溶解后,在患病乳房周围分四点做封闭注射。

局部化脓破溃的,可用0.3%依沙吖啶溶液,洗涤创口,然后涂上红霉素软膏或金霉软膏。

对拒食的患病母貂,可皮下多点注射20%的葡萄糖注射液20毫升,肌内注射复合维生素B注射液0.1毫升。

六、难产

(一)病因

种母貂妊娠期饲料不稳定,经常发生变化,造成妊娠母貂食欲变化,有时出现拒食。喂给腐败变质的饲料;妊娠前期饲料营养过于丰富,造成母貂过肥;胎儿生长发育不均匀,生命力弱,大小不等,死胎、畸形、胎儿水肿等,母貂阴道狭窄;胎势、胎位异常等都是发生难产的原因。

(二)症状

多数母貂超出预产期时发病。病貂表现烦躁不安,呼吸急促,行动不安,反复走动,不停地往返于小室内外,有分娩行为,努责、排便,发出痛苦的呻吟;有的患貂从阴道中流出褐红色血样分泌物,后躯活动不灵活,往往两后肢拖地前行;患貂时而回视腹部,不时地舔舐外阴部。也有的胎儿前端露出外阴部,夹在阴道内久久产不下来。母貂衰竭,精神萎靡,子宫阵缩无力,往往钻于小室内,蜷缩于草下不动,乃至昏迷。

（三）诊断

到了预产期的母貂。具有临床表现，不见胎儿娩出；母貂情绪不安，往返于小室内外，阴道内有血污排出；时间超过24小时可以诊断为难产。

（四）治疗

当发现母貂临床症状很明显，但半天还产不下胎儿，可给待产母貂注射催产素催产。催产素可用垂体后叶素0.3～0.4毫升肌内注射，间隔20～30分，再重复注射1次。注射后经24小时仍不见胎儿产出，可进行人工助产。

母貂肌内注射垂体后叶素0.2～0.5毫升经2～3小时后仍不见产子，可进行人工助产。

助产时首先用消毒液做母貂外阴部消毒。最好用0.1％高锰酸钾溶液或新洁而灭溶液。然后用甘油或豆油等植物油作阴道润滑剂、用长嘴疏齿止血镊子将胎儿夹住拉出。如遇到个别母貂催产、助产无效时，可实行剖腹取胎儿。

七、流产

流产多在母貂妊娠中后期发生，从生殖道里流出死亡的或发育不全的胎儿。但在很多情况下看不到流产物，多半是被流产母貂吃掉了。

（一）病因

引起母貂流产的原因很多，主要原因是饲养上的错误。如突然更换饲料主要原料，饲料营养不全价，饲料酸败变质，冷藏过久，维生素补充不足或不合理；饲料有异味引起种母貂拒食，外界环境不安静，生殖器官有炎症。

（二）症状

母貂体况偏瘦、营养不良者，食物变质连续腹泻3天以上者容易出现流产现象。水貂的流产现象不很明显，甚至看不到流产的胎儿，有时在笼底上或笼下看到残缺的胎儿、恶露。

（三）防治

1. 预防

在母貂妊娠期饲料蛋白质含量一定要达到营养标准，并保证全价，饲料要新鲜，腐败变质的饲料一定要彻底剔除。

2. 治疗

对已发生流产的母貂要防止子宫炎症和自身中毒，肌内注射恩诺沙星，每头2毫升，1日2次，连注3～5天；复合维生素B，1头1毫升，1日1次，连用3～5天。

对尚未流产的母貂进行保胎处理；维生素E注射液，每千克体重15毫克，1日1次，连注5天；黄体酮每千克体重0.2毫升，1日1次，连用5天。

八、脱肛

（一）病因

多因重度胃肠炎，里急后重，使腹压升高而引起。本病多发生于仔貂，体质弱的成年貂也有个别发生。

（二）症状

患貂排便后，从肛门脱出形如圆柱状的弯曲肠管，由于肛门括约肌的钳闭，肠管发生水肿，易于损伤和出血，如发现和处理不及时，黏膜逐渐由红变紫，重者变为黑紫色，以后肠管坏死。在黏膜上常常出现被垫草划的伤痕，或者同窝仔貂的咬伤，在伤口处出现血液疑块。

（三）治疗

首先用0.1%的高锰酸钾溶液洗去伤部的污物，如发生水肿，用消毒的手轻轻按摩，待水肿消失变软后，用消过毒的玻璃棒与手合作，把脱出部分轻轻送回，然后进行缝合。在缝合时既不要过松，也不要过紧，免得重新脱出或造成排便困难。正常情况下5～7天即可拆线。

参考文献

[1]中国土产畜产进口总公司. 水貂[M]. 北京：科学出版社，1980.

[2]佟煜人，钱国成. 中国毛皮兽饲养技术大会[M]. 中国农业科技出版社，1990.

[3]向前. 水貂高效饲养指南[M]. 郑州：中原农民出版社，2002.

[4]王春璈. 毛皮动物疾病诊断与防治原色图谱[M]. 北京：金盾出版社，2008.

[5]向前. 用黄体酮提高母貂繁殖力的经验[J]. 毛皮动物饲养，1982.

[6]向前. 提高公貂繁殖力的试验研究[J]. 全国首届水貂科技座谈会资料汇编，1983.

作者简介

向前，男，汉族，1940 年 7 月生，河南省方城县博望镇王张桥人。中共党员。1966 年毕业于武汉大学生物系动物专业。毕业后分配在内蒙古自治区公安厅劳改工作管理局，1982 年末调至河南省科学院生物研究所工作，曾任党办主任、副所长等职。1987～1990 年受河南省省政府委派到大别山区进行科技扶贫，任河南省科学院驻商城县科技开发团团长、商城县科技副县长。1990 年结束大别山扶贫任务回到河南省科学院后，任河南省科学院黄淮海平原开发办副主任到退休。

作者一生都在从事珍贵毛皮动物生态学研究和特种经济动物开发应用研究，对珍贵毛皮动物研究和开发有较深的造诣。在职期共承担国家科委和河南省科委下达的攻关研究课题 12 项，其中 2 项获省部级科技进步二等奖、3 项获省部级科技进步三等奖，获河南省科学院科技成果奖 8 项。到 2013 年底已发论文和综述性文章 164 篇。编著出版科技读物 35 部，总计 800 余万字。退休后热心服务“三农”，2010 年、2011 年、2012 年连续三年被河南省农业厅评为 12316 服务“三农”的十大明星专家。2012 年被中国兔业协会授予“中国兔业界先进科技工作者”的称号。